一冊に凝縮

Office 2024／2021
Microsoft 365 対応

The Best Guide to Microsoft Excel for Beginners and Learners.

Excel マクロ&VBA やさしい教科書

わかりやすさに自信があります！

古川 順平

本書の対応バージョン

本書はExcel 2024/2021、Microsoft 365に対応しています。ただし、記載内容には一部、全てのバージョンには対応していないものもあります。また、本書では主にWindows版のExcel 2024の画面を用いて解説しています。そのため、ご利用のExcelやOSのバージョン・種類によっては項目の位置などに若干の差異がある場合があります。ご注意ください。

本書に関するお問い合わせ

この度は小社書籍をご購入いただき誠にありがとうございます。小社では本書の内容に関するご質問を受け付けております。本書を読み進めていただきます中でご不明な箇所がございましたらお問い合わせください。なお、ご質問の前に小社Webサイトで「正誤表」をご確認ください。最新の正誤情報を下記のWebページに掲載しております。

本書サポートページ https://isbn2.sbcr.jp/30430/

上記ページに記載の「サポート情報」をクリックし、「正誤情報」のリンクからご確認ください。なお、正誤情報がない場合は、リンクは表示されません。

ご質問送付先

ご質問については下記のいずれかの方法をご利用ください。

Webページより

上記のサポートページ内にある「お問い合わせ」をクリックすると、メールフォームが開きます。要綱に従ってご質問をご記入の上、送信ボタンを押してください。

郵送

郵送の場合は下記までお願いいたします。

〒105-0001
東京都港区虎ノ門2-2-1
SBクリエイティブ　読者サポート係

- 本書内に記載されている会社名、商品名、製品名などは一般に各社の登録商標または商標です。本書中では®、™マークは明記しておりません。
- 本書の出版にあたっては正確な記述に努めましたが、本書の内容に基づく運用結果について、著者およびSBクリエイティブ株式会社は一切の責任を負いかねますのでご了承ください。

©2025 Junpei Furukawa
本書の内容は著作権法上の保護を受けています。著作権者・出版権者の文書による許諾を得ずに、本書の一部または全部を無断で複写・複製・転載することは禁じられております。

はじめに

　本書は、Excelでの作業を自動化する機能である「マクロ機能」を、より便利に使うための仕組みや考え方をご紹介する書籍です。

　実はこのマクロ機能、凄いのです。手作業では何時間もかかるような作業を、ほんの一瞬で終わらせることすら可能です。普段Excelで作業をしている時間が長い方であればあるほど、その恩恵は大きなものとなります。

　ちょっとした一連の作業を「記録」して、それを「再生」して再利用するだけでも便利ですが、なんといっても便利なのは、自動化して欲しい作業の流れを自分でプログラミングし、実行できることでしょう。本当にあっという間に作業が終わります。

　しかも、準備する必要があるのはExcelだけです。他に追加で何かが必要になる、なんてことはありません。手軽に始められるのです。

　このマクロのプログラムは、わりとフィーリングだけでも書けるような仕組みになっていますが、それでも、自分の望んだように作業を自動化するには、きちんとプログラムのルールや書き方を知っておいた方がよいでしょう。

　なにせ、ルールを知らないと、「自分のやりたい作業」の数だけ対応する仕組みを丸暗記しなくてはいけません。それに対し、ルールを知っていると「こういう仕組みだから、こう書けばいいのだろうな」という見当がつきます。丸暗記せずとも、応用が利くようになるのです。結果的に、プログラミングがとても簡単になるのです。

　そこで本書では、マクロの仕組みや機能の紹介、そして、「こういうルールで書けるようになっているんですよ」というルールの紹介から始め、そのルールを踏まえたうえで、実際によく行う操作をプログラムにする場合はどうなるのか、という具体例をご紹介する、という形式を取っています。

　実は本書は、Excel 2024に対応した改訂版となります。前の版を多くの皆様に手に取っていただけたこともあり、Excelのバージョンアップに対応した機能や考え方を盛り込んだ、今回の改定版を出せることとなりました。ありがとうございます。

　「マクロ機能って何？」というまったくマクロ機能に触れていない方から、「どうもうまく自動化できない」「マクロ作成が難しい」と感じている経験者の方まで、本書が少しでもお役に立てれば幸いです。

2025年1月

古川　順平

本書の使い方

- 本書では、Excelのマクロの作り方の基礎から、仕事に役立つ実践的なテクニックまでを、たくさんのサンプルと共に掲載しています。データの入力や集計、書式の設定などから、対話的な処理の作成、帳票データの操作方法まで、幅広く解説していきます。

- Excelの操作を自動化し、日々の業務を時短・効率化するのに役立つ情報を掲載しています。仕事の効率化や自動化を目指す人は、是非本書をお読みください。

- 本編以外にも、用語集やショートカットキー、マクロ作成に役立つチートシートなど、さまざまな情報を多数掲載しています。

紙面の構成

練習用ファイル
各セクションごとのサンプルブックを用意。実際にマクロを動かしながら、学習を進めていってください。

解説
マクロの作成に必要な知識をやさしく丁寧に解説しています。

Memo と Keyword
マクロ作成のポイントとなる知識やキーワードをピックアップして掲載しています。

サンプルコード
各セクションに関連するサンプルコードを掲載しています。

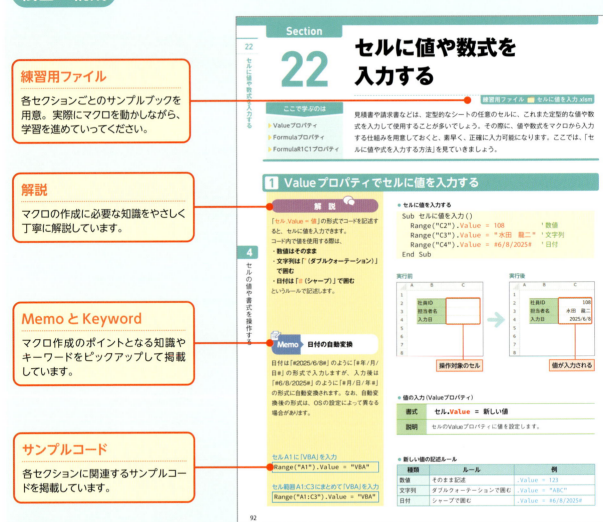

4

効率よく学習を進める方法

1 まずはルールを覚える	マクロを作成するためには、覚えるべき「ルール」が幾つかあります。基本的なルールをしっかりと押さえながら、さまざまなマクロを作成していきましょう。
2 サンプルを動かす	本書の各項目には、練習用ファイルとして、マクロとシートをセットにしたサンプルを用意してあります。サンプルのマクロを動かして、結果を確認しながら読み進めてください。
3 リファレンスとして活用	一通り学習し終わった後も、本書を手元に置いて、リファレンスとしてご活用ください。また、巻末にはマクロの作成に役立つチートシートも用意してあります。そちらもご活用ください。

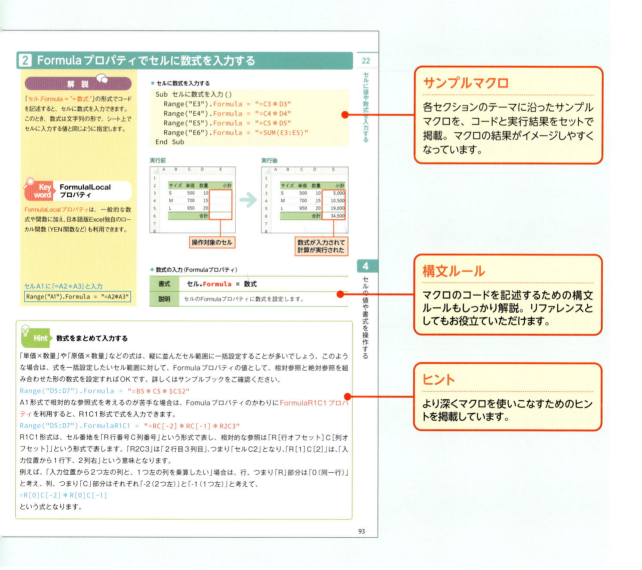

サンプルマクロ
各セクションのテーマに沿ったサンプルマクロを、コードと実行結果をセットで掲載。マクロの結果がイメージしやすくなっています。

構文ルール
マクロのコードを記述するための構文ルールもしっかり解説。リファレンスとしてもお役立ていただけます。

ヒント
より深くマクロを使いこなすためのヒントを掲載しています。

マウス／タッチパッドの操作

クリック

画面上のものやメニューを選択したり、ボタンをクリックしたりするときに使います。

左ボタンを1回押します。

左ボタンを1回押します。

右クリック

操作可能なメニューを表示するときに使います。

右ボタンを1回押します。

右ボタンを1回押します。

ダブルクリック

ファイルやフォルダーを開いたり、アプリを起動したりするときに使います。

左ボタンを素早く2回押します。

左ボタンを素早く2回押します。

ドラッグ

画面上のものを移動するときに使います。

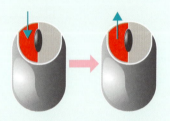

左ボタンを押したままマウスを移動し、移動先で左ボタンを離します。

左ボタンを押したままタッチパッドを指でなぞり、移動先で左ボタンを離します。

よく使うキー

Esc（エスケープ）キー
操作を取り消すときに使います。

半角/全角キー
日本語入力モードと半角英数モードを切り替えます。

Delete（デリート）キー
カーソルの右側の文字を削除します。

テンキー
電卓のように数字や演算記号が集まったキーです。

BackSpace（バックスペース）キー
カーソルの左側の文字を削除します。

Shift（シフト）キー
他のキーと組み合わせて使います。

Space（スペース）キー
空白の入力や漢字への変換に使います。

Enter（エンター）キー
文字の確定や改行の入力などで使います。

矢印キー
カーソルを上下左右に移動します。

Ctrl（コントロール）キー
他のキーと組み合わせて使います。

ショートカットキー　複数のキーを組み合わせて押すことで、特定の操作を素早く実行することができます。本書中では ○○ ＋ △△ キーのように表記しています。

▶ Ctrl ＋ A キーという表記の場合

▶ Ctrl ＋ Shift ＋ Esc キーという表記の場合

2つのキーを同時に押します。

3つのキーを同時に押します。

7

練習用ファイルの使い方

学習を進める前に、本書の各項目で使用する練習用ファイルをダウンロードしてください。以下のWebページからダウンロードできます。

練習用ファイルのダウンロード

https://www.sbcr.jp/support/4815617897/

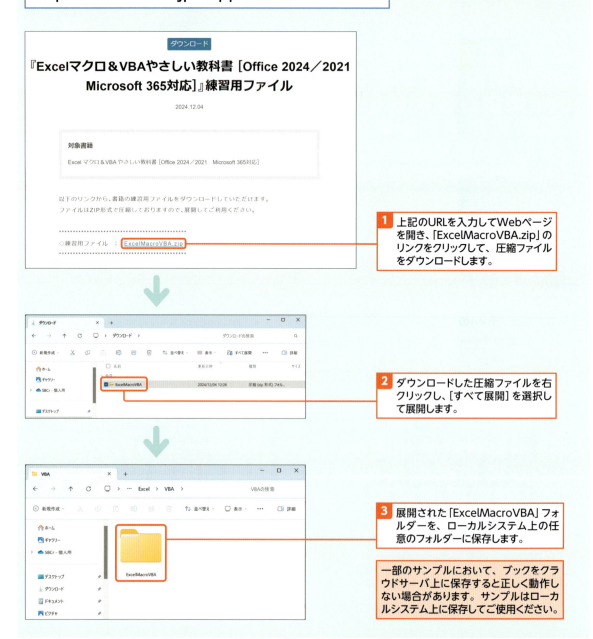

練習用ファイルの内容

練習用ファイルの内容は下図のようになっています。各セクションのフォルダー内に、サンプルブックならびにサンプルファイルが収録されています。
なお、セクションによっては練習用ファイルがない場合もあります。

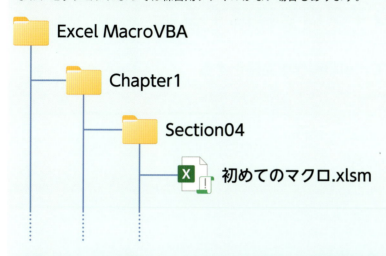

使用時の注意点

練習用ファイルを開こうとすると、画面の上部に警告が表示されます。これはインターネットからダウンロードしたファイルには危険なプログラムが含まれている可能性があるためです。本書の練習用ファイルは問題ありませんので、[編集を有効にする]をクリックしてご使用ください。
また、「セキュリティリスク」の警告が表示された場合は、練習用ファイルを右クリックして[プロパティ]を選択し、「セキュリティ」の[許可する]にチェックを入れてください。
詳しくは、本書のサポートページ（https://isbn2.sbcr.jp/30430/）の「サポート情報」をご確認ください。

● CONTENTS

第 1 章　はじめてのマクロを作成する　　25

Section 01　マクロを使ってExcelの操作を自動化する　　26

普段の操作を自動化できる
同じ操作を何度も繰り返して実行できる
セルの値などに応じて操作を自動判別できる

Section 02　マクロ学習の進め方　　28

まずは「オブジェクトのルール」を覚える
次に「作業時間を短縮する繰り返し処理のルール」を覚える
さらに「操作の自動化を行う条件分岐のルール」を覚える

Section 03　マクロを作るための準備　　30

「開発」タブをリボンに追加する
VBE画面を開く
標準モジュールを追加する

Section 04　はじめてのマクロを作ってみる　　34

作成する処理の確認と標準モジュールの追加
マクロの名前を入力する
マクロの内容を入力する
作成したマクロを実行する

Section 05　作成したマクロの保存と呼び出し方　　38

マクロを含むブックは「xlsm形式」で保存する
マクロを含むブックを開いたときの操作
他のブックのマクロを利用する

第 2 章 記録機能でマクロを体験する 41

Section 06 記録機能を使ってマクロを作成する 42

マクロの記録を開始する
セルに値を入力する
記録の終了と動作の確認
「相対参照で記録」で選択したセルを起点にマクロを作成する

Section 07 記録機能で作成したマクロの中身を確認する 46

マクロの中身を確認する
マクロの枠組みのルール
「オブジェクト」を指定して操作している点に注目
ドットに続けて操作内容を指定する点に注目
メソッドを利用する際のルール
プロパティを利用する際のルール

Section 08 マクロを編集する 52

編集を行うマクロ
VBE画面でマクロ「在庫クリア」を編集する
編集したマクロ「在庫クリア」の動作を確認する
VBE画面でマクロ「在庫初期化」を編集する
編集したマクロ「在庫初期化」の動作を確認する

Section 09 マクロを削除する 56

不要なマクロを削除する
標準モジュールごと削除する

Section 10 マクロのいろいろな実行方法 58

シート上に配置したボタンから実行する
クイックアクセスツールバーから実行する
ショートカットキーから実行する
VBE画面から直接実行する

第 3 章 VBAの基本を身につける　63

Section 11 マクロとVBAの関係　64

マクロはVBAを使って作成する
VBAの学習の際によく見かける用語

Section 12 テスト用のひな形を作成する　66

空のマクロを作成する
結果を素早く確認できるようにする

Section 13 操作対象のオブジェクトを指定する　68

オブジェクトは名前や番号で指定する
セルを指定する際のルール

Section 14 プロパティを利用する　70

オブジェクトを指定し、ドットに続けて入力する
プロパティの値を設定する
オブジェクトを「辿る」プロパティ

Section 15 メソッドを利用する　74

オブジェクトを指定し、ドットに続けて入力する
細かいオプション設定は「引数」を利用する

Section 16 引数の仕組みを理解する　76

「名前付き引数方式」で指定する
「標準引数方式」で指定する
2つの方式で引数を使ってみる
「組み込み定数」を使って引数を指定する

Section 17 Copilotの助けを借りてVBAを学習する　80

AIと相談しながら学習や開発を進める
聞きたいことを入力して「相談する」

Section 18 Copilotにコードを解説してもらう　82

既存のコードにコメントを付けてもらう
ピンポイントで解説してもらう

Section 19 コメントをもとにマクロ案を作成してもらう　84

コメントだけのマクロを用意する
コメントに対応するコードを提案してもらう

Section **20** 作成済みのコードを手直ししてもらう　　86

なんとか作り上げたマクロを手直ししてもらう
Copilotでマクロを整理する

第 **4** 章 セルの値や書式を操作する　　89

Section **21** 操作するセルを指定する　　90

RangeやCellsでセルを指定する
現在選択しているセルを指定する

Section **22** セルに値や数式を入力する　　92

Valueプロパティでセルに値を入力する
Formulaプロパティでセルに数式を入力する

Section **23** スピル形式で数式を入力する　　94

Formula2プロパティでスピル形式の数式を入力する
任意のセル範囲を対象としてスピル形式の関数の結果のみを入力する

Section **24** スピル形式のセル範囲を取得する　　96

SpillingToRangeプロパティでスピル範囲を取得する
セルがスピル範囲かどうかをチェックする
スピル範囲の起点を取得する

Section **25** セルの内容をコピー／転記する　　98

コピー＆ペーストでセルの内容を転記する
セルの書式や列幅を転記する

Section **26** 罫線や背景色を設定する　　100

指定したセル範囲に罫線を引く
セルの背景色を設定する

Section **27** セルの書式を設定する　　102

列をまるごと指定して書式を設定する
文字の表示位置を設定する

Section **28** セルの値や書式をクリアする　　104

入力されている値だけをクリアする
設定されている書式だけをクリアする
値と書式をまとめてクリアする

Section **29** フォントと列幅を設定する　　106

シート全体のフォントを設定する
セルの列幅を設定する
入力された値に合わせてセル幅を自動的に調整する

Section **30** 実践 表の書式を一括設定する　　108

設定する書式を決める
書式を一括で設定するマクロ

第5章 表のデータを操作する　　111

Section **31** 表形式のセル範囲を操作する　　112

表形式のセル範囲全体を選択可能にする
データを入力したセルの周囲は1行・1列空けておく
テーブル機能を利用する

Section **32** 特定の行・列に対して操作を行う　　114

表の中の特定の「行」を選択する
表の中の特定の「列」を選択する
表の行数や列数を取得する

Section **33** 複数行・複数列をまとめて操作する　　116

複数の「行」をまとめて選択する
複数の「列」をまとめて選択する
特定の行「以降」を選択する

Section **34** 表内の特定のセルに対して操作を行う　　118

表の範囲内のセルを相対的に指定する
表の範囲内の最終セルを指定する

Section **35** 「下」や「隣」のセル範囲を操作する　　120

指定した数の分だけ「下」の行を指定する
「下」や「隣」のセルに値を入力する

Section **36** セルの選択範囲を拡張する　　122

基準となるセル範囲を指定して拡張する
現在のセルをもとに選択範囲を拡張する

Section 37 「次の入力位置」を指定する　124

終端セルを取得して入力位置を指定する
表の見出しを基準に入力位置を指定する

Section 38 「テーブル」機能で表を操作する　126

「テーブル」範囲はListObjectオブジェクトとして扱う
ListObjectオブジェクトのプロパティ
任意のレコードを操作する
任意のフィールドを操作する
テーブルに新規のレコードを追加する

Section 39 実践　必要なデータだけを転記する　130

特定のレコードだけを他の表へ転記する
アクティブセルのある行を転記する仕組み

第 6 章　ワークシートを操作する　133

Section 40 シートを指定して操作する　134

操作対象のシートを指定する
アクティブなシートを操作対象に指定する

Section 41 シートの名前を変更する　136

アクティブなシートの名前を変更する
シート数からシート名を作成する
日付からシート名を作成する

Section 42 シートを移動／コピーする　138

指定した位置へシートを移動する
指定した位置へシートをコピーする
シートを末尾へコピーして名前を変更する

Section 43 新規シートを追加する　140

指定した位置にシートを新規追加する
新規追加したシートの名前や列幅などを設定する

Section 44 シートを削除する　142

指定したシートを削除する
確認ダイアログを表示せずにシートを削除する

Section 45　実践 シートを6か月分コピーする　144

まずは1枚のシートをコピーする
6枚まとめてコピーできるように処理を拡張する

第7章 ワークブックを操作する　147

Section 46　操作するブックを指定する　148

操作対象のブックを指定する
アクティブなブックを操作する
マクロが記述されているブックを操作する

Section 47　新規ブックを追加する　150

新規のブックを追加する
追加したブックを操作する

Section 48　ブックを保存する　152

ブックに名前を付けて保存する
ブックを上書き保存する
ブックを複製して保存する

Section 49　ブックを閉じる　154

開いているブックを閉じる
変更の確認を行わずに閉じる
必ず上書きしてから閉じる

Section 50　ブックのパスを取得する　156

ブックが保存されているフォルダーへのパスを取得する
拡張子を除いたブック名を取得する

Section 51　ブックを開く　158

ファイル名を指定してブックを開く
相対的なパスをもとにブックを開く
開いたブックを操作する
変数を使って開いたブックを操作する

Section 52　実践 関連するブックを一気に開く　162

複数のブックを一気に開く
開いているブックをまとめて閉じる

第 8 章 より柔軟に操作対象を指定する 165

Section 53 「どのシート」の「どのセル」なのかを指定する 166

シートを指定して目的のセルを操作する
ブックとシートを指定して目的のセルを操作する

Section 54 Withステートメントで命令をひとまとめにする 168

Withステートメントで命令をひとまとめにする
Withを入れ子にすることもできる

Section 55 現在の状態に合わせて操作対象に指定する 170

アクティブなオブジェクトを操作対象に指定する
「次のセル」や「前のセル」を操作対象に指定する

Section 56 セルの種類に合わせて操作対象に指定する 172

空白セルを操作対象に指定する
数式の入力されているセルを操作対象に指定する

Section 57 特定シートのセルを素早く確認する 174

特定シートのセルにジャンプする
検索したセルにジャンプする

Section 58 フィルターをかけて抽出結果のセルを指定する 176

フィルターでデータを抽出する
複数列に対してフィルターをかける
2つの条件式を使ってフィルターをかける
3つ以上の条件式を使ってフィルターをかける
特定期間のデータを抽出する
抽出結果だけをコピーして転記する
テーブル範囲にフィルターをかけてコピーする
テーブル範囲の可視セルのみをコピーする

Section 59 実践 抽出したデータを振り分ける 182

処理の対象となるシートとセルを確認する
抽出したデータを新規シートに振り分ける

17

第 9 章 変数で操作対象や値を指定する 185

Section 60 変数の仕組みと使い方を理解する 186

変数を使うと自由な名前で値を扱えるようになる
変数の宣言と値の代入方法
データ型の仕組みと指定方法
複数の変数を一度に宣言する
変数に値を再代入する
変数の宣言を強制する

Section 61 変数を使ってオブジェクトを操作する 190

変数を使ってオブジェクトを操作する際のルール
オブジェクト変数ではコードのヒントが表示される

Section 62 変数名の付け方のルールを決める 192

変数名はコードのわかりやすさに直結する
自分なりのルールを決める
先頭の数文字を同一にする

Section 63 定数を使って変化しない値を処理する 194

変化しない値は定数で処理する
組み込み定数でオプションを指定する

Section 64 実践 変数でコードを整理する 196

変数を使わずにデータを転記する
転記処理を変数を使って整理する

第 10 章 関数を使った処理 199

Section 65 関数を利用してさまざまな処理を実行する 200

関数の基本的な使い方
文字列を扱う際に便利な関数
日付や時間を扱う際に便利な関数
日付の計算に便利な関数
セルに入力されている値のデータ型を判定する関数
切り捨てや四捨五入に利用できる関数

Section 66 ワークシート関数をマクロで利用する　　208

マクロからワークシート関数を利用する
AGGREGATEとROUNDワークシート関数
スピル形式のワークシート関数の結果を利用する
スピル形式のワークシート関数の結果をセルへ書き出す

Section 67 実践 関数を使って表記を統一する　　212

関数を利用して表内の表記を統一する
段階的に変換処理を適用する仕組みを作る

第11章 条件に合わせて処理を変更する　　215

Section 68 条件分岐で処理の流れを変更する　　216

条件分岐は何のために利用するか？
条件式と判定用のステートメント

Section 69 ○か×かを判定する条件式　　218

条件式とは？
「True」か「False」で判定する
「And」と「Or」で少し複雑な条件式を作成する

Section 70 Ifステートメントで処理の流れを分岐する　　220

Ifステートメントで条件式の結果によって分岐する
Elseを使って条件式がFalseの場合の処理を追加する
ElseIfでさらに条件式を追加して分岐させる

Section 71 Select Caseステートメントで処理の流れを分岐する　　224

ケース別に処理の流れを分岐する
ケースのいろいろな指定方法

Section 72 実践 条件分岐で入力をチェックする　　226

指定セルの値をチェックして処理を分岐する
処理の流れを確認する

第12章 処理を繰り返し実行する

229

Section 73 ループ処理で同じ処理を繰り返し実行する

230

ループ処理は何のために利用するか？
ループ処理を行うための仕組み

Section 74 決まった回数や決まった範囲を繰り返す

232

指定した回数だけ処理を繰り返す
指定した行・列に対して処理を繰り返す

Section 75 リストアップした項目全てに対して繰り返す

234

セル範囲に対して処理を繰り返す
全てのセル、シート、ブックに対するループ処理
行や列の全体に対して処理を繰り返す
リストアップした項目に対して処理を繰り返す

Section 76 条件を満たしている間は処理を繰り返す

238

条件を満たしている間は処理を繰り返す
最低でも1回は処理を行うようにする

Section 77 ループ処理を途中で終了する

240

ループ処理を途中で終了する
入れ子の内側のループ処理だけを終了する

Section 78 検索処理とループ処理を組み合わせる

242

Findメソッドで検索を行う
検索対象のセルを全て見つける

Section 79 実践 リストを作って一括置換する

246

置換用のリストを使って表記を統一する
置換用のリストの作り方

20

第13章 エラーが発生した際の対処方法　249

Section 80 エラーが発生した際の対処方法を身につける　250

エラー発生時の対処方法
オプション設定でダイアログ表示をオフにする

Section 81 エラーの種類と対処方法　252

エラーの種類と発生タイミング
構文エラーとコンパイルエラーへの対処方法
実行時エラーへの対処方法
論理エラーへの対処方法

Section 82 ステップ実行でエラーの箇所を特定する　256

ステップ実行で論理エラーに対処する
ステップ実行で1行ずつ確認していく

Section 83 実行中の変数の値などを確認する　258

ブレークポイントで実行を一時停止する
イミディエイトウィンドウにログを表示する

Section 84 リファレンスを使って情報を調べる　260

やりたいことに「VBA」を付けて検索する
単語をリファレンスで検索する
オブジェクトに用意されているプロパティなどを調べる
引数や組み込み定数を調べる

第14章 ユーザーと対話しながら進める処理　265

Section 85 確認メッセージを表示する　266

メッセージダイアログを表示する
ボタンとアイコンの種類を指定する

Section 86 選択したボタンを判定して実行する処理を変更する　268

押されたボタンに合わせて処理を変更する
組み込み定数と比較して判定する

Section **87** **実行中に値の入力や操作対象の選択を行う**　　　270

インプットボックスで値を入力する
セル範囲を選択してもらう
ダイアログでブックを選択してもらう
ダイアログでフォルダーを選択してもらう

Section **88** **ブックを開いたタイミングで処理を実行する**　　　278

ブックを開いたときに日付を入力する
イベントプロシージャの記述方法

Section **89** **セルの値が変更されたタイミングで処理を実行する**　　　280

任意のセルの値が変更されたら処理を行う
引数を使って変更のあったセルを判定する

Section **90** **実践 問い合わせをしてから集計する**　　　282

選択したシートのみを確認してから集計する
マクロの動作を確認する

第**15**章 ユーザーフォームを利用する　　　285

Section **91** **ユーザーフォームを利用する**　　　286

ユーザーフォームで独自ダイアログを作成する
ユーザーフォームにコントロールを配置する
コントロールのイベント処理を作成する
Excel画面にユーザーフォームを表示する

Section **92** **多くのコントロールに共通する設定**　　　290

コントロールの名前を変更する
多くのコントロールに共通する設定

Section **93** **テキストを表示／入力する**　　　292

ラベルでテキストを表示する
テキストボックスで値を入力する

Section **94** **ボタンのクリックで処理を実行する**　　　294

ボタンのクリックで実行される処理を作成する
Clickイベントプロシージャの作成手順

Section **95** **オン／オフの設定や選択肢を選んでもらう** 296

チェックボックスの選択状態を確認する
オプションボタンで候補の中から1つを選択する

Section **96** **ボタン操作で値を増減する** 298

スピンボタンで値を増減する
スピンボタンで日付の増減を行う

Section **97** **ドロップダウンリストから値を選択する** 300

コンボボックスでリストから選択する
シート上に用意したリストをコンボボックスで使用する

Section **98** **一覧表示したリストから値を選択する** 302

リストボックスで一覧リストを表示して選択する
シート上に用意したリストをリストボックスで使用する

第**16**章 帳票のデータを操作する 305

Section **99** **帳票のデータを集計する処理を作成する** 306

シートの構成を確認する
表形式のデータとして集計する

Section **100** **帳票から転記したいデータを整理する** 308

転記したい内容を整理する
構造体の利用方法

Section **101** **1枚の帳票から転記する処理を作成する** 310

明細の行数分だけ転記処理をループする
転記を行うマクロを作成する

Section **102** **ブック全体の帳票から転記する** 312

シートに対してループしながら処理を呼び出す
ループしながら転記を行うマクロを作成する
マクロに引数を用意する仕組み
マクロを修正／ブラッシュアップする

23

第17章 複数の帳票のデータをまとめる 317

Section 103 集計結果を保存する新規ブックを作成する 318

集計用の新規ブックを作成する
新規ブックを作成するマクロ

Section 104 選択した対象ブック内のデータを集計する 320

対象ブックの集計と転記を実行する
集計用のサブルーチンを修正する

Section 105 フォルダー内のブックを一気に集計する 322

転記先の新規ブックを作成する
フォルダー内の全てのブックに対してループ処理を行う

Section 106 「ユニークなリスト」を作成する 326

集計結果からユニークなリストを作成する
Collectionオブジェクトの仕組みを理解する
UNIQUEワークシート関数を利用する
ユニークな値のリストを作成して転記する

マクロ・VBAチートシート	330
便利なショートカットキー	336
用語集	338
索引	346

第 **1** 章

はじめてのマクロを作成する

この章では、「マクロ」の学習を始める際の下準備や、実際にマクロを作成する手順を、ひと通り体験していただきます。まずはマクロとはいったいどのようなモノで、どういった流れで作成して利用するのかを大まかに掴んでいきましょう。

Section 01	▶	マクロを使って Excel の操作を自動化する
Section 02	▶	マクロ学習の進め方
Section 03	▶	マクロを作るための準備
Section 04	▶	はじめてのマクロを作ってみる
Section 05	▶	作成したマクロの保存と呼び出し方

Section 01

マクロを使ってExcelの操作を自動化する

ここで学ぶのは
- 操作の自動化
- 操作の繰り返し
- 操作の自動判別

マクロとは、データの入力や集計などといった日々の業務で行うさまざまなExcelの操作を、素早く、正確に自動実行することができる便利で強力な機能です。マクロ機能を利用すると、業務を行うにあたって、どのようなメリットがあるのかを見ていきましょう。

1 普段の操作を自動化できる

マクロ機能の最大のポイントは**自動化**です。皆さんが**日々の業務において手作業で行っているExcelを利用した入力や集計などが、ボタンひとつを押すことであっという間に完了できます**。

例えば、「複数のブックから必要なデータを1つのブックに集計し、分析結果をグラフ表示したものを日付ごとのフォルダーへと保存する」「請求書や納品書などの帳票を、注文に合わせたレイアウトで印刷する」など、手作業で行う場合には何工程も必要な処理が、ボタンひとつを押すだけで終えられます。つまりは、**とても楽ができる機能**なのです。

いつも行っている作業
❗複数のブックを開く
❗必要なデータを集計
❗別のフォルダーに保存

マクロを利用した作業
❗ボタンを押すだけ

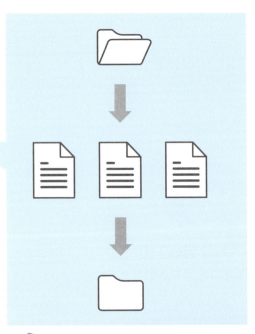

 Point 同じ成果を少ない労力・少ない時間で、簡単かつあっというまに得られる。

2 同じ操作を何度も繰り返して実行できる

マクロ機能は、**Excelで行う操作の内容をプログラムとして記述して実行します**。そのため、手作業の場合に発生するようなうっかりミスが起きません。また、同じ操作を異なるセルだったり、異なるシートだったり、ブックだったりに対して、何回も繰り返して実行することも簡単です。

一度マクロを作ってしまえば、あとは**ボタンひとつで大量の作業を正確にこなすことが可能**なのです。

Point 手作業では何時間もかかる定番の操作を、素早く・ミスなく繰り返すことができる。

3 セルの値などに応じて操作を自動判別できる

単純に手作業で行っていた操作を自動化するだけではなく、セルの入力されている値などに応じて、行うべき処理を自動的に判別して、実行する操作を切り替えることも可能です。つまりは、私たちが普段、ひとつずつ考えながら作業を行っている、**どの処理を行うかという「判断」の部分までもプログラムにまかせることが可能**なのです。

このように、マクロ機能に用意されている仕組みを利用していくと、さまざまな「自動化」によって仕事を楽にできるようになります。

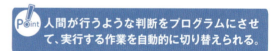

Point 人間が行うような判断をプログラムにさせて、実行する作業を自動的に切り替えられる。

 Hint 複数の操作をひとまとめにする

マクロ機能は、大きな作業の自動化だけでなく、「列全体のフォントをメイリオにして左揃え」など、複数の操作を組み合わせた処理を、1つの操作にまとめて済ませる用途にも便利です。

よく使う組み合わせをひとまとめにした「小さな自動化」は、作業を快適にしてくれるでしょう。

Section 02

マクロ学習の進め方

ここで学ぶのは
▶ オブジェクトのルール
▶ 繰り返しのルール
▶ 条件分岐のルール

マクロ機能を使い方を身につけるために覚えておきたいルールがあります。このルールに重点を置くことで、効率よく学習を進めることができます。本書では、操作の自動化に役立つマクロが作成できるようになるためのルールを、3つのステップに分けて学習を進めていきます。

1 まずは「オブジェクトのルール」を覚える

解説

まず覚えていただきたいのが、**オブジェクト**という仕組みの特徴と、書き方のルールです。マクロでは、利用するExcelの機能を**コード**（プログラム文）として記述していきます。この際、Excelの各機能は「オブジェクト」という仕組みで管理されています。

そこで、まずはオブジェクトの仕組みを意識し、**「どうやって操作したい対象を指定するのか」「どうやって利用したい機能や見た目の設定を指定するのか」「どうやって新しい値やオプション設定を指定するのか」**などのルールを、実際のExcelの操作と比較しながら掴んでいきましょう。

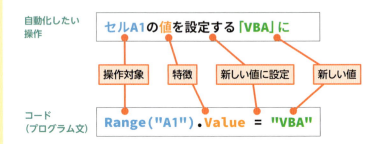

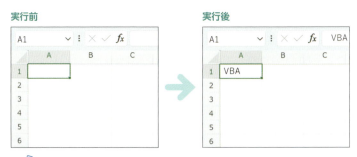

> **Point** Excelの各機能は「オブジェクト」という仕組みを使い、「何の、何を、どうする」という形式で記述する。

● 押さえておきたいルール（抜粋）

ルール	特徴
オブジェクト	Excelの機能を整理し、操作したい対象を指定する仕組み
プロパティ	操作対象の「値」「見た目」「設定内容」などの特徴のうち、どれを利用するかを指定する仕組み
メソッド	操作対象に用意されている各種機能のうち、どれを利用したいかを指定する仕組み

2 次に「作業時間を短縮する繰り返し処理のルール」を覚える

解説

次に覚えたいのが、繰り返し処理です。その名の通り、「指定した処理を何回も、何百回も自動的に繰り返す」ことができます。1つのセルに対して行う値のチェックや一連の設定操作を、一気に数百個のセルや、シート全体、さらには複数のブックにまで広げることができる便利な仕組みです。

1つのセルや、1枚のシートに対する操作をオブジェクトの仕組みを使って作成

作成したセルやシートに対する操作を、繰り返し処理と組み合わせることで、一気に100個のセルや、ブック内の全てのシートに対して適用できる

> **Point** マクロで操作する対象を一気に広げ、操作時間を劇的に短くするためのキモとなるのが「繰り返し処理」。

3 さらに「操作の自動化を行う条件分岐のルール」を覚える

解説

繰り返しと並んで覚えておくとマクロの使い勝手が劇的によくなる仕組みが、条件分岐です。条件分岐では、「人間が行うような判断をプログラムに行わせ、実行する処理の流れを切り替える」ことができます。結果として、「必要なセルに値が入力されていれば印刷、されていなければ確認メッセージを表示」といった処理や、「繰り返し処理の中で、特定の値のセルは処理を行わない」といった処理が作成できます。

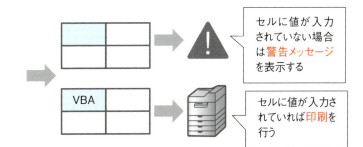

セルに値が入力されていない場合は警告メッセージを表示する

セルに値が入力されていれば印刷を行う

> **Point** 人間が行うような判断をプログラムに任せて、実行する操作を自動的に切り替えられる仕組みが「条件分岐」。

Hint その他の覚えておくと便利な仕組み

マクロを学習する際には、上記の3つの仕組みの他にも関連する仕組みが幾つも用意されています。しかし、**その全てを覚える必要はありません**。自動化したい操作に必要なものが出てきたら、その都度、調べていけばよいでしょう。

● 覚えておくと便利な仕組み

仕組み	概要
変数	特定の「名前（識別子）」を使って、プログラムで利用する値やオブジェクトを扱える仕組み。繰り返し処理などでも利用する
関数（VBA関数）	プログラム中で「よくある処理」を行うためにあらかじめ用意されている仕組み
マクロの自動記録	Excelの操作を、自動的にプログラムとしてマクロ記述してくれる機能。一からマクロを全部書かなくても済む
リファレンス機能	利用したいオブジェクトの仕組みを知りたいときに便利な辞書/ヘルプ機能

Section 03 マクロを作るための準備

マクロを作成する準備として、まずはマクロの作成/利用を行う際に便利な「開発」タブをリボンに追加しておきましょう。さらにマクロの作成/編集するための専用画面「VBE」を表示し、マクロを記述する場所となる「標準モジュール」を追加すれば準備は完了です。

ここで学ぶのは
- 「開発」タブの追加方法
- VBE画面の開き方
- 標準モジュールの追加方法

1 「開発」タブをリボンに追加する

解説

Excel画面を開き、リボンの左端にある[ファイル]をクリックし、表示されるバックステージメニューの一番下にある[オプション]をクリックします。

1 [ファイル]をクリックします。

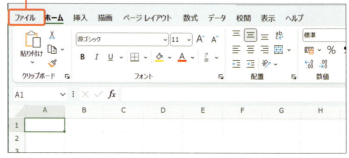

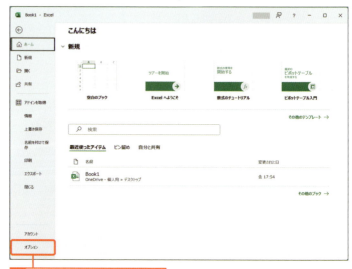

2 [オプション]をクリックします。

解説

表示される「Excelのオプション」ダイアログ左側のメニューから、[リボンのユーザー設定]をクリックし、ダイアログ右側のボックス内にある[開発]にチェックを入れ、[OK]をクリックします。すると、「開発」タブがリボンに追加されます。

Memo 「開発」タブの機能を確認する

「開発」タブには、マクロの作成/実行のための機能がまとめられています。そのうちよく使うことになるのは、以下の2つのブロックです。

● 「コード」ブロック
左端にあるブロックです。主に**マクロを作成/実行する際に便利な機能**がまとめられています。

● 「コントロール」ブロック
中央辺りにあるブロックです。シート上にマクロを実行するためのボタンやチェックボックス、リストボックスなどの各種「コントロール」の配置と設定を行えます。

その他にも「アドイン」や「XML」ブロックもありますが、本書では扱いません。

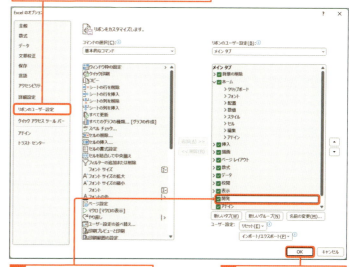

1 [リボンのユーザー設定]をクリックして、

2 [開発]にチェックを入れて、

3 [OK]をクリックします。

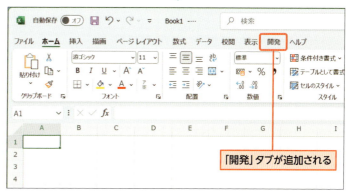

「開発」タブが追加される

「開発」タブ

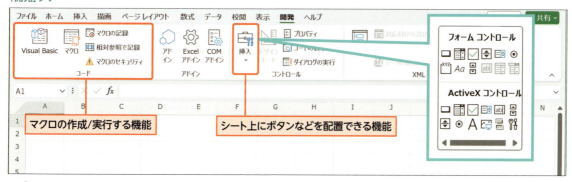

マクロの作成/実行する機能

シート上にボタンなどを配置できる機能

Point 「開発」タブにはマクロの作成/実行に関する各種機能がまとめられている。

2 VBE画面を開く

解説

マクロの作成/編集は、VBE画面で行います。VBEは「Visual Basic Editor（ビジュアル・ベーシック・エディタ）」を略したものです。

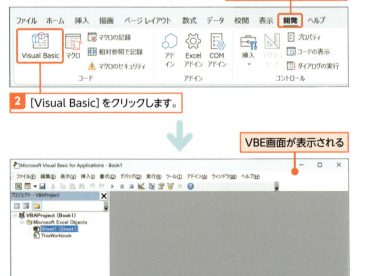

1 [開発] をクリックして、
2 [Visual Basic] をクリックします。

VBE画面が表示される

Memo　Excel画面に戻るには

VBE画面からExcel画面に戻るには、VBE画面のツールバー左端にある [表示Microsoft Excel] ボタン（エックスマーク型のアイコン）をクリックします。また、VBE画面の右上にある [×]（閉じるボタン）をクリックしてもOKです。
ちなみに、Excel画面とVBE画面は、ショートカットキーの Alt + F11 で切り替えて表示されます。

 マクロの作成/編集はVBE（Visual Basic Editor）で行う。

解説

VBE画面は、主に右図のような3つのウィンドウ部分に分けられた構成になっています。それぞれのウィンドウの用途は次ページの表のようになります。
マクロを作成するときの基本的な流れは、
❶ プロジェクトエクスプローラーでマクロの記述先を選択する
❷ コードウィンドウでマクロを入力/編集する
となります。プロパティウィンドウが表示されていない場合は、[表示] → [プロパティウィンドウ] メニューで表示してください。

VBEの画面構成

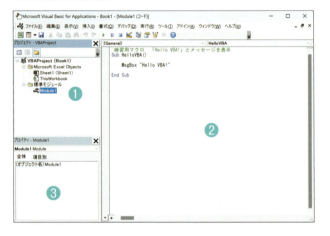

Memo　イミディエイトウィンドウが表示されている場合

3つのウィンドウに加え、画面下端にイミディエイトウィンドウ（下図）が表示されている場合もあります。イミディエイトウィンドウは、Ctrl＋Gキーで表示できます。

● VBEの3つのウィンドウと用途

ウィンドウ	用途
❶プロジェクトエクスプローラー	マクロの記述先を「ブック」「シート」「標準モジュール」などから選択する
❷コードウィンドウ	マクロを編集する際に利用するメインの画面。プロジェクトエクスプローラーで選択した記述先にあるマクロの内容が表示され、そのまま編集もできる
❸プロパティウィンドウ	選択中のオブジェクトの名前をはじめとした各種設定を確認/編集できる。主にボタンなどのコントロールを利用する際に使用

 Point VBE画面は大きく分けて3つのウィンドウで構成されている。

3　標準モジュールを追加する

解説

マクロを作成する際には通常、プロジェクトエクスプローラー上で標準モジュールを追加します。標準モジュールは、**マクロを記述する場所**です。

標準モジュールの追加は、VBE画面のメニューから、[挿入]→[標準モジュール]をクリックします。すると「Module1」など、自動的に名前の付けられた標準モジュールが追加されます。ここにマクロの内容を記述していきます。なお、標準モジュールは、Excelのワークシートのように、何枚も追加可能です。追加した際には「Module1」「Module2」…と、自動的に連番が振られた名前が付いていきます。

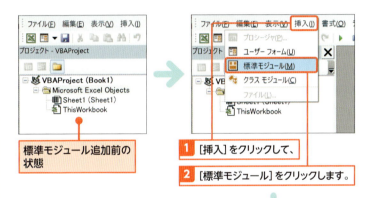

標準モジュール追加前の状態

1 [挿入]をクリックして、

2 [標準モジュール]をクリックします。

「Module1」が追加される

Memo　標準モジュールを削除する

標準モジュールを削除したい場合は、プロジェクトエクスプローラー内で削除したいモジュール（例えば「Module1」）を右クリックし、表示されるメニュー内の[Module1の解放]をクリックします。すると、「エクスポートしますか?」というダイアログが表示されるので、[いいえ]をクリックしましょう。これで標準モジュールが削除できます。

 Point プロジェクトエクスプローラーに「Module1」という名前の標準モジュールが追加され、その内容をコードウィンドウで編集できるようになる。

Section 04 はじめてのマクロを作ってみる

練習用ファイル 📁 初めてのマクロ.xlsm

実際に練習用ファイルを使って、マクロをどのように作成するかの手順を体験してみましょう。サンプルでは「既存の伝票を再利用する」シーンを想定し、既に値が入力済みのシートを新規伝票として再利用できるように整えるマクロを作成しています。

ここで学ぶのは
- マクロの名前
- マクロの内容
- マクロの実行方法

1 作成する処理の確認と標準モジュールの追加

サンプルブック「初めてのマクロ.xlsm」には、図のような注文伝票が用意されています。伝票には、担当や作成日の他、商品・単価・数量を列記し、「小計」列には「＝単価＊数量」となる数式が入力されています。

ただし、8行目の「小計」列（セルF8）には、値引きを行った際の数値が数式を上書きする形で入力されています。取引内容に応じて数式を上書きすることはよくありますが、このままでは新しいデータを入力した際に、意図していた計算を行ってくれません。そこで、このシートを再利用し、**新規の注文を入力できるように、右側の状態に復元するマクロ**を作成してみましょう。

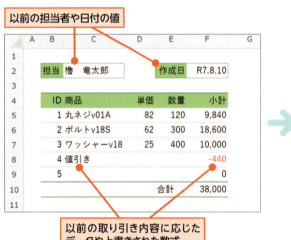

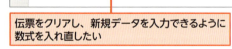

解説

VBE画面で［挿入］→［標準モジュール］をクリックして標準モジュールを追加し、**コードウィンドウでマクロを作成する準備**をします。

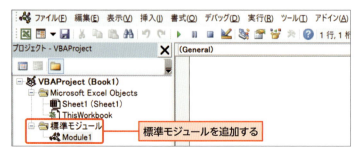

標準モジュールを追加する

2 マクロの名前を入力する

解説

まずは、マクロの名前を入力します。今回は「初めてのマクロ」にしてみましょう。コードウィンドウに、「Sub 初めてのマクロ」まで入力し、Enterキーを押します。
すると、入力したマクロ名の後ろに「()」が追加され、さらに、「End Sub」という文字が自動入力されます。この「Sub」から「End Sub」の間に挟まれた部分が、1つのマクロとして実行する内容となります。

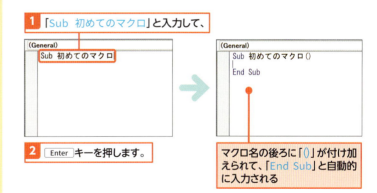

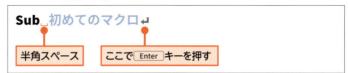

3 マクロの内容を入力する

解説

「Sub 初めてのマクロ()」～「End Sub」の間に、マクロの内容を入力していきましょう。今回は、右図のように4行分、プログラムのテキスト(以下「コード」と表記)を入力します。
なお、4行のコードの内容は、上から、
❶セルC2に「水田 龍二」と入力
❷セルF2に実行時の日付を入力
❸セルC5:E9の値をクリア
❹セルF5:F9に「＝D5＊E5(＝単価＊数量)」の数式を入力
となります。
入力ができたら、マクロ「初めてのマクロ」の完成です。

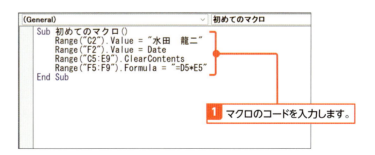

コードの入力が難しいという方は、サンプルブック「初めてのマクロ.xlsm」の3枚目のシートにコードの内容が記載してあります。そこからコードをコピーして、標準モジュール上にペーストしてください。

● マクロ「初めてのマクロ」

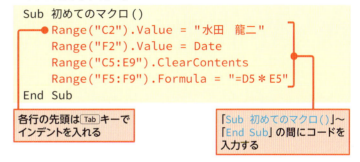

4 作成したマクロを実行する

解説

作成したマクロを実行してみましょう。Excel 画面に戻り、マクロで初期化したい伝票のシートが表示されているのを確認し、リボンの [開発] タブにある [マクロ] ボタンをクリックします。

「マクロ」ダイアログが表示されるので、**リスト欄から「初めてのマクロ」を選択し、[実行] ボタンをクリックします**。これでマクロが実行されます。

シートを確認してみると、4 行のコードとして記述した 4 つの命令がまとめて実行され、伝票が初期化できているのが確認できます。

Memo その他の実行方法

マクロを実行する方法は幾つか用意されています。シート上やリボン上にボタンを配置し、そのボタンをクリックして実行する方法 (58 ページ参照) や、ショートカットキーに登録する方法 (61 ページ参照) を覚えると、より手軽に利用できるようになります。

Memo 英数字は半角で入力する

コード内の英数字やスペースは、半角文字で入力するようにしましょう。コメント (47 ページ参照) や、ダブルクォーテーションで囲んだ文字列 (次ページ参照) は全角でも大丈夫です。

全角文字で入力しても、自動的に半角文字に変換されるので多くの場合は問題ありませんが、半角文字で入力する習慣を身につけておきましょう。

1 伝票が入力されたシートを開き、 **2** [開発] をクリックして、

3 [マクロ] をクリックします。

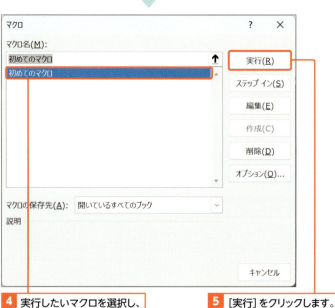

4 実行したいマクロを選択し、 **5** [実行] をクリックします。

入力した 4 行のコードが順番に実行されて、伝票が初期状態に戻る

Hint　コード上での値や計算の基本的な書き方

コードウィンドウで数値や文字、日付などを扱いたい場合には、それぞれ、**数値は「そのまま」**、**文字（文字列）は「ダブルクォーテーションで囲む」**、**日付は「シャープで囲む」**というルールで記述します。

● コードウィンドウ上での値や計算の記述と結果

● 3種類の記述ルール

種類	ルール	例
数値	そのまま記述	.Value = 123
文字列	ダブルクォーテーションで囲む	.Value = "ABC"
日付	シャープで囲む	.Value = #10/5/2022#

セルに入力する文字を指定するなど、コード内で文字を使用する場合は「"（ダブルクォーテーション）」で文字の前後を囲みます。マクロでは、複数の文字を組み合わせたものを文字列（もじれつ）と呼びます。

日付を入力する際には、コードウィンドウで「#2025/10/5#」のように入力して指定しますが、入力後には「#10/5/2025#」のように「#月/日/年#」の形式に自動変換されます。なお、自動変換後の形式はOSの設定によって異なる場合があります。

数学やExcelのシート上での数式でおなじみの「+」「-」「*」「/」の4つの記号を使えば、コード内で計算を行い、その結果をマクロで利用することも可能です。ワークシート上の数式と同じく、乗算は「×」ではなく「*」、除算は「÷」ではなく「/」を利用する点に注意しましょう。また、2つの文字列を連結したい場合には、「&」を利用します。

● 四則演算などの記述ルール

演算子	演算内容	例	計算結果
+	加算。足し算	5 + 2	7
-	減算。引き算	5 - 2	3
*	乗算。掛け算	5 * 2	10
/	除算。割り算	5 / 2	2.5
^	べき乗。「5の2乗」など	5 ^ 2	25
Mod	剰余。割り算の余り	5 Mod 2	1
&	文字列の連結	"Excel" & "VBA"	"ExcelVBA"

Section 05 作成したマクロの保存と呼び出し方

練習用ファイル 📁 マクロブック.xlsm、ブックA.xlsx

マクロを作成したブックは、通常のブックとは少し異なる方法で保存する必要があります。ここでは、マクロを含むブックの保存方法と、あわせて、他のブック上で作成したマクロを現在作業中のブックで呼び出して利用する方法を学んでいきましょう。

ここで学ぶのは
▶ マクロの保存方法
▶ セキュリティの警告
▶ マクロの呼び出し方

1 マクロを含むブックは「xlsm形式」で保存する

解説

マクロを含むブックを保存する場合には、通常のブックとは異なる、**Excelマクロ有効ブック**として保存する必要があります。

ファイルを保存する際に、**「ファイルの種類」**欄で**Excelマクロ有効ブック**を選択して保存しましょう。

保存されたブックは、拡張子「**xlsm**」のブックとして保存され、アイコン表示もマクロを含んでいることが一目でわかるよう「!」マークが付加された状態となります。

初めてのマクロ.xlsm

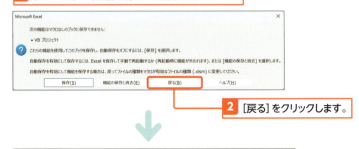

1. [ファイル] → [名前を付けて保存] をクリックし、
2. [戻る] をクリックします。

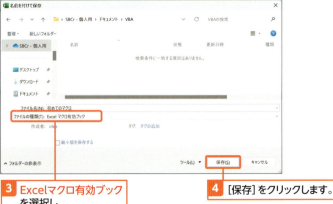

3. Excelマクロ有効ブック を選択し、
4. [保存] をクリックします。

> 💡 **Hint** ファイルの種類の指定位置やアイコン画像はExcelのバージョンなどによって異なる
>
> ファイルの種類を指定する箇所は、保存の方法やExcelのバージョンによって異なります。ご自分の環境に合わせて、ファイルの種類を指定できる箇所を利用してください。なお、保存後のマクロ有効ブックのアイコンも、Excelのバージョンによって異なります。

2 マクロを含むブックを開いたときの操作

解説

マクロを含むブックを開いた際には、数式バーの上側に、セキュリティの警告メッセージが表示されます。保存してあるマクロを利用したい場合には、[コンテンツの有効化]ボタンをクリックしましょう。

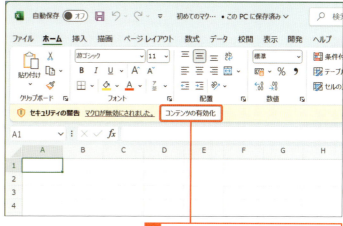

1 [コンテンツの有効化]をクリックします。

解説

VBE画面を開いた状態でマクロを含むブックを開いた際には、「Microsoft Excelのセキュリティに関する通知」ダイアログが表示されます。[マクロを有効にする]ボタンをクリックすることで、そのブック内のマクロが利用できるようになります。

VBE画面の警告メッセージ

[マクロ有効にする]をクリックしてマクロを利用する

Hint　ブックの形式を変更したり、セキュリティの警告をされる理由

出所のわからないマクロをうっかり実行してしまうと、PCの状態を意図していないものへと変更されてしまったり、個人情報を抜き取られたりといった危険があります。いわゆるマクロウィルスです。

このようなマクロをうっかり実行してしまわないため、「**マクロを含むブックを開いた時点では、マクロを使用不可能にしておき、確認が取れたところで使えるようにする**」という手順を踏む仕組みが用意されています。ブック形式を変更して保存するのも、「これはマクロを含んでいますよ」と、拡張子やアイコンからも判断できるようにするためなのです。

3 他のブックのマクロを利用する

作成したマクロは、自分のブック（マクロを作成したブック）の内容に対して実行するだけでなく、他のブックから呼び出して利用することも可能です。

例えば、図のような伝票が入力された「ブックA」上のシート上で「マクロブック」に作成してあるマクロを実行するには、次のような手順となります。

① 2つのブックを開く
②「ブックA」のマクロを実行したいシートを選択する
③［開発］→［マクロ］をクリックして、「マクロ」ダイアログを表示する
④「マクロブック」のマクロを選択して実行する

ブックA
伝票を入力したシートを含むブック

マクロブック
「ブックA」上で「マクロブック」のマクロを呼び出して実行する

解説

ブックを複数開いた際、いずれかのブックにマクロが作成されている場合には、「マクロ」ダイアログを表示し、「マクロの保存先」欄を開いているすべてのブックにしておくと、他のブックに作成してあるマクロも「ブック名!マクロ名」の形でリスト表示されます。

この仕組みがあるため、**マクロは1つのブックにまとめて作成しておき、必要になった場合には、適宜、マクロの内容を適用したいブックと一緒に開いて実行する**という運用が可能となります。

1「ブックA」と「マクロブック」を開き、

2「ブックA」の伝票が入力されたシートを選択します。

3「ブックA」で［開発］→［マクロ］をクリックし、

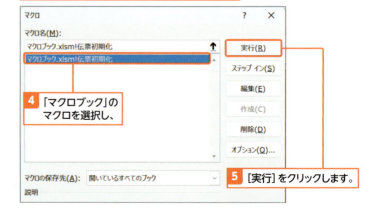

4「マクロブック」のマクロを選択し、

5［実行］をクリックします。

第 **2** 章

記録機能でマクロを体験する

　この章では、「マクロの記録」機能を使い、自分の操作をマクロとして記録する方法をご紹介します。さらに、記録したマクロを修正することで、自分の目的に対応したマクロへと作り変える手順や削除する手順を学習していきましょう。

Section 06	▶	記録機能を使ってマクロを作成する
Section 07	▶	記録機能で作成したマクロの中身を確認する
Section 08	▶	マクロを編集する
Section 09	▶	マクロを削除する
Section 10	▶	マクロのいろいろな実行方法

Section 06 記録機能を使ってマクロを作成する

練習用ファイル 📁 マクロの記録機能.xlsm

ここで学ぶのは
▶ マクロの記録機能
▶ 相対参照で記録
▶ ショートカットキー操作

Excelには、自分の行った一連の操作をマクロとして記録できる、「マクロの記録機能」が用意されています。マクロのコードを書かなくても一連の操作を自動化できるだけでなく、自分でマクロを作成する場合に、どのような形でコードを書けばいいのかのヒントとしても利用可能です。

1 マクロの記録を開始する

解説

マクロの記録機能を使って、「**セルに値を入力する**」という操作をマクロとして記録します。操作を記録するブックを用意し、「開発」タブの左側にある[マクロの記録]をクリックします。
「マクロの記録」ダイアログが表示されるので、「マクロの保存先」欄を作業中のブックに指定して[OK]ボタンをクリックします。すると、「マクロの記録」ダイアログは消え、これ以降の操作がマクロとして記録されるようになります。

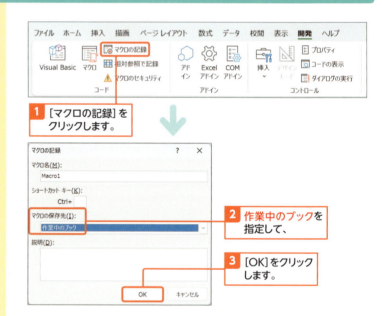

2 セルに値を入力する

解説

以下のように操作します。
① セルC2を選択する
② 「古川　順平」と入力して Enter キー、セルC3にカーソルが移る
③ 「100」と入力して Enter キー

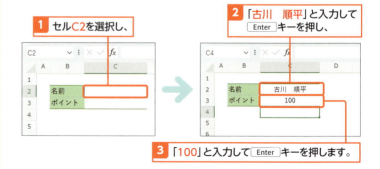

3 記録の終了と動作の確認

解説

記録したい操作を終えたら、[マクロの記録]と同じ場所に表示される[記録終了]をクリックしましょう。これで一連の操作がマクロとして記録されます。

1 [記録終了]をクリックします。

解説

動作を確認してみましょう。セルC2とC3に入力された文字列と数字を削除してから、「開発」タブの[マクロ]ボタンをクリックして「マクロ」ダイアログを表示します。
リスト中に先ほど記録を行ったマクロがMacro1として表示されているので、選択し、[実行]ボタンをクリックしましょう。すると、記録した一連の操作が実行され、セルC2とC3に値が入力されます。
このように、マクロの記録機能を使うと、実際に行った操作を再現するマクロが手軽に作成できます。

動作の確認

1 セルの中身を削除します。

2 [マクロ]をクリックします。

3 Macro1を選択して、

4 [実行]をクリックします。

Memo 記録開始時にマクロ名を設定する

マクロ記録を開始する際、「マクロ」ダイアログの「マクロ名」欄を使うと、マクロの名前を設定可能です。記録する一連の操作に応じたわかりやすい名前を付けておくと、後で実行するときに用途が伝わりやすくなるでしょう。
特に、複数個のマクロを記録する場合には、どのマクロがどの用途なのかを判断する手がかりとなります。ちなみに、マクロ名は後から変更することも可能です。

マクロが実行されて、セルに文字列と数字が入力される

4 「相対参照で記録」で選択したセルを起点にマクロを作成する

解説

マクロを記録する際、「開発」タブ内の [相対参照で記録] をオンにして記録をすると、操作を**相対的な位置関係として記録**します。
[相対参照で記録] は、クリックするたびにオン／オフが切り替わります。オン／オフはマクロの記録途中でも切り替えられます。

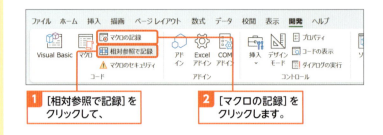

1 [相対参照で記録] をクリックして、

2 [マクロの記録] をクリックします。

相対参照で記録した場合の考え方

例えば、セルB2を選択した状態で記録を開始し、右隣のセルC2の値を変更したマクロを記録したとします。このとき「相対参照で記録」がオフの場合、「**セルC2の値を変更するマクロ**」として記録されます。このマクロは、実行時にどのセルを選択していても、必ずセルC2の値を変更します。

それに対し、「相対参照で記録」がオンの場合、「**右隣のセルの値を変更するマクロ**」として記録されます。このマクロは、実行時に選択していたセルに応じて、その右隣のセルの値を変更します。

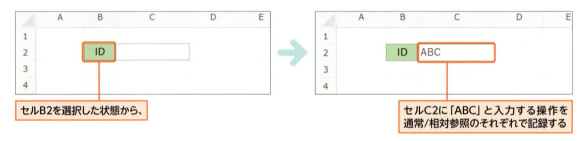

セルB2を選択した状態から、

セルC2に「ABC」と入力する操作を通常／相対参照のそれぞれで記録する

「相対参照で記録」が**オフ**の場合

セルB3を選択した状態からマクロを実行すると、

セルC2に「ABC」と入力される

「相対参照で記録」が**オン**の場合

セルB3を選択した状態からマクロを実行すると、

セルC3（右隣のセル）に「ABC」と入力される

Hint　マクロ記録と相性のよいショートカットキー操作

マクロの記録を行う際には、ショートカットキーと組み合わせると、より使い勝手のよい操作として記録可能です。

例えば、図のような表の見出しを除く1行目の先頭セルを選択した状態から記録を開始し、

❶ Ctrl + Shift + → キーを押して右端までのセルを選択する。
❷ Ctrl + Shift + ↓ キーを押して下端までのセルを選択する。

という2つの操作を記録すると、できあがったマクロは、「**表内の現在のセル位置から、下方向のデータ全体を選択する**」操作として記録されます。

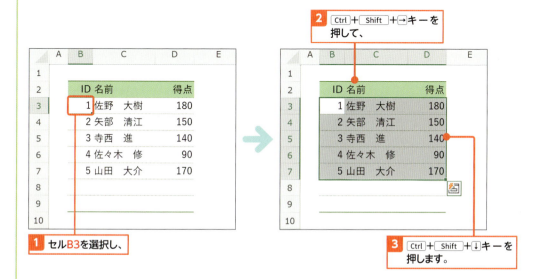

❶ セルB3を選択し、
❷ Ctrl + Shift + → キーを押して、
❸ Ctrl + Shift + ↓ キーを押します。

 Point　Ctrl + Shift +矢印のショートカットキーを2回使った操作を記録すると、「**表内の、現在のセル位置から下の行のデータを全選択**」するマクロが作成できる。

例えば、表内のセルB5を選択してマクロを実行すると、それ以降のデータ範囲であるセルB5:D7が選択されます。このように、ショートカットキーや「相対参照で記録」と組み合わせると、「**マクロを実行したセルの位置**」に応じて柔軟に対象を切り替えるマクロが作成できます。

よく使うショートカットキーには表のようなものが用意されています。矢印キーは、上下左右の4方向の矢印キーの方向に応じて、選択されるセルの方向が決まります。

● よく使うショートカットキー

ショートカットキー	操作
Ctrl +矢印キー	矢印に対応した方向の終端セルを選択
Ctrl + Shift +矢印キー	矢印に対応した方向の終端セルまでの範囲を選択
Ctrl + Space キー	列全体を選択
Shift + Space キー	行全体を選択
Ctrl + Shift + ＊ キー	アクティブセル領域（表全体）を選択

Section 07 記録機能で作成したマクロの中身を確認する

練習用ファイル 📁 記録されたマクロの確認.xlsm

「マクロの記録」機能が使えるようになったら、自動作成されたマクロの中身を見てみましょう。自動作成されたマクロの中身を眺めることで、マクロを作成する際の大まかなルールを掴むことができます。まずは細かなプログラムの仕組みを学習する前に、大枠を掴んでいきましょう。

ここで学ぶのは
- マクロの枠組み
- オブジェクトの使い方
- プロパティとメソッド

1 マクロの中身を確認する

解説

まずは、幾つかのマクロを自分で記録してみましょう。あるいは、サンプルブック「記録されたマクロの確認.xlsm」を利用してください。
自動記録したマクロの中身を確認するには、[開発]→[Visual Basic]をクリック、もしくは Alt + F11 キーを押してVBE画面を表示します。
自動記録を行ったブックには「Module1」などの標準モジュールが作成され、そのモジュール内に記録したマクロのコードが記述されています。

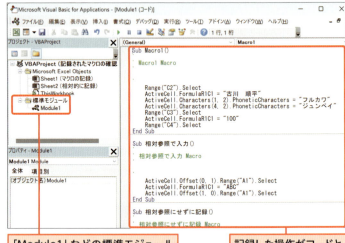

「Module1」などの標準モジュールが生成されている

記録した操作がコードとして記述されている

Memo 複数のマクロを作成する場合

複数のマクロを記録する際には、記録開始時に、「マクロ名」欄にわかりやすい名前を入力してから記録を開始しましょう。こうしておくことで、VBE画面で確認する際に、マクロを区別しやすくなります。
また、複数のマクロを記録した場合、基本的には、1つの標準モジュール内に複数のマクロが順番に作成されていきます。

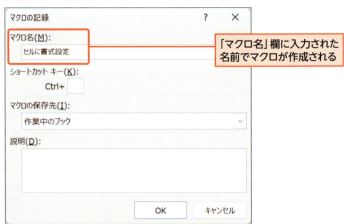

識別しやすい名前を付ける

「マクロ名」欄に入力された名前でマクロが作成される

2 マクロの枠組みのルール

自動記録したマクロをざっと眺めて、その仕組みを掴んでいきましょう。まずは、マクロの枠組み部分の仕組みです。
複数のマクロを記録した場合、標準モジュールには図のようなルールでマクロが記述されます。
個々のマクロは、「Sub マクロ名」で始まり、「End Sub」で終わります。この２つに挟まれた部分に記述されているコードが、それぞれのマクロが実行する内容となります。

● マクロの枠組み

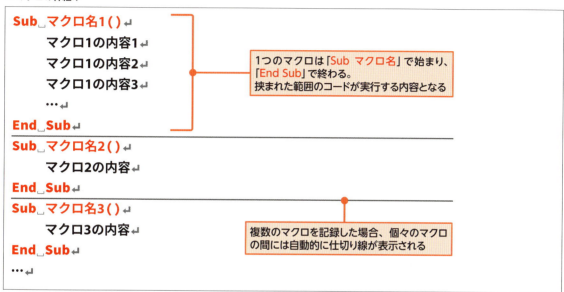

 １つのマクロは「Sub マクロ名」で始まり、「End Sub」で終わる。

Hint コメント行

マクロを記録した際、マクロの内容部分の冒頭に「'（シングルクォーテーション）」で始まる行が幾つか追加されています。これはコメントと呼ばれる仕組みです。コメント部分は、マクロ内に書き込めるメモ書きのようなもので、消去してもマクロの動作に影響を与えません。

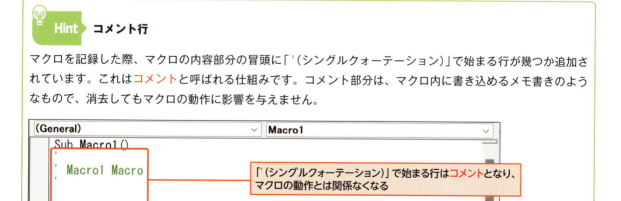

3 「オブジェクト」を指定して操作している点に注目

内側のコードの方に着目してみましょう。
記録されたコードはどれも、「**まず、操作したい対象を指定**」し、その後に「**その対象をどうするのかを指定**」する形になっているはずです。例えば、

`Range("C2").Select`

というコードの場合は、「`Range("C2")`」が「操作したい対象」であり、その後ろの「`.`（ドット）」に続いて記述された「`Select`」が「操作の内容」です。結果として、**セルC2を選択する**という内容になります。
このときに指定する「操作したい対象」のことを**オブジェクト**と呼びます。そして、コードを記述する際には、自動化したい操作に合わせ、「**まず目的のオブジェクトを指定し、続いてオブジェクトに対する操作を指定する**」というルールでコードを記述していきます。自分でコードを編集したり、ゼロから入力していく場合も、このルールで作成していきます。

● 自動生成されたマクロの内側のコード

```
Range("C2").Select
ActiveCell.FormulaR1C1 = "古川 順平"
ActiveCell.Characters(1, 2).PhoneticCharacters = "フルカワ"
ActiveCell.Characters(4, 2).PhoneticCharacters = "ジュンペイ"
Range("C3").Select
ActiveCell.FormulaR1C1 = "100"
Range("C4").Select
```

● 自動生成されたコードに見られる典型的な2つのパターン

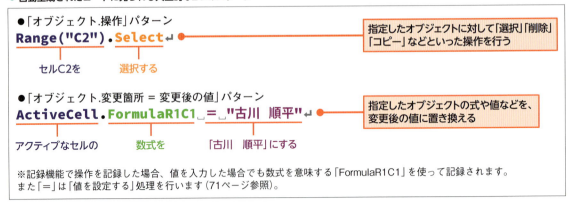

> **Point** Excelを操作するコードは、「○○を」「どうする」や、「○○の」「××を」「△△にする」というパターンで作成されている。

4 ドットに続けて操作内容を指定する点に注目

対象として指定したオブジェクトに対する操作は、メソッドとプロパティという仕組みを利用して行います。メソッドとは、「**オブジェクトに対して実行する機能や命令**」を指します。例えば、対象オブジェクトが「セルA1」であれば、「Clearメソッド」や「Deleteメソッド」で、それぞれ「クリア」「削除」を行うことができます。Excelの操作には、対応したメソッドがそれぞれ用意されています。

プロパティとは、「**オブジェクトの設定**」を指します。例えば、対象オブジェクトが「セルA1」であれば、「Valueプロパティ」や「ColumnWidthプロパティ」で、それぞれ「値」「列幅」を確認したり、変更します。プロパティはオブジェクトの種類ごとに、さまざまなものが用意されています。

メソッドとプロパティを利用する場合、両者共に、「**オブジェクトを指定し、ドット(.)に続けて、メソッドもしくはプロパティを指定する**」というルールでコードを記述していきます。「まずはオブジェクトを指定、次に命令」です。

● オブジェクトの操作方法はプロパティとメソッドがある

 Point 操作対象のオブジェクトを指定し、「.(ドット)」に続けて「メソッド」もしくは「プロパティ」を指定する。

● メソッドの例（赤字部分がメソッド）

コード	操作
Range("A1").Clear	セルA1の内容をクリアする
Range("A1").Delete	セルA1を削除する
Range("A1").Copy	セルA1をコピーする

● プロパティの例（赤字部分がプロパティ）

コード	操作
Range("A1").Value = 10	セルA1の値を10にする
Range("A1").ColumnWidth = 15	セルA1の列幅を15にする
Range("A1").WrapText = True	セルA1の折り返し表示設定をオンにする

5 メソッドを利用する際のルール

メソッドは主に、Excelの各種機能をコードから実行したい際に利用します。「削除する」「コピーする」「フィルターをかける」など、Excelで「○○する」と言い表せる動作・機能であれば、たいていはメソッドとして実行可能です。

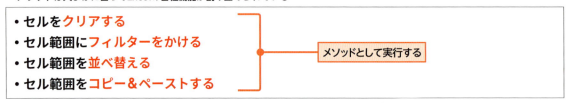

● メソッドは大まかに言ってExcelの各種機能が割り当てられている

- セルをクリアする
- セル範囲にフィルターをかける
- セル範囲を並べ替える
- セル範囲をコピー&ペーストする

→ メソッドとして実行する

Point　「○○する」という動作さは、たいていはメソッドとして実行できる。

コードからメソッドを実行するには、「オブジェクト.メソッド」の順で記述します。また、Excelの各種機能には、細かなオプション項目を指定可能なものが多くありますが、コードからオプション項目を利用するには、引数（ひきすう）という仕組みを利用します（76ページ参照）。とりあえずは、「Excelの各種機能はメソッドの仕組みで利用可能」ということを押さえておきましょう。

● メソッドの指定方法

●オプションを指定しない場合
オブジェクト.メソッド
　オブジェクトとメソッドの間には「.（ドット）」を入力する

●オプションを指定する場合
オブジェクト.メソッド 引数
　メソッドと引数の間は半角スペースを入力する
　オプションは引数で指定する

● メソッドの指定例

●オプションを指定しない場合の例
`Range("A1").Delete`

●オプションを指定する場合の例
`Range("A1").Delete Shift:=xlShiftToLeft`

削除機能はDeleteメソッドで実行できる
シフト方向は引数で指定する

6 プロパティを利用する際のルール

プロパティは主に、**Excelの各種設定をコードから取得/変更したい際**に利用します。ひとくちに「設定」と言ってもさまざまなものがあります。「セルの値」「セルの列幅」「フォントの種類」といった見た目に関する設定もあれば、「シート名」「シートの枚数」、さらには「再計算の方法」「オートコレクトの設定」などの、各種機能の設定もあります。これらの設定は、たいていはプロパティの仕組みを使って、現在の値を確認したり、新しい値への変更が可能です。

● プロパティは大まかに言ってExcelの各種設定が割り当てられている

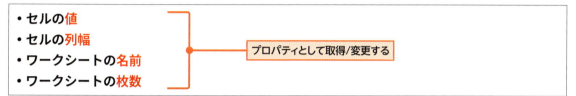

> **Point** Excelの各種設定は、たいていはプロパティの仕組みで取得/変更できる。

コードからプロパティに新しい値を設定する場合には、「**オブジェクト.プロパティ = 値**」の順番でコードを記述します。とりあえずは、「**Excelの各種の値や設定は、プロパティの仕組みで確認/変更が可能**」という点を押さえておきましょう。

● プロパティの指定方法

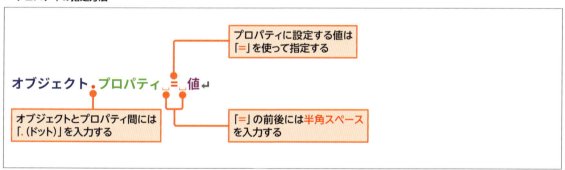

● プロパティの指定例

 Hint 操作対象のオブジェクトを指定するプロパティもある

プロパティの中には、値の設定やオン/オフの切り替え設定を行うのではなく、「操作対象のオブジェクトを指定するプロパティ」も用意されています（73ページ参照）。とても便利な仕組みですので、おいおい覚えていきましょう。

Section 08 マクロを編集する

練習用ファイル 📁 マクロの編集.xlsm

記録機能で作成されたマクロや、あらかじめ作成されているマクロの一部を編集し、それによってどんなことが起きるのかを確認してみましょう。オブジェクトの仕組みを意識しながらコードの内容を変更することで、自分でマクロを作成する際のルールや勘所を掴んでいきましょう。

ここで学ぶのは
- 操作対象の変更方法
- 設定する値の変更方法
- マクロ名の変更方法

1 編集を行うマクロ

サンプルブック「マクロの編集.xlsm」には、「在庫クリア」と「在庫初期化」という2つのマクロが作成されています。このマクロの内容をオブジェクトの仕組みを意識しながら編集してみましょう。

修正を加える前のマクロの動作はそれぞれ、「在庫クリア」は「セルC3をクリアする」という内容、「在庫初期化」は「セルC3:C6に『100』を入力」という内容になっています。

● マクロ「在庫クリア」
```
Sub 在庫クリア()
    Range("C3").ClearContents
End Sub
```

● マクロ「在庫初期化」
```
Sub 在庫初期化()
    Range("C3:C6").Value = 100
End Sub
```

実行前の状態

「在庫クリア」を実行

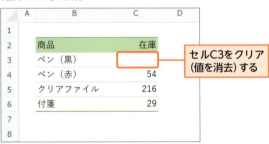

セルC3をクリア（値を消去）する

「在庫初期化」を実行

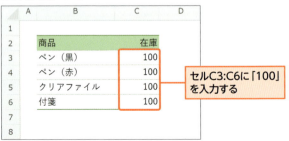

セルC3:C6に「100」を入力する

2 VBE画面でマクロ「在庫クリア」を編集する

解説

VBE画面を開き、マクロ「在庫クリア」の
Range("C3")
と操作対象のオブジェクトを指定している箇所を、
Range("C3:C6")
へと変更します。

1 Excel画面で[開発]→[Visual Basic]をクリックし、

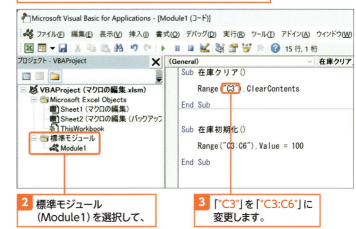

2 標準モジュール（Module1）を選択して、

3 ["C3"]を["C3:C6"]に変更します。

● 「在庫クリア」編集前
```
Sub 在庫クリア()
    Range("C3").ClearContents
End Sub
```

● 「在庫クリア」編集後
```
Sub 在庫クリア()
    Range("C3:C6").ClearContents
End Sub
```

3 編集したマクロ「在庫クリア」の動作を確認する

解説

編集できたら動作を確認してみましょう。修正前までは「セルC3」のみをクリアしていたマクロが、「セルC3:C6」をクリアするようになっています。
このように、**「既存のマクロの操作対象とするオブジェクトを指定している部分を修正」** することによって、操作対象を後から変更できるのです。

1 Excel画面で[開発]→[マクロ]をクリックし、

2 在庫クリアを選択して、

3 [実行]をクリックします。

実行前　　実行後

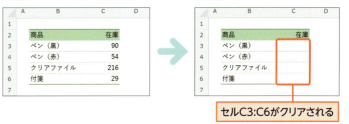

セルC3:C6がクリアされる

4 VBE画面でマクロ「在庫初期化」を編集する

解説

VBE画面を開き、マクロ「在庫初期化」の
`Value = 100`
と新しく入力する値を指定している箇所を、
`Value = 150`
へと変更します。

1 Excel画面で [開発] → [Visual Basic] をクリックし、

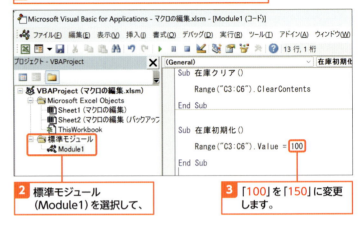

2 標準モジュール（Module1）を選択して、

3 「100」を「150」に変更します。

●「在庫初期化」編集前
```
Sub 在庫初期化()
    Range("C3:C6").Value = 100
End Sub
```

●「在庫初期化」編集後
```
Sub 在庫初期化()
    Range("C3:C6").Value = 150
End Sub
```

5 編集したマクロ「在庫初期化」の動作を確認する

解説

編集できたら動作を確認してみましょう。すると、修正前まではセルC3:C6に入力される値は「100」でしたが、「150」が入力されるようになっています。

このように、**「既存のマクロの値を指定している部分を修正」**することによって、入力される値や設定のオン/オフを後から変更できるのです。

1 Excel画面で [開発] → [マクロ] をクリックし、

2 在庫初期化を選択して、

3 [実行] をクリックします。

実行前

実行後

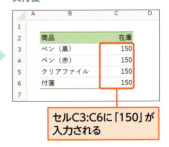

セルC3:C6に「150」が入力される

マクロ編集のポイント

マクロの編集はいかがでしたでしょうか。意外に簡単だったのではないでしょうか。まとめてみると、Excelのマクロには次のような特徴があります。
❶作成や記録したマクロは後から編集できる。
❷オブジェクトの仕組みを意識すると変更する場所の見当がつく。
❸操作対象を変更したい場合はオブジェクトの指定箇所を修正する。
❹値や設定を変更したい場合は値の指定箇所を修正する。

マクロの記録機能で一連の作業を記録したり、書籍やWebからマクロのサンプルをコピーしたりといった形で用意して、そのマクロの内容を編集して利用することがしやすい仕組みになっています。

 まずはマクロ記録し、できあがったマクロを修正するというスタイルで、目的の作業を行うマクロへと修正が可能になる。

編集する際には、オブジェクトの仕組みを意識しながらコードを読んでみると、どこを変更すればよいのかの検討がつきます。

とはいえ、最初のうちは「どこがオブジェクトを指定している箇所なのかがわからない」「そのオブジェクトに対して、どんな命令をしているのか、または設定をしているのかがわからない」というのが普通でしょう。そこで3章以降では、典型的な「オブジェクトの指定の仕組み」や「よく使うメソッドやプロパティ」をご紹介していきます。

繰り返しになりますが、「Excelの機能や設定を操作するには、オブジェクトの仕組みを使う」ということを押さえて学習を進めていきましょう。

マクロ名も後から変更できる

VBE画面上では、マクロの内容だけでなく、マクロ名も後から変更できます。例えば、マクロ「在庫クリア」を「在庫データクリア」と変更したい場合には、マクロ冒頭の、

Sub 在庫クリア()

の箇所を、

Sub 在庫データクリア()

へと修正すると、「マクロ」ダイアログ上に表示されるマクロ名も「在庫データクリア」になります。

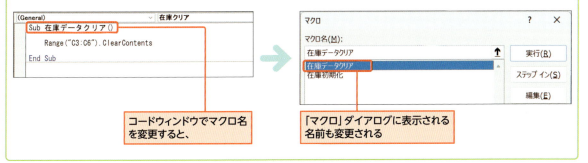

Section 09 マクロを削除する

練習用ファイル　マクロの削除.xlsm

マクロの作成に慣れるには、記録機能でいろんな操作を記録して結果を眺めることが有効です。しかし、記録するばかりでは不要なマクロや標準モジュールがどんどん増えてしまいます。そこで、「マクロや標準モジュールを削除する方法」を覚えておきましょう。

ここで学ぶのは
- マクロの削除方法
- 標準モジュールの解放方法
- エクスポート

1 不要なマクロを削除する

解説

個別のマクロを削除する方法はとてもシンプルです。コードウィンドウ内で削除したいマクロ全体を選択し、Deleteキーを押すなどの操作で削除します。

Memo　全体をスムーズに選択する

マクロ全体を選択する際には、マクロ名の行頭へカーソルを置き、Shift＋↓キーを押していくと、行全体をスムーズに選択できます。

Hint 「マクロ」ダイアログから削除する

マクロの削除は「マクロ」ダイアログから行うこともできます。「マクロ」ダイアログのリストから削除するマクロを選択して、[削除]ボタンをクリックします。これでリストからマクロが消えるのと同時に、コードウィンドウ上のコードも削除されます。

2 標準モジュールごと削除する

解説

標準モジュールごと削除したい場合には、プロジェクトエクスプローラ内から削除したい標準モジュールを選択して右クリックし、[モジュール名の解放]をクリックします。モジュールをエクスポートするかどうかを確認するダイアログが表示されるので、[いいえ]ボタンをクリックすれば削除が完了します。

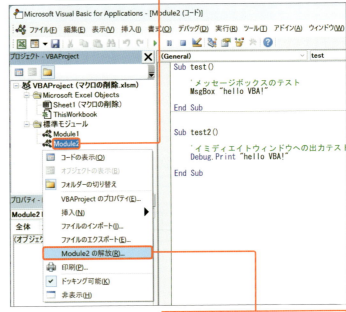

1 削除する標準モジュールを右クリックして、

2 [Module2の解放]をクリックします。

3 [いいえ]をクリックします。

Memo 解放とエクスポート

標準モジュールを削除する場合、なぜか「削除」というコマンドは用意されていません。そこで「解放」を選択して代用します。
その際に「標準モジュールをエクスポートしますか?」というダイアログが表示されますが、これは、「削除を行う前に、マクロの内容をテキストファイルとして保存(これが「エクスポート」という操作)しますか?」という意味となります。
単に削除する際には、エクスポートは不要ですので、[いいえ]をクリックすれば削除が完了する、というわけです。

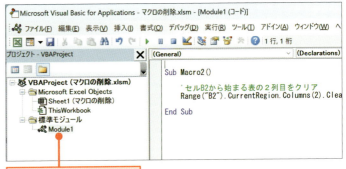

標準モジュールが削除される

57

Section 10 マクロのいろいろな実行方法

練習用ファイル 📁 マクロの実行.xlsm

「マクロ」ダイアログから実行したいマクロを選択する方法の他にも、「さまざまなマクロを実行する方法」が用意されています。マクロを作成・学習・利用する際には、場面に応じて手軽に実行したり、複数のマクロから目的のものを素早く実行できる方法を知っていると便利です。

ここで学ぶのは
- ボタンから実行
- クイックアクセスツールバー
- ショートカットキー

1 シート上に配置したボタンから実行する

解説

「開発」タブ内中央にある、[挿入]をクリックすると、シート上にさまざまなコントロール(ボタンなどの部品)が配置できます。
このうち、ボタンを選択してからシート上をドラッグすると、その位置にボタンが配置されます。また、ボタン配置時には「マクロの登録」ダイアログが表示されるので、登録したいマクロを選択し、[OK]ボタンをクリックしましょう。これで、**シート上のボタンをクリックすることで登録したマクロが実行される**ようになります。

Memo マクロを登録せずにボタンを配置する

ボタンを配置する際、「マクロの登録」ダイアログで[キャンセル]ボタンをクリックすれば、とりあえずマクロを何も登録せずにボタンを配置可能です。
見た目や位置を調整してから、改めてボタンを右クリックして[マクロの登録]を選択すれば、後からマクロを登録可能です。

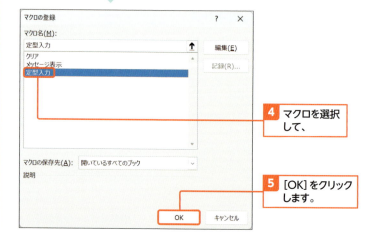

1 [挿入]をクリックして、
2 ボタンをクリックします。
3 ドラッグします。
4 マクロを選択して、
5 [OK]をクリックします。

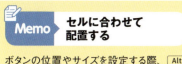

セルに合わせて配置する

ボタンの位置やサイズを設定する際、Alt キーを押しながら移動・サイズ変更を行うと、セルの端にぴったりとくっつくような形で位置やサイズを調整できます。

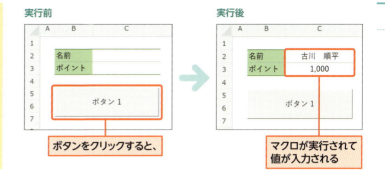

Hint 配置後にボタンを編集する

いったんシート上に配置したボタンの位置やサイズを変更したい場合には、Ctrl キーを押しながらボタンをクリックします。すると、ボタンの周りに「ハンドル」が表示されます。この状態で各種ハンドルをドラッグすればサイズが、ボタンの縁をドラッグすれば位置が変更できます。

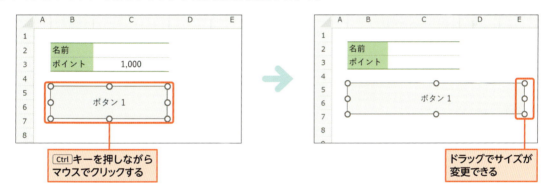

また、ボタンを右クリックして表示されるメニューからは、[テキストの編集]でボタンに表示するテキストを変更したり、[マクロの登録]でボタンに登録するマクロを変更したりといった操作ができます。

2 クイックアクセスツールバーから実行する

解説

Excel画面のクイックアクセスツールバー部分には「上書き保存」などの操作が手軽にできるボタンが配置されています。この場所には、自分が作成したマクロを実行するボタンを配置可能です。

クイックアクセスツールバー右端の▼ボタンをクリックするなどの操作で、[オプション]→[クイックアクセスツールバー]のダイアログを表示します。左のリストボックス上部の「コマンドの選択」欄からマクロを選ぶと、その下のリストに作成済みのマクロの一覧が表示されます。登録したいマクロを選択し、[追加]ボタンをクリックすると、そのマクロが右側のリストへ追加されます。[OK]をクリックしてダイアログを閉じれば、選択したマクロがクイックアクセスバー上に登録されます。

また、クイックアクセスツールバーが非表示の場合には、[ファイル]→[オプション]→[クイックアクセスツールバー]でダイアログを表示し、下側にある[クイックアクセスバーを表示する]のチェックを入れましょう。

Memo 他のブックからでも素早く呼び出せる

クイックアクセスツールバーにマクロを登録すると、そのマクロは、マクロの作成されているブックが開いていれば、他のブックからでも簡単にボタンひとつで呼び出せるようになります。

また、ボタン登録時に右側のリスト上部の「クイックアクセスツールバーのユーザー設定」欄から「ブック名に適用」を選んでから登録すると、指定ブックがアクティブなときのみに表示されるボタンとすることも可能です。

1 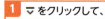 をクリックして、

2 [その他のコマンド]をクリックします。

3 マクロを選択し、　　**4** 登録するマクロを選択し、

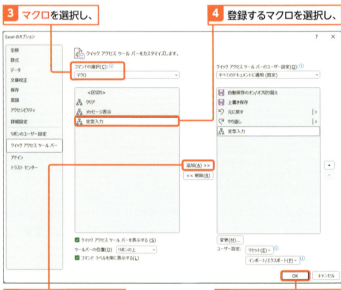

5 [追加]をクリックして、　　**6** [OK]をクリックします。

マクロのボタンが追加される

3 ショートカットキーから実行する

解説

「マクロ」ダイアログからマクロを選択し、[オプション]ボタンをクリックすると、「マクロオプション」ダイアログが表示されます。この際、「ショートカットキー」欄のテキストボックス内に、ショートカットキーとして登録したいキーを入力すると、そのマクロは、Ctrl＋登録したキーのショートカットから呼び出せるようになります。

1 Excel画面で[開発]→[マクロ]をクリックし、

2 登録するマクロを選択して、

3 [オプション]をクリックします。

Memo ユーザーの登録したものが優先される

ユーザーが登録したショートカットキーは、Excel本来のショートカットキーよりも優先されます。例えば、Ctrl＋Cキーにマクロを登録した場合、Ctrl＋Cキーは登録マクロを実行するだけで、本来のコピー操作は行われません。

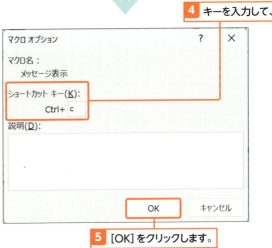

4 キーを入力して、

5 [OK]をクリックします。

4 VBE画面から直接実行する

解説

VBE画面から直接マクロを実行するには、実行したいマクロ内にカーソルを置いた状態で、ツールバー上の ▶ ボタンをクリックします。あるいは F5 キーを押します。

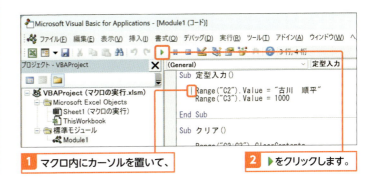

1 マクロ内にカーソルを置いて、

2 ▶ をクリックします。

| Column | マクロの編集中にエラーが表示された場合 |

記録機能で自動生成したマクロや、書籍のサンプルやWebからコピーしてきたマクロを編集している際に、「先ほどまでは問題なかったけれども、急にエラーメッセージが表示されてしまった」という場面に遭遇することがあります。

典型的なエラーの例

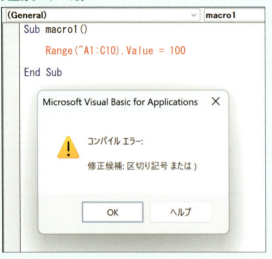

例えば上図の状態は、もともとは、
`Range("A1").Value = 100`
と、セルA1に対する操作を行っていた箇所を、セルA1:C10を操作対象にしようと思い、
`Range("A1:C10).Value = 100`
と変更したために表示されたものです。
間違っているのは「"A1:C10」の箇所です。正しくは「"A1:C10"」とするところを、ダブルクォーテーションを付け忘れているためにエラーとなっているのです。
こうしたエラーが表示された場合、まずは、[OK]ボタンをクリックしてエラーメッセージダイアログを閉じましょう。そして、間違いに気づいているのであれば、修正しましょう。
ただ、マクロに触りたての頃は、いったい自分がどこを間違ったのかの判断が難しいところです。慣れていないがために、間違っている箇所の見当もつけにくい状態です。こんな場合には、Ctrl + Z キーを押して、「元に戻す」機能（やりなおし・アンドゥ）を使いましょう。そうすれば、少なくともエラーの出る前の状態にまで戻せます。
エラーが出なくなった状態で、改めて編集にチャレンジしてみましょう。慣れるまではエラーメッセージが表示されるのは当たり前のことです。いえ、慣れてからでも結構表示されます。まずは怖がらずに、冷静にエラーメッセージを閉じ、コードをエラーの出る前の状態まで戻す方法を押さえておき、学習を進めていきましょう。

第 **3** 章

VBAの基本を
身につける

　この章では、マクロを作成する言語である「VBA」の基本的なルールをざっとご紹介します。「オブジェクト」単位で分類された各種の機能を「プロパティ」「メソッド」という仕組みで操作するというルールを大まかに掴んでいきましょう。

Section 11 ▶ マクロとVBAの関係

Section 12 ▶ テスト用のひな形を作成する

Section 13 ▶ 操作対象のオブジェクトを指定する

Section 14 ▶ プロパティを利用する

Section 15 ▶ メソッドを利用する

Section 16 ▶ 引数の仕組みを理解する

Section 17 ▶ Copilotの助けを借りてVBAを学習する

Section 18 ▶ Copilotにコードを解説してもらう

Section 19 ▶ コメントをもとにマクロ案を作成してもらう

Section 20 ▶ 作成済みのコードを手直ししてもらう

Section 11 マクロとVBAの関係

ここで学ぶのは
- ▶ VBA
- ▶ プログラミング言語
- ▶ よく見かける用語

コードを入力してマクロを作成する際には、「VBA」というプログラミング言語を使用します。ここからは、VBAについて学習していきましょう。まずは、「マクロ」や「VBA」「プロシージャ」といったマクロ作成の学習を始めるとよく耳にする用語を整理していきましょう。

1 マクロはVBAを使って作成する

Excelのマクロは、VBAというプログラミング言語を使って作成していきます。整理してみると、マクロは「一連の操作をひとまとめにし、自動実行できる機能（あるいは、その機能によって作られたもの）」の名前です。マクロ機能を実現するためには、Excelをどのように動かすかを指示するためのルールが必要になってきます。そのルールを決めるのがVBAです。つまり、VBAのルールを学習することで、自由にマクロを作成できるようになるのです。

マクロ …… 機能の名前

VBA …… マクロを記述するためのルール（プログラミング言語）の名前

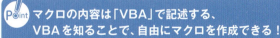

Point マクロの内容は「VBA」で記述する、VBAを知ることで、自由にマクロを作成できる！

VBAの正式名称は、Visual Basic for Applications（ビジュアルベーシック・フォー・アプリケーションズ）です。VBAはブイ・ビー・エーと呼びます。Officeアプリケーションをコードで操作できるようにするためのプログラミング言語という意味です。

Excelから利用できるVBAは、Excelを操作することに特化したプログラミング言語であり、マクロのコード内でオブジェクトやメソッド、プロパティを指定するための仕組みが用意されています。

2 VBAの学習の際によく見かける用語

VBAの学習を進めていく際によく見かける用語を整理しておきましょう。厳密に全てを暗記する必要はありませんが、その用語が何を指すのかを押さえておくと、本書だけでなく、他の書籍やリファレンス、Web上の情報を調べる場合にも用語でつまずくことが減るでしょう。

● VBAの学習の際によく見かける用語

名称	位置づけ
マクロ	一連の操作をひとまとめにして実行する機能（あるいは、その機能によって作られたもの）
VBA	マクロの中身を記述するプログラミング言語
コード	プログラムのテキスト
ステートメント	プログラムのテキスト。コードと比べると「1行単位の処理」「決まったパターンを持つ一連の処理」というニュアンスがある
プロシージャ	「複数の処理を1つにまとめたもの」を指すプログラミング用語。本書で扱うVBAの範囲では「1つのマクロ全体」を指す。「プロシージャを作る」という言葉は「マクロを作る」とほぼ同じ意味合いとなる

マクロでは、「Sub マクロ名」から「End Sub」の間に操作する内容に応じたコードを書いていきます。操作する内容は複数書くことができ、VBAのコードは基本的に「1行でひとかたまり」として扱われます。この「1行でひとかたまり」のコードをステートメント呼びます。

ステートメントが長くなる場合は、途中で改行することが可能です。改行する際は、「 _（半角スペース・アンダーバー）」を改行する部分に入力します。

● プロシージャとステートメント

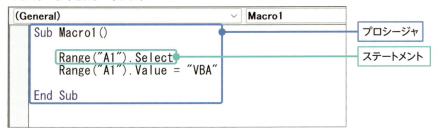

● コードの改行

 Hint　VBAで操作できるのはExcelだけではない

VBAで操作できるのは、Excelだけではありません。Excelだけでなく、WordやPowerPointといったOfficeアプリケーションには全て、それぞれアプリに特化したVBAの仕組み（ライブラリ）が用意されています。また、その気になれば「ExcelのVBAからWordを操作する」といったことまでできます。本書では扱いませんが、「ExcelのデータをWordにコピーして印刷したい」という業務がある方は、そちらの方面を調べてみると業務効率が劇的に改善するかもしれません。

Section 12 テスト用のひな形を作成する

練習用ファイル 📁 テスト用.xlsm

マクロの学習を進める際には、あらかじめ「マクロを手軽に試せるひな形」を作っておくのが便利です。ひな形用のブック(xlsm形式)と、操作内容を入力していない空のマクロを用意しておき、手早く入力したコードの結果をテストできるように準備してみましょう。

ここで学ぶのは
▶ マクロのひな形
▶ 空のマクロの作成
▶ 簡易実行

1 空のマクロを作成する

解説

いろいろなマクロを実際に書き、試しながら学習を進めていく際には、テスト用のマクロのひな形を作っておくと便利です。中身の何も書いていないマクロを作成しておくことで、試したいコードをそのマクロの中に書いたり、貼り付けたりして実行し、結果を見ながら学習を進めていけます。

Keyword ステップ実行

F8 キーを押すと、「1行ずつ」マクロが実行され、その都度結果が Excel 画面に反映されます。複数行にわたるマクロの作成・学習をする際には、コードの内容と結果の関係を1行1行確かめながら進めることが可能です。

① Excel画面で[開発]→[Visual Basic]をクリックし、

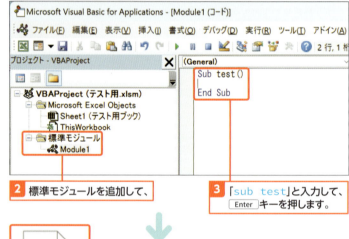

② 標準モジュールを追加して、

③ 「sub test」と入力して、Enter キーを押します。

④ Excel画面に戻って、「xlsm形式」でブックを保存します。

💡 Hint 同じモジュール内では同じマクロ名は付けられない

「test」はサンプルのマクロ名としてよく使われます。そのため、他の書籍やWebからサンプルマクロをそのままコピーしてくると、「test」という名前のマクロが2つになってしまうことがよくあります。その場合、同じ標準モジュール上には同じ名前のマクロを作成することはできないのでエラーなってしまいます。こういった場合は、マクロ名を「test2」などに変更しましょう。また、「これはまた後で使えそうだな」と思ったマクロは、きちんと用途に合った名前を付け、別のマクロとして保存しておきましょう。

2 結果を素早く確認できるようにする

マクロの学習・テストする際には、Excel画面とVBE画面をいったりきたりします。その都度切り替えてもよいのですが、画面を切り替える操作が挟まることで、いったん思考の流れが途切れてしまうのが難点です。そこで、Excel画面とVBE画面のサイズを調整し、1画面中に並べてしまいましょう。

❶ Excel画面を、右上の［元に戻す］（縮小）ボタンを押すなどの操作で、ウィンドウ表示にする。
❷ Excel画面右下をドラッグし、ウィンドウサイズを調整。また、ウィンドウ上部のタイトル部分をドラッグして位置を調整する。
❸ Alt + F11 キーを押すなどの操作でVBE画面を表示する。
❹ VBE画面をExcel画面と同様の方法でウィンドウ表示し、サイズ・位置を調整する。
❺ 2つの画面を並べた状態でマクロを実行して結果を確認する。マクロの実行は F5 キーが手軽。

こうすることで、VBE画面でコードを入力して、その場でマクロを実行し、同じ画面上で素早く結果を確認できます。
特に学習の最初の頃は、小さなコードを書いては試しを繰り返すので、覚えておくと便利な配置です。

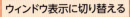
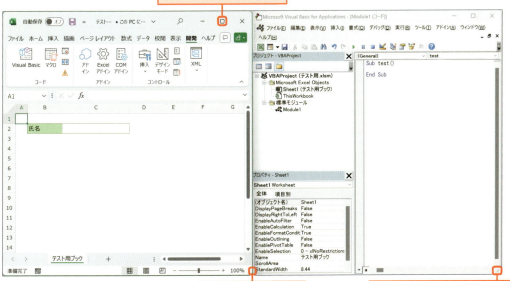

> **Hint** Windows10以上なら ⊞ + ← キーも
>
> Windows10あるいは11であれば、⊞（Windows）+ ← キーで、表示しているアプリを画面の左半分に表示可能です。この仕組みを使い、Excel画面を画面の左半分に表示し、VBE画面を ⊞ + → キーで右半分に表示することも可能です。元に戻すには、⊞と反対側の矢印キーを押します。
> また、ディスプレイを2台繋げるデュアルディスプレイの環境がある場合には、Excel画面とVBE画面をそれぞれのディスプレイに表示して学習/作業を進めるのが効果的です。

Section 13 操作対象のオブジェクトを指定する

練習用ファイル 📁 オブジェクトの指定.xlsm

ここで学ぶのは
▶ オブジェクトの指定方法
▶ インデックス番号
▶ コレクション

VBAでExcelを操作する際のはじめの一歩は、「操作する対象（オブジェクト）を指定する」ことです。4章以降では具体的なコードを学習しますが、まずはその前に、オブジェクトを指定する際の「お約束」のルールを押さえていきましょう。

1 オブジェクトは名前や番号で指定する

VBAで操作対象としたいオブジェクトを指定する際の基本ルールは、「**まず大まかなグループを指定し、続くカッコの中に具体的な対象を指定する**」という2段構えの方法です。大まかなグループとは、シートやブックなどです。グループ名は、多くの場合はオブジェクト名に「s」を付け加えた名前で指定します。

グループ名に続くカッコの中に具体的な対象を指定する際には、2つの指定方法が用意されています。1つ目は順番（インデックス番号）で指定する方法、2つ目は名前で指定する方法です。例えば、3枚のワークシート（Worksheet）を持つブックがあり、1番左にある1枚目のワークシートの名前が「Sheet1」だったとします。このとき、

```
Worksheets(1)
Worksheets("Sheet1")
```

の2つのコードは、共に「1枚目のSheet1」が操作対象となります。

また、「大まかなグループ」のことをコレクションと呼びますが、まずは用語にとらわれず、「**グループ名を指定し、カッコの中で番号か名前を使って具体的に指定**」という基本的なルールを押さえておきましょう。マクロ内でオブジェクトを指定する場合、セルを除くオブジェクトの多くは、このルールで指定可能です。

● オブジェクトを指定する際の基本ルール

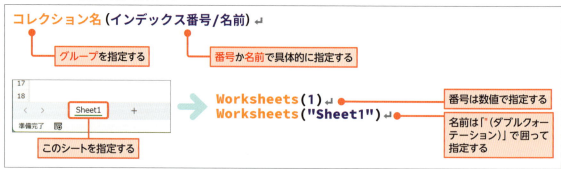

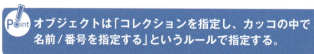
オブジェクトは「コレクションを指定し、カッコの中で名前/番号を指定する」というルールで指定する。

● オブジェクトの指定例

コード	操作対象となるオブジェクト
Worksheets(1)	「1」枚目のシート
Worksheets("Sheet1")	「Sheet1」という名前のシート
Workbooks(1)	「1」つ目に開いたブック
Workbooks("Book1.xlsx")	「Book1.xlsx」という名前のブック

2 セルを指定する際のルール

セルを指定する場合は少し特殊です。扱う機会も多いため、さまざまな考え方から目的のセルを指定する方法が複数用意されています。代表的な2つの方法を見てみましょう。

最も使うのは、「**Rangeに続くカッコの中に、セル番地の文字列を指定する**」方法です。このとき、セル番地は「A1」と単一セルを指定する形式でも、「A1:C10」の様にセル範囲を指定する形式でもOKです。

また、「**Cellsに続くカッコの中に、行番号と列番号をカンマで区切って列記する**」方法も用意されています。例えば、

```
Cells(1, 2)
```

は、「1行目・2列目のセル」、つまり「セルB1」が操作の対象となります。

RangeとCellsのいずれにせよ、「**どういった方式でセルを指定するかを決め、続くカッコの中で具体的なセルを指定する**」という手順だということを押さえておきましょう。

操作する対象のセルを指定する際には、Rangeの方が直感的で使いやすいでしょう。Cellsはマクロ内で何らかの計算を行い、計算結果を使ってセルを指定するといった処理や、行番号・列番号に注目した処理に向いています。

● セルを指定する際のルール

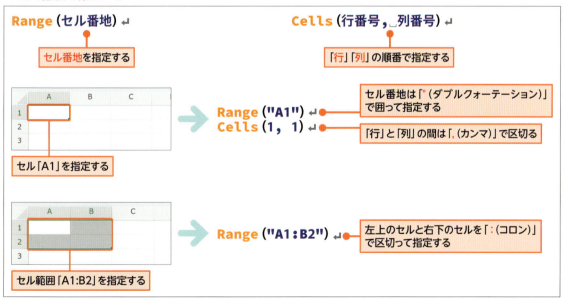

 Point セルの指定は、「セル番地で指定する方法」と「行番号と列番号で指定する方法」が用意されている。

Section 14 プロパティを利用する

練習用ファイル 📁 プロパティの利用.xlsm

オブジェクトは「プロパティ」という仕組みで値や設定の情報を管理しています。プロパティの仕組みを使うことで、オブジェクトの値や設定を取得/変更することができます。また、プロパティの中には、オブジェクトを指定できるものも用意されています。

ここで学ぶのは
- プロパティの指定と設定
- 値の代入
- オブジェクトの指定

1 オブジェクトを指定し、ドットに続けて入力する

セルの値や各種設定のオン/オフなど、何らかの値や設定をマクロで扱いたい場合は、それぞれ対応する**プロパティ**を利用します。プロパティはオブジェクトごとにさまざまなものが用意されており、セルの値を管理する「Value」や、セル番地を管理する「Address」などが代表的です。

プロパティを利用する際のルールは、**「オブジェクトを指定し、『.（ドット）』を打ち、その後にプロパティ名を入力」**します。

例えば、

`Range("A1").Value`

というコードで、セル「A1」のValueプロパティ（セルに入力された値）を取得することができます。

● プロパティを取得する際のルール

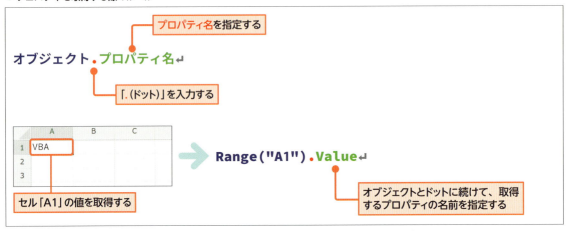

 プロパティを利用する際の基本は、「オブジェクトを指定し、ドットに続けて利用したいプロパティ名を入力する」というルールです。

● プロパティの取得例

コード	対象となるプロパティ
Range("A1").Value	セルA1の値（Value）
Range("A1").Address	セルA1のセル番地（Address）
Range("A1").Row	セルA1の行番号（Row）
Range("A1").Column	セルA1の列番号（Column）

2 プロパティの値を設定する

プロパティに新しい値を設定するには、プロパティ名の後ろに「= 新しい値」と入力します。「=」は代入（だいにゅう）という処理を行う記号（演算子）で、「左辺 = 右辺」と記述することで、左辺に指定したプロパティに右辺の値を設定します。

● プロパティに値を設定する際のルール

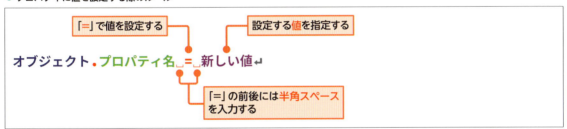

新しい値はプロパティによっていろいろなものが設定可能です。よく使うのは、セル（Rangeオブジェクト）の「Value」プロパティです。Valueプロパティはセルの「値」を管理します。Valueプロパティに「= 値」の形式で新しい値を設定すると、結果として、その値がセルに表示されます。

● セルに値を設定する

```
Sub 値の設定()
    Range("A1").Value = "VBA"
End Sub
```

Point プロパティを設定する際は、「=」に続けて新しい値を指定する。

プロパティを使って値を設定する

セルのプロパティを取得して、他のセルの値の設定などに利用することも可能です。ここでも「代入」の仕組みを使います。「左辺」に設定先の「オブジェクト.プロパティ名」を指定して、「右辺」に設定元の「オブジェクト.プロパティ名」を指定します。こうすることで、左辺のプロパティに、右辺のプロパティの値を設定することができます。

● プロパティの値を使って設定する

```
Sub プロパティの利用()
    Range("C6").Value = Range("B3").Value
    Range("C7").Value = Range("B3").Address
    Range("C8").Value = Range("B3").Row
    Range("C9").Value = Range("B3").Column
End Sub
```

実行前

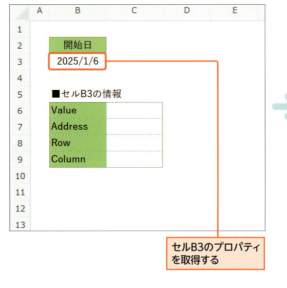

セルB3のプロパティを取得する

実行後

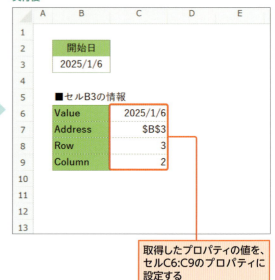

取得したプロパティの値を、セルC6:C9のプロパティに設定する

 値のオン/オフは「True」と「False」

プロパティの中には、設定のオン/オフを切り替えるものが多くありますが、マクロのコードからこの設定を切り替える場合はTrueとFalseという値を指定します。Trueがオンで、Falseがオフに対応しています。
例えば、セル（Rangeオブジェクト）のLockedプロパティは、セルの保護設定をオン/オフで切り替えます。次のコードを実行することで、保護設定をオンにします。

```
Range("A1").Locked = True
```

オンにした保護設定は、次のコードでオフに戻せます。

```
Range("A1").Locked = False
```

3 オブジェクトを「辿る」プロパティ

Excelのオブジェクトは階層構造で管理されています。Excelのアプリケーション自体を管理する「アプリケーション」オブジェクトを頂点にして、「ブック」「シート」「セル」「フォント」といった構造で管理されています(ここでは主要なものだけ掲載しています)。

● オブジェクトの階層構造

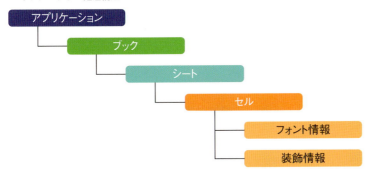

プロパティの中には、このオブジェクトの階層構造の仕組みを利用して、目的のオブジェクトを「辿る」ことができるものも用意されています。

例えば、

```
Worksheets(2).Range("A1")
```

というコードは、まず「2枚目のシート」を指定し、そこからさらにRangeプロパティを使い「セルA1」を辿って指定しています。結果として、「2枚目のシート」の「セルA1」が操作対象となります。

次のコードは、Rangeプロパティでセルを指定後、そこからFontオブジェクトへとFontプロパティで辿ったうえで、FontオブジェクトのSizeプロパティを利用して、「セルA1」のフォントサイズを「20」に設定しています。

```
Range("A1").Font.Size = 20
```

このように、オブジェクトを「辿る」ことができるプロパティの多くは、辿った先のオブジェクト名と同名になっています。

少々ややこしい仕組みかと思いますが、シンプルにこう考えてください。**「まず、シートを指定し、そこからさらにドットで続けて、そのシート上のセルを指定できる」**と。フォントの場合は、**「まず、セルを指定し、そこからさらにドットで続けて、そのセルのフォント、さらにはフォントサイズを指定できる」**と。

階層構造を利用して操作対象を指定する際のポイントは、**「ドットで繋げて指定」**という仕組みになっているわけですね。

 オブジェクトと同名のプロパティを使って、オブジェクトを「辿って」指定することができる。

Section 15 メソッドを利用する

練習用ファイル 📁 メソッドの利用.xlsm

ここで学ぶのは
▶ メソッドの指定方法
▶ オプション項目
▶ 引数

操作対象のオブジェクトに対して実行できる機能や命令は、「メソッド」の仕組みを使って指定します。オブジェクトによって指定できるメソッドは異なりますが、ほとんどは、Excelで利用できる機能ごとに対応したメソッドが1つずつ用意されています。

1 オブジェクトを指定し、ドットに続けて入力する

Excelに用意されている各種機能をマクロで扱いたい場合は、それぞれ対応するメソッドを利用します。
メソッドを利用する際のルールは、**オブジェクトを指定し、「.(ドット)」を打ち、その後にメソッド名を入力**します。

● メソッドを指定する際のルール

● メソッドを使って機能を実行する

```
Sub メソッドを利用()
    Range("B2").Clear
    Range("B3").ClearContents
    Range("B5").AutoFilter
End Sub
```

実行前

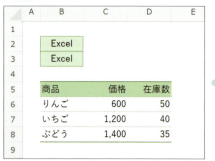

実行後

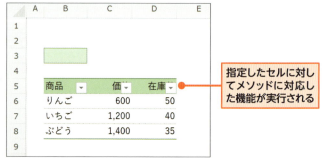

指定したセルに対してメソッドに対応した機能が実行される

● メソッドの指定例

コード	実行される機能
Range("A1").Clear	セルA1を全てクリア
Range("A1").ClearContents	セルA1を数式と値のクリア
Range("A1").Delete	セルA1を削除
Range("A1").AutoFilter	セルA1を起点にフィルター

 メソッドを利用する際の基本は、「オブジェクトを指定し、ドットに続けて利用したいメソッド名を入力する」というルール。

2 細かいオプション設定は「引数」を利用する

Excelの各種機能は、たいていはオプション項目が用意されています。このオプション項目をマクロのコードから指定するには、引数（ひきすう）という仕組みを使います（詳しくは次ページで解説します）。
例えば、「フィルター」機能を実行するためのAutoFilterメソッドでは、「どの列にフィルターをかけるのか」「抽出条件は何か」などの項目を、以下のように「メソッド名の後ろに対応する引数を入力すること」で指定しています。どのメソッドにどのような引数が用意されているかは実行したい機能によりますが、まずは、「オプション項目は『引数』という仕組みで指定する」という仕組みを押さえておきましょう。

● オプション項目は引数を使って指定する

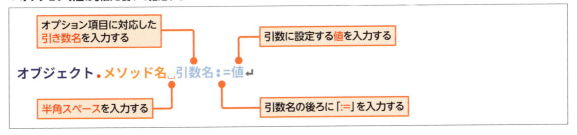

● 引数の使用例（「1列目」を「りんご」でフィルターする）

```
Sub メソッドで引数を利用()
    Range("B2").AutoFilter Field:=1, Criteria1:="りんご"
End Sub
```

実行前

実行後

引数の指定通りにフィルター機能が実行される

Section 16 引数の仕組みを理解する

練習用ファイル 📂 引数の指定方法.xlsm

ここで学ぶのは
- 名前付き引数
- 標準引数
- 組み込み定数

メソッドの多くやプロパティの一部では、「引数（ひきすう）」を使って、実行したい機能に応じたオプション項目や、計算に必要な情報を渡すことが可能です。引数には2種類の書き方が用意されています。その仕組みを押さえていきましょう。

1 「名前付き引数方式」で指定する

オプション項目があるメソッドなどでは、引数の仕組みを使って各オプション項目を指定していきます。
メソッド名などの後ろに1つ半角スペースを入力し、その後ろに「引数名:=値」の形式で「**どのオプション項目を使い、どういった値にするのか**」をセットで指定します。
設定したい項目が複数ある場合には、「,（カンマ）」で区切って「引数名1:=値, 引数名2:=値」の形式で列記します。この形式を名前付き引数方式と呼びます。

```
Range("A1").AutoFilter Field:=1, Criteria1:="りんご"
```

上記のコードは、「フィルター」機能を実行するAutoFilterメソッドに対して、「Field」と「Criteria1」という2つの引数を指定しています。

● 「名前付き引数方式」の指定方法

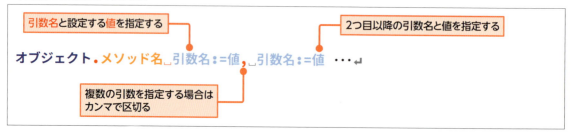

メソッドには複数の引数が用意されている場合が多いです。名前付き引数方式では、**不要な引数は省略して、必要な引数のみを指定する**ことができます。
また、引数には「省略可能な引数」と「省略不可な引数」があります。「省略可能な引数」を引数を省略した場合は既定値が設定され、「省略不可な引数」を省略した場合はエラーとなります。

 名前付き引数方式では、引数名と値のセットで指定していく。

2 「標準引数方式」で指定する

メソッドの引数は「順番」を持っています。この順番がわかっていれば、下記のように、**引数名部分を省略し、値のみを順番通りに列記していく**ことも可能です。この形式を本書では、標準引数方式と呼びます。ワークシート関数で引数を指定していく方法と同じですね。

値の間は「,（カンマ）」で区切ります。標準引数方式では、引数の順番を変更したり、途中の引数を省略して指定することはできません。**不要な引数がある場合は、値を空白の状態で指定**します。例えば3つの引数のうち2番目の指定が不要な場合は「引数の値1,,引数の値3」のように入力します。3番目の引数が不要な場合は「引数の値1,引数の値2」のように「引数の値3」を省略可能です。

● 「標準引数方式」の指定方法

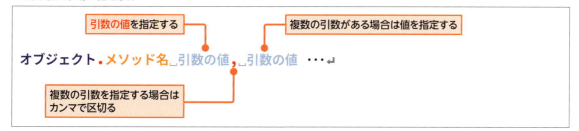

● 値を省略する場合（2番目の引数を省略）

標準引数方式は、順番に引数の値を指定していく。

● 2つの引数方式の特徴

方式	特徴
名前付き引数	引数名と値をセットで記述するため、後から見たときに、どの設定を使い、どういった値を指定したのかがわかりやすい。また、順番を気にする必要がない。その反面、設定に対応した引数名を知っておく必要があり、コードも長くなる。
標準引数	値のみを列記していけばいいので、素早く簡単に記述できる。その反面、きちんと順番通りに値を列記する必要がある。また、引数の数が増えてきた場合、パッと見ただけではどんな設定を使っているのかがわかりづらく、修正時に調べ直す手間がかかる。

 用意されている引数の調べ方

メソッドにどのような引数が用意されているか、どんな順番なのかを調べるには、ヘルプを調べたり、いったん「マクロの記録」機能で実際の操作を記録してみましょう。記録したコードの引数と値を見比べれば、どの設定がどの引数なのかがわかります。また、リファレンス形式の本を1冊手元に用意しておくのもお勧めです。

3 2つの方式で引数を使ってみる

解 説

AutoFilterメソッドには6つの引数が用意されています。ここでは、「**フィルター**」**機能**を使って「1列目」が「りんご」の値を抽出するコードを、名前付き引数方式と標準引数方式でそれぞれ入力してみます。
ここで指定する引数は、「1番目の『Field』」と「2番目の『Critera1』」の2つだけです。

● 名前付き引数方式で指定する
```
Sub 名前付き引数方式()
    Range("B2"). _
        AutoFilter Field:=1, Criteria1:="りんご"
End Sub
```

● 標準引数方式で指定する
```
Sub 標準引数方式()
    Range("B2").AutoFilter 1, "りんご"
End Sub
```

Memo 前回の設定を引き継ぐ引数もある

「検索」機能（Findメソッド）のオプション設定のように、省略可能な引数を省略した場合には、前回の設定のまま実行されるものもあります。

Memo 引数はメソッド以外にも使える

引数の仕組みは、メソッドだけでなく、一部のプロパティや、VBA関数と呼ばれる仕組みでも利用可能です。VBAでは、「処理を実行するために必要な情報」を指定するとき、引数の仕組みを使うのです。

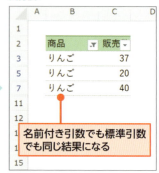

実行前 / 実行後

名前付き引数でも標準引数でも同じ結果になる

AutoFilterメソッドの引数の名前と順番

順番	引数名	設定内容
❶	Field	抽出したい列番号。左端が「1」
❷	Criteria1	抽出条件
❸	Operator	2つの抽出条件を使う場合の設定
❹	Criteria2	2つ目の抽出条件
❺	SubField	テキストフィルターや日付フィルターなどの特殊な抽出条件を指定する場合に利用
❻	VisibleDropDown	フィルター矢印の表示／非表示

4 「組み込み定数」を使って引数を指定する

解 説

オプション項目の中には、「幾つか用意されている設定の中から1つを選ぶ」タイプのものが多くあります。このタイプのオプション項目を指定する際には、オプションごとに用意されている組み込み定数を利用します。

例えば、セルの「削除」機能に対応するDeleteメソッドには、セルを削除後に「どの方向にセルを詰めるのか」を指定するための引数「Shift」が用意されています。「削除」機能では「左詰め」「上詰め」の2種類のオプションがありますが、このオプションに対応する組み込み定数は、表の2つが用意されています。

組み込み定数を利用する場合には、「対応する引数:=組み込み定数」の形式でコードを記述します。

● 組み込み定数の使用例（左シフトで削除）
```
Sub 左シフトで削除()
    Range("C3").Delete Shift:=xlShiftToLeft
End Sub
```

● 組み込み定数の使用例（上シフトで削除）
```
Sub 上シフトで削除()
    Range("C3").Delete Shift:=xlShiftUp
End Sub
```

実行前

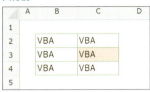

左シフトで削除　　　　　　　　　上シフトで削除

「削除」機能のオプションと対応する定数

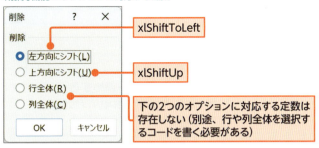

定数	意味
xlShiftToLeft	セルを削除後、左方向にシフトする
xlShiftUp	セルを削除後、上方向にシフトする

Memo　組み込み定数の名前

組み込み定数の多くは、名前の先頭に「xl」や「vb」が付けられています。また、メソッドなどの名前は、基本は英単語を組み合わせて付けられています。マクロのコード内で「英単語:=xl○○」と入力されている箇所は、オプションを指定していると思ってよいでしょう。

Section 17 Copilotの助けを借りてVBAを学習する

ここで学ぶのは
- AI
- Copilotの概要
- Copilotの利用方法

Microsoft Copilotを利用して、マクロの解説や作成などを行うことができます。個人でVBAの学習を進める際には、CopilotなどのAIサービスが非常に助けになります。ここでは、その概要と使い方のコツをご紹介します。

1 AIと相談しながら学習や開発を進める

VBAを学習する際には、AIに相談しながら学習を進めるのもお勧めです。Windows環境、Officeアプリ環境であれば、Microsoft社の開発したAIであるCopilotを利用するのがよいでしょう。

Copilotに相談を行うには、まずはCopilotにアクセスします。Windows 11環境であればタスクバーから、Microsoft 365 Copilotサービスを利用しているのであれば、Excelの[ホーム]タブの右端あたりからアクセス可能です。また、特に何のサービスに加入していない場合でも、Webブラウザーから「https://copilot.microsoft.com/」にアクセスすればCopilotが利用できます。

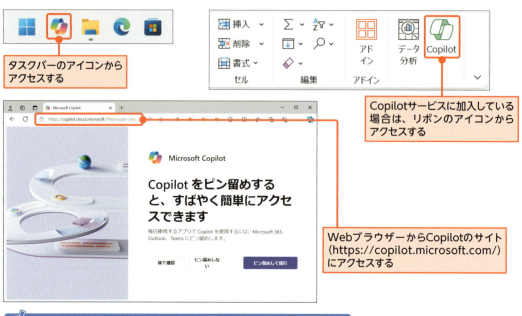

タスクバーのアイコンからアクセスする

Copilotサービスに加入している場合は、リボンのアイコンからアクセスする

WebブラウザーからCopilotのサイト (https://copilot.microsoft.com/) にアクセスする

> **Point** Copilotはさまざまな方法からアクセス可能。どの方法でも同じように活用できる。

2 聞きたいことを入力して「相談する」

Copilotに何かを相談するには、**チャットを行うようにプロンプト**（質問文）をテキストボックスに入力し、Enter キーを押します。ここでは、Webブラウザー版のCopilotを利用します。また、Copilotではなく、GoogleのGeminiなど、他のAIでも同じように利用できます。

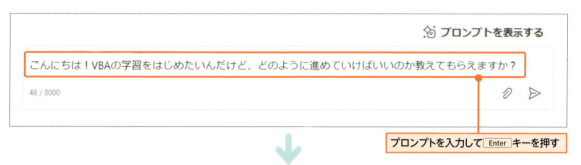

プロンプトを入力して Enter キーを押す

プロンプトに対する回答が対話形式で表示されます。また、この対話は連続して行うことが可能です。最初の回答の中にわからないことがあれば**「その〇〇に関して詳しく教えて」などの追加のプロンプトを入力**すれば、より詳しい回答が得られます。

Copilotの回答は100％正しいわけではありませんが、かなりの精度で有用な情報を提供してくれます。一度の質問だけで完全に満足する回答を得られることはまれですが、「VBAに詳しい人に相談する」ような形で、続けて何回も質問して理解を深めていきましょう。Copilotのよいところは、しつこく質問しても付き合ってくれる点です。どんどん質問していきましょう。

 「相談」する感覚で、チャットのように質問を繰り返していく。

Section 18 Copilotにコードを解説してもらう

練習用ファイル 📁 マクロにコメントを付けてもらう.xlsm

ここで学ぶのは
- Copilot
- 使い方のコツ
- コメント

「マクロの記録」機能で作成したマクロや、他の人が作成したマクロの内容を詳しく知りたい場合は、Copilotに相談して、コードにコメントを付けてもらいましょう。コメントを付けることで、「何を」「どの順番で」行っているかが一目瞭然になります。

1 既存のコードにコメントを付けてもらう

解説

例えば、図のようにプロンプトを入力します。まず、「マクロのコードの各行にコメントを付けてください」とお願いし、その後、[Shift]+[Enter]キーで改行し、VBEからそのままコピーしてきたマクロを貼り付けて[Enter]キーで相談します。

```
次のマクロのコードの各行にコメントを付けてください。コメントはコードの上側に記述してください。
Sub 記録したマクロ()
    Range("C2").Select
    Selection.AutoFilter
    ActiveSheet.Range("$B$2:$E$12").AutoFilter Field:=2, Criteria1:="蜜柑"
End Sub

197 / 8000
```

プロンプトを入力して[Enter]キーを押す

以下に各行にコメントを付けたコードを示します。

```
Sub 記録したマクロ()
    ' セルC2を選択します
    Range("C2").Select

    ' 選択したセルにオートフィルターを適用します
    Selection.AutoFilter

    ' 範囲B2:E12にオートフィルターを適用し、フィールド2（列B）で「蜜柑」を条件にフィルターします
    ActiveSheet.Range("$B$2:$E$12").AutoFilter Field:=2, Criteria1:="蜜柑"
End Sub
```

このマクロは、以下の手順で動作します：

1. セルC2を選択します。
2. 選択したセルにオートフィルターを適用します。
3. 範囲B2:E12にオートフィルターを適用し、フィールド2（列B）で「蜜柑」を条件にフィルターします。

他に質問があれば、どうぞお知らせください！😊

2 ピンポイントで解説してもらう

解説

さらにコード内で詳しく知りたい単語があれば、その部分についてピンポイントで質問しましょう。すると、コード内での役割の詳細解説に加え、単語自体の定義についても回答して貰えます。

> フィルターをかけている箇所について教えてください。
> ActiveSheetというのは何のためのコードですか？
>
> 54 / 8000

プロンプトを入力して Enter キーを押す

フィルターをかけている箇所について詳しく説明しますね。

フィルターをかけている箇所

以下の行がフィルターをかけている部分です：

```
ActiveSheet.Range("$B$2:$E$12").AutoFilter Field:=2, Criteria1:="蜜柑"
```

このコードは、アクティブなシート（現在選択されているシート）の範囲 B2:E12 にオートフィルターを適用し、フィールド2（列B）で「蜜柑」を条件にフィルターをかけることを意味します。具体的には、列Bに「蜜柑」という値が含まれている行だけを表示するようにフィルターを設定します。

ActiveSheetとは

ActiveSheet は、現在アクティブ（選択）されているシートを指します。例えば、Excelで複数のシートがある場合、ユーザーが現在操作しているシートが ActiveSheet となります。このコードを使うことで、特定のシート名を指定せずに、現在アクティブなシートに対して操作を行うことができます。

まとめ

- **フィルターの適用**：範囲 B2:E12 に対して、列Bに「蜜柑」が含まれる行だけを表示するフィルターを設定します。
- **ActiveSheet**：現在選択されているシートを指し、そのシートに対して操作を行います。

他にも質問があれば、どうぞお知らせください！ 😊

 Hint　コメントの詳しさを調整する

Copilotにお願いすると、各行についてコメントを付けてくれます。これだけでもだいたいマクロでどんな処理をしているのか、理解しやすくなりますね。
また、コメント付けをお願いする際には、「より詳細にコメントを付けてください」「初学者にも理解できるように丁寧にコメントを付けてください」「簡潔にコメントを付けてください」などをプロンプトを付け加えることで、コメントとして付加する説明の詳しさを調整できます。今の自分の学習レベルに合わせて調整してもらいましょう。

Section 19 コメントをもとにマクロ案を作成してもらう

練習用ファイル　コメントからマクロを作ってもらう.xlsm

ここで学ぶのは
- Copilot
- コメント
- ひな形の作成

マクロでやりたいことは決まっているけど、どういうコードを書けばいいのかわからない場合は、Copilotに聞いてみましょう。コメント機能とCopilotを組み合わせることで、マクロのコードのひな形を簡単に作成することができます。

1 コメントだけのマクロを用意する

解説

Copilotでは、実行したい内容に対応するコードを提案してもらうことも可能です。この仕組みをコメント機能と組み合わせると、マクロの学習や作成の手助けになります。
「実行したい処理をコメントとして列記しただけのマクロ」 を作成して、そこにコードを追加してもらいましょう。

```
(General)                             作って欲しいマクロ
Option Explicit
Sub 作って欲しいマクロ()
    '「明細」シートを選択
    '「商品」テーブルから「商品」列が「りんご」のデータを抽出
    '抽出結果のセル範囲をコピー
    '「転記先」シートのセルB2を起点とした位置に貼り付け
End Sub
```

→ コメントだけのマクロを作成する

2 コメントに対応するコードを提案してもらう

解説

コメントだけのマクロのコードを、**「次のマクロのコメントをもとに、コードを作成してください。」** などのプロンプトと共に、Copilotへと投げかけます。

```
次のマクロのコメントをもとに、コードを作成してください。
Sub 作って欲しいマクロ()
    '「明細」シートを選択
    '「商品」テーブルから「商品」列が「りんご」のデータを抽出
    '抽出結果のセル範囲をコピー
    '「転記先」シートのセルB2を起点とした位置に貼り付け
End Sub
183 / 8000
```

→ プロンプトを入力して Enter キーを押す

Memo 提案されるコードが異なる場合もある

会話の流れやプロンプトの内容、Copilotの**「気まぐれ（ランダム性）」** によって回答はまちまちではありますが、コメントに沿った処理のひな形の作成が非常に素早くできます。

以下に、コメントをもとにしたマクロのコードを作成しました。

```
Sub 作って欲しいマクロ()
    ' 「明細」シートを選択
    Sheets("明細").Select
    
    ' 「商品」テーブルから「商品」列が「りんご」のデータを抽出
    ' ここでは、オートフィルターを使用して「りんご」を抽出します
    ActiveSheet.ListObjects("商品").Range.AutoFilter Field:=1, Criteria1:="りんご"
    
    ' 抽出結果のセル範囲をコピー
    ' 可視セルのみをコピーするためにSpecialCellsメソッドを使用します
    ActiveSheet.ListObjects("商品").Range.SpecialCells(xlCellTypeVisible).Copy
    
    ' 「転記先」シートのセルB2を起点とした位置に貼り付け
    Sheets("転記先").Select
    Range("B2").Select
    ActiveSheet.Paste
    
    ' オートフィルターを解除
    Sheets("明細").Select
    ActiveSheet.ListObjects("商品").Range.AutoFilter Field:=1
End Sub
```

このマクロは、以下の手順で動作します：

1. 「明細」シートを選択します。
2. 「商品」テーブルから「商品」列が「りんご」のデータを抽出します。
3. 抽出結果のセル範囲をコピーします。
4. 「転記先」シートのセルB2を起点とした位置に貼り付けます。
5. 最後に、オートフィルターを解除します。

このコードがあなたのニーズに合っているか確認してください。何か修正や追加が必要であれば教えてくださいね！😊

● 9件の回答（合計 30 件）　AIで生成されたコンテンツは誤りを含む可能性があります。　

 いろいろな質問を投げかけてみよう

「前に調べたあの処理は何メソッドだったかな…」といううろ覚えなケースでも、コメントを使うスタイルで Copilotに相談すると、対応するメソッドを教えてもらうことができます。
「抽出結果のデータだけでなく見出しもコピーしてほしいな」「余計なコードも含まれているな」など、意図と沿わない部分がある場合には、続けてその部分を修正するよう相談するのもよし、自分で修正してしまうもよし、です。

Section 20 作成済みのコードを手直ししてもらう

練習用ファイル 📁 マクロを手直ししてもらう.xlsm

ここで学ぶのは
- Copilot
- コードの修正
- コードのコピー

マクロの学習を始めたばかりのときは、とにかく動くコードを作成するのがせいいっぱいでしょう。とりあえず作成してみただけの「散らばった」コードを、Copilotに手助けしてもらいながらわかりやすく整えていきましょう。

1 なんとか作り上げたマクロを手直ししてもらう

「とりあえず動けばいいや」「長い単語を打つのは面倒だから短い変数名(186ページ参照)でいいや」など、けっこういい加減にマクロを作成し、実行し、結果を確かめる場合が多くあります。それはそれで非常に価値のある時間です。大切にしましょう。ですが、その際に作成したマクロはいろいろと「散らばって」いて、再利用しにくいものになりがちです。「せっかく目的通りに動くものができたけど、何このコード?」という場面も多々あります。

そこで、**「散らばった」**マクロを**Copilot**に手直ししてもらいましょう。例えば、次のマクロはシート上に入力された身長と体重から、いわゆるBMIを計算して表示するものです。

マクロのコード

```vba
Sub test()
    x = Range("C2").Value
    y = Range("C3").Value
    x = x / 100
    MsgBox "あなたのBMIは " & Round((y / (x * x)), 2) & " です。"
End Sub
```

実行結果

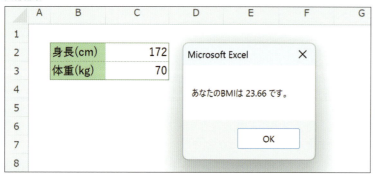

マクロ名は「test」ですし、変数名は「x」「y」「b」と1文字です。動くには動きますが、後から見直すときっちりと全体を読み直さないと意味がわからないマクロになっていますね。これをCopilotに手直ししてもらいます。

2 Copilotでマクロを整理する

解説

やりたい内容の説明に、**「マクロ名や変数名を整理」「コメントを付ける」**などの依頼を追記したプロンプトと共に、マクロを貼り付けて相談します。

すると、マクロを手直ししてくれます。マクロ名や変数名もずいぶんわかりやすくなり、コメントまで付きました。これなら再利用しやすくなりますね。

次のマクロは、セルC2に入力された身長データ（cm単位）とセルC3に入力された体重データをもとにBMI計算を行い、メッセージダイアログに表示するものです。処理内容に合うように、適切にマクロ名や変数名を整理し、コメントを付けてください。

```
Sub test()
    x = Range("C2").Value
    y = Range("C3").Value
    x = x / 100
    MsgBox "あなたのBMIは " & Round((y / (x * x)), 2) & " です。"
End Sub
```

270 / 8000

プロンプトを入力して Enter キーを押す

以下に、マクロ名や変数名を整理し、コメントを付けたコードを示します。

```
Sub CalculateBMI()
    ' セルC2から身長データ（cm単位）を取得
    Dim heightCm As Double
    heightCm = Range("C2").Value
    
    ' セルC3から体重データを取得
    Dim weightKg As Double
    weightKg = Range("C3").Value
    
    ' 身長をメートル単位に変換
    Dim heightM As Double
    heightM = heightCm / 100
    
    ' BMIを計算し、メッセージダイアログに表示
    Dim bmi As Double
    bmi = weightKg / (heightM * heightM)
    MsgBox "あなたのBMIは " & Round(bmi, 2) & " です。"
End Sub
```

Hint　手直ししてもらったコードは[コピー]ボタンからコピーしよう

Copilotに手直ししてもらったコードをVBEに持ち込む際には、結果右上の[コピー]ボタンをクリックしてコピーし、VBEに貼り付けましょう。直接コードを Ctrl + C キーでコピーしようと思うと、改行コードが異なるためにうまく貼り付けられないのです。

Column **VBAは「いろいろ省略できる」ルールになっている**

VBAは「手軽にコードを記述したい」という設計思想のため、いろいろ省略できる仕組みになっています。例えば、セルA1を操作対象に指定する、

`Range("A1")`

という記述は、

`Application.Range("A1")`

を省略したものです。

実は、「**Applicationオブジェクトの Rangeプロパティ を使って、セルを指定する**」という操作だったわけです。ApplicationオブジェクトのRangeプロパティは、「アクティブシート上のセルを取得する」プロパティです。結果として、「アクティブシートのセルA1」が操作対象となります。

同様に、

`Cells(1, 1)`

は、

`Application.Cells(1, 1)`

を省略したものです。

「`Worksheets(1)`」「`ActiveCell`」なども「`Application.Worksheets(1)`」「`Application.ActiveCell`」を省略した書き方です。

Applicationオブジェクトには、セルやシートを取得するためのプロパティが多数用意されています。「省略した場合は全てApplicationオブジェクトに対する操作になる」というわけではないのですが、いろいろと「楽に書ける省略の仕組みがある」ということを押さえておきましょう。

● **Applicationオブジェクトのプロパティ（抜粋）**

プロパティ	対象
Range	セル
Cells	セル
Worksheets	ワークシート
Workbooks	ワークブック
ActiveCell	アクティブなセル
ActiveSheet	アクティブなシート

 Hint **組み込み定数は「列挙」ごとにまとめられている**

関連するオプション項目の組み込み定数は、列挙（れっきょ）という仕組みでまとめられています。例えば、Deleteメソッドに指定できる2つの組み込み定数は、XlDeleteShiftDirection列挙にまとめられています。覚える必要はそれほどありませんが、「列挙」という言葉が出てきた場合には、「関連する定数をまとめたものなんだな」と見当をつけられるように頭の片隅に入れておきましょう。

第4章

セルの値や書式を操作する

　この章では、最も多く操作を行う対象となる「セル」を操作する方法をご紹介します。値や数式の入力・修正・消去といった基本から、コピー操作や書式の設定など、セルにまつわる機能の具体的な利用方法を学習していきましょう。

Section 21 ▶ 操作するセルを指定する

Section 22 ▶ セルに値や数式を入力する

Section 23 ▶ スピル形式で数式を入力する

Section 24 ▶ スピル形式のセル範囲を取得する

Section 25 ▶ セルの内容をコピー／転記する

Section 26 ▶ 罫線や背景色を設定する

Section 27 ▶ セルの書式を設定する

Section 28 ▶ セルの値や書式をクリアする

Section 29 ▶ フォントと列幅を設定する

Section 30 ▶ 実践 表の書式を一括設定する

Section 21 操作するセルを指定する

練習用ファイル　セルの指定.xlsm

4章からは具体的なケースに応じたコードの書き方を学習していきましょう。見積書や納品書などのシートを使いまわす際は、既存シート内の特定セルの値を変更したり、消去したりといった作業が必要です。そこでまずは、何種類か用意されている「セルの指定方法」から見ていきましょう。

ここで学ぶのは
- Range/Cellsプロパティ
- Selectionプロパティ
- ActiveCellプロパティ

1 RangeやCellsでセルを指定する

解説

Rangeプロパティを使って、「**セルC2とセル範囲D5:D6**」に値を設定します。
同様に、Cellsプロパティを使って、「**セルD7（7行・4列）**」に値を設定します。
RangeとCellsは、オブジェクトを指定するプロパティです（88ページ参照）。

Memo　行の途中からコメントを入力する

コメント（47ページ参照）は行の途中から入力することも可能です。その場合は、その行の「'（シングルクォーテーション）」より後ろがコメントとなります。

Memo　プロパティの引数

メソッドと同様に、プロパティにも引数を指定できます（76ページ参照）。プロパティの引数は、プロパティ名の後ろのカッコ内に指定します。なお、本書では、省略可能な引数である場合は、その引数を[ ]（角カッコ）で囲んで示しています。

● RangeとCellsプロパティを使ってセルを指定する
```
Sub 対象セルを指定()
    Range("C2").Value = "真倉 進"      '単一セルを指定
    Range("D5:D6").Value = 15          'セル範囲を指定
    Cells(7, 4).Value = 30             '行・列番号で指定
End Sub
```

実行前　　　　　　　　　　　　実行後

　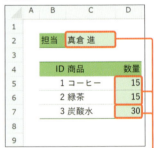

操作対象のセル/セル範囲に値が入力される

● セルの指定（Rangeプロパティ）

書式	Range(Cells1 [, Cells2])	
引数	1 Cells1	セル番地の文字列
	2 Cells2	範囲指定する場合の終端セル番地の文字列（省略可）
説明	引数としてセル番地を文字列の形で渡すと、そのセル番地のセルが操作対象となります。「"A1"」であればセル「A1」、「"A1:C3"」であればセル範囲「A1:C3」が対象となります。	

● セルの指定（Cellsプロパティ）

書式	`Cells([RowIndex][, ColumnIndex])`	
引数	1 `RowIndex`	セルの行番号（省略可）
	2 `ColumnIndex`	セルの列番号（省略可）
説明	引数として行番号と列番号をカンマで区切って渡すと、その行番号・列番号のセルが操作対象となります。「2, 3」であれば「2行目3列目」、つまり「セルC2」が対象となります。	

2 現在選択しているセルを指定する

Selectionプロパティを利用すると、**現在選択しているセル範囲**が操作できます。ActiveCellプロパティを利用すると、**アクティブな単一セル**が操作できます。
これらは、「マクロ実行時に選択しているセルに対して処理を行いたい」場合に便利です。

● SelectionとActiveCellプロパティを使って現在のセルを指定する

```
Sub SelectionとActiveCellで指定()
    Selection.Value = "Excel"   '選択範囲を指定
    ActiveCell.Value = "VBA"    'アクティブセルを指定
End Sub
```

実行前
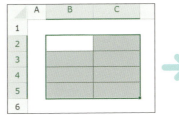

実行後
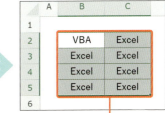

選択されているセル範囲に「Excel」、アクティブセルに「VBA」と入力する

 セルの選択

Rangeオブジェクトの`Select`メソッドを使用すると、指定したセルを選択状態にします。
`Range("A1").Select`

 RangeとCellsのいろいろな指定方法

Rangeプロパティに引数を2つ指定した場合、最初の引数と次の引数を囲むセル範囲を操作の対象とできます。Cellsプロパティに列番号を指定する場合、シート上の見出しのように「A」「B」などの列を表す文字列でも指定可能です。また、Cellsプロパティに何も引数を指定しない場合は、「シート上の全セル」が操作対象となります。

● RangeとCellsのいろいろな指定方法

```
Sub いろいろなセルの指定方法()
    Range("B3", "D5").Value = "VBA"    'B3:D5に「VBA」を入力
    Cells(7, "B").Value = 200           '7行目・B列に「200」を入力
    Cells.Font.Size = 15                'シート全体のフォントサイズを「15」に拡大
End Sub
```

Section 22 セルに値や数式を入力する

練習用ファイル 📂 セルに値を入力.xlsm

ここで学ぶのは
- Valueプロパティ
- Formulaプロパティ
- FormulaR1C1プロパティ

見積書や請求書などは、定型的なシートの任意のセルに、これまた定型的な値や数式を入力して使用することが多いでしょう。その際に、値や数式をマクロから入力する仕組みを用意しておくと、素早く、正確に入力可能になります。ここでは、「セルに値や式を入力する方法」を見ていきましょう。

1 Valueプロパティでセルに値を入力する

解説

「セル.Value = 値」の形式でコードを記述すると、セルに値を入力できます。
コード内で値を使用する際は、
- 数値はそのまま
- 文字列は「"（ダブルクォーテーション）」で囲む
- 日付は「#（シャープ）」で囲む

というルールで記述します。

Memo 日付の自動変換

日付は「#2025/6/8#」のように「#年/月/日#」の形式で入力しますが、入力後は「#6/8/2025#」のように「#月/日/年#」の形式に自動変換されます。なお、自動変換後の形式は、OSの設定によって異なる場合があります。

セルA1に「VBA」を入力
```
Range("A1").Value = "VBA"
```

セル範囲A1:C3にまとめて「VBA」を入力
```
Range("A1:C3").Value = "VBA"
```

● セルに値を入力する
```
Sub セルに値を入力()
    Range("C2").Value = 108           '数値
    Range("C3").Value = "水田　龍二"   '文字列
    Range("C4").Value = #6/8/2025#    '日付
End Sub
```

実行前

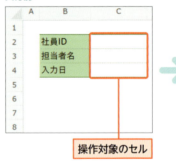

操作対象のセル

実行後

値が入力される

● 値の入力（Valueプロパティ）

書式	セル.**Value** = 新しい値
説明	セルのValueプロパティに値を設定します。

● 新しい値の記述ルール

種類	ルール	例
数値	そのまま記述	.Value = 123
文字列	ダブルクォーテーションで囲む	.Value = "ABC"
日付	シャープで囲む	.Value = #6/8/2025#

2 Formulaプロパティでセルに数式を入力する

解説

「セル.Formula = "=数式"」の形式でコードを記述すると、セルに数式を入力できます。このとき、数式は文字列の形で、シート上でセルに入力する値と同じように指定します。

● セルに数式を入力する

```
Sub セルに数式を入力()
    Range("E3").Formula = "=C3*D3"
    Range("E4").Formula = "=C4*D4"
    Range("E5").Formula = "=C5*D5"
    Range("E6").Formula = "=SUM(E3:E5)"
End Sub
```

実行前　　　　　　　　　　　　実行後

操作対象のセル　　　　　　　数式が入力されて計算が実行された

Key word　FormulaLocalプロパティ

FormulaLocalプロパティは、一般的な数式や関数に加え、日本語版Excel独自のローカル関数（YEN関数など）も利用できます。

● 数式の入力（Formulaプロパティ）

書式	セル.Formula = 数式
説明	セルのFormulaプロパティに数式を設定します。

セルA1に「=A2*A3」と入力
```
Range("A1").Formula = "=A2*A3"
```

Hint　数式をまとめて入力する

「単価×数量」や「原価×数量」などの式は、縦に並んだセル範囲に一括設定することが多いでしょう。このような場合は、式を一括設定したいセル範囲に対して、Formulaプロパティの値として、相対参照と絶対参照を組み合わせた形の数式を設定すればOKです。詳しくはサンプルブックをご確認ください。

```
Range("D5:D7").Formula = "=B5*C5*$C$2"
```

A1形式で相対的な参照式を考えるのが苦手な場合は、FomulaプロパティのかわりにFormulaR1C1 プロパティを利用すると、R1C1形式で式を入力できます。

```
Range("D5:D7").FormulaR1C1 = "=RC[-2]*RC[-1]*R2C3"
```

R1C1形式は、セル番地を「R行番号C列番号」という形式で表し、相対的な参照は「R[行オフセット]C[列オフセット]」という形式で表します。「R2C3」は「2行目3列目」、つまり「セルC2」となり、「R[1]C[2]」は、「入力位置から1行下、2列右」という意味となります。
例えば、「入力位置から2つ左の列と、1つ左の列を乗算したい」場合は、行、つまり「R」部分は「0（同一行）」と考え、列、つまり「C」部分はそれぞれ「-2（2つ左）」と「-1（1つ左）」と考えて、

```
=R[0]C[-2]*R[0]C[-1]
```

という式となります。

Section 23

スピル形式で数式を入力する

練習用ファイル　スピル形式で数式を入力.xlsm

ここで学ぶのは
- Formula2プロパティ
- WorksheetFunctionオブジェクト
- スピル形式

Excel 2021以降のバージョンやMicrosoft 365版では、FILTERワークシート関数やXLOOKUPワークシート関数などの便利なスピル形式の関数式や数式が利用可能です。これらの数式をマクロからも入力する方法を見ていきましょう。

1 Formula2プロパティでスピル形式の数式を入力する

解説

Excel 2021以降やMicrosoft 365版で利用できるスピル形式の関数や数式を入力するには、「**セル.Formula2 = "=数式"**」の形式でコードを記述します。
このとき、数式は文字列の形で、シート上でセルに入力する値と同じように指定します。

Memo Formula「2」な点に注意

スピル形式の数式をFormulaプロパティで入力した場合、自動的にセル範囲（配列）を指定した箇所に「@」識別子が追加され、単一セルのみに結果が表示される数式として入力されます。
このとき、特にエラーは出ません。そのため、結果を見てはじめて「何か違う」と気づくミスになりがちです。スピル形式を利用したい場合は、「Formula」ではなく「Formula2」を利用する点に注意しましょう。

● セルにスピル形式の数式を入力する
```
Sub スピル形式で入力()
    Range("D5").Formula2 = "=B5:B7*C5:C7*C2"
End Sub
```

実行前

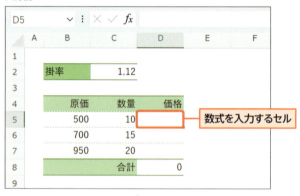

数式を入力するセル

実行後

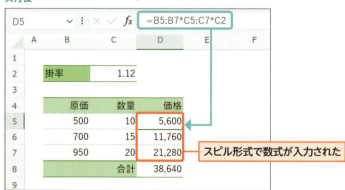

スピル形式で数式が入力された

● スピル形式の数式の入力（Formula2プロパティ）

書式	セル.Formula2 = スピル形式の数式
説明	セルのFormula2プロパティにスピル形式の数式を設定します。

2 任意のセル範囲を対象としてスピル形式の関数の結果のみを入力する

解説

UNIQUE関数やFILTER関数、XLOOKUP関数といったスピル形式の関数を入力するときも、「**セル.Formula2 = "=関数式"**」の形式でコードを記述します。
関数式内で利用したい対象セル範囲のアドレスを動的に指定したい場合は「**対象セル範囲.Address**」と、セル範囲のAddressプロパティが利用できます。
サンプルでは、「Selection.Address」として、現在選択されているセル範囲のアドレスを取得し、UNIQUEワークシート関数の関数式内で利用しています。

● セルにスピル形式の関数の結果のみを入力する

```
Sub スピル形式の関数を入力()
    Range("E2").Formula2 = _
        "=UNIQUE(" & Selection.Address & ")"
End Sub
```

実行前

Memo 結果のみを得るには

スピル関数の関数式ではなく、結果の値のみを入力したい場合は、WorksheetFunctionオブジェクトを利用します。詳しくはサンプル内のマクロをご覧ください。

実行後

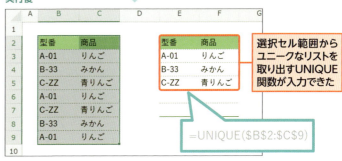

Hint 配列数式をマクロから入力する

スピル形式の数式に対応していないバージョンでも、「配列数式」と呼ばれる形式で複数のセル範囲（配列）同士の計算を行うことならば可能です。配列数式は、結果となる配列と同じ大きさのセル範囲を選択して数式を入力し、Ctrl + Shift + Enter キーで入力します。3つのキーの頭文字を取って「CSE」とも呼ばれます。
コードからこの配列数式を入力するには、FormulaプロパティのかわりにFormulaArrayプロパティを利用します。次のコードは、セル範囲D5:D7に配列数式を入力します。
`Range("D5:D7").FormulaArray = "=B5:B7*C5:C7*C2"`

Section 24 スピル形式のセル範囲を取得する

練習用ファイル 📁 スピル関数の結果のセルを扱う.xlsm

スピル形式の数式や関数式は、計算元のデータを更新することで計算の結果はもちろん、結果を出力するセル範囲も変動します。このセル範囲をマクロから扱うための方法を見ていきましょう。

ここで学ぶのは
- SpillingToRange プロパティ
- HasSpill プロパティ
- SpillParent プロパティ

1 SpillingToRange プロパティでスピル範囲を取得する

解説

スピル形式で入力された数式の結果が表示されているセル範囲を取得するには、SpillingToRangeプロパティを利用して、「**数式の入力されているセル.SpillingToRange**」の形式でコードを記述します。
起点となるセル番地が同じであれば、計算結果によってセル範囲が変動しても、同じコードで結果のセル範囲を取得できます。

● スピル範囲を取得する
```
Sub スピル範囲を取得()
    Range("G3").Value = _
        Range("E3").SpillingToRange.Address
End Sub
```

実行前

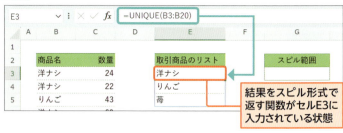

結果をスピル形式で返す関数がセルE3に入力されている状態

実行後

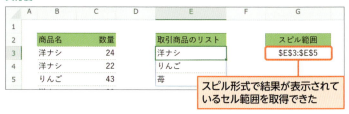

スピル形式で結果が表示されているセル範囲を取得できた

Memo スピル範囲演算子でも指定可能

結果のセル範囲を取得するには、Rangeプロパティで起点セル番地を指定する際に、ワークシート上の関数内と同じく、セル番地の後ろに**#演算子**(スピル範囲演算子)を付加する形での指定も可能です。
次のコードは、セルE3を起点とする結果セル範囲のセル番地を取得します。
`Range("E3#").Address`

● スピル形式の結果セル範囲を取得する(SpillingToRangeプロパティ)

書式	数式が入力されているセル.**SpillingToRange**
説明	スピル形式の数式が入力されているセルを指定し、SpillingToRangeプロパティで結果が表示されているセル範囲を取得します。

2 セルがスピル範囲かどうかをチェックする

解説

任意のセルがスピル形式の結果範囲（「スピル範囲」とします）かどうかを判定するには、HasSpillプロパティを利用します。
結果がTrueであればスピル範囲内、Falseの場合はスピル範囲ではない、と判定できます。

Memo　MsgBox関数

コード内で利用しているMsgBox関数は、引数に指定した値をダイアログ表示する関数です（266ページ参照）。

● スピル範囲かどうかをチェックする

```
Sub スピル範囲かどうかをチェック()
    MsgBox ActiveCell.HasSpill
End Sub
```

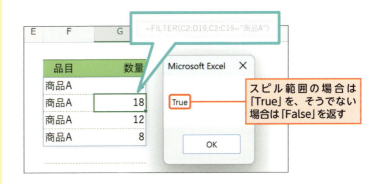

● スピル範囲かどうかを判定する（HasSpillプロパティ）

書式	セル.HasSpill
説明	指定セルがスピル範囲の場合はTrueを返し、そうでない場合はFalseを返します。

3 スピル範囲の起点を取得する

解説

スピル範囲内の任意のセルに対してSpillParentプロパティを利用すると、そのスピル範囲の数式が入力されている起点となるセルが取得できます。
スピル範囲内のセルをもとに、スピルの結果をクリアしたい場合、SpillParentプロパティ経由でクリアすれば、見出し部分などはそのままに、確実に結果のみをクリアできます。

● スピル範囲の起点セルを取得する

```
Sub スピル範囲の起点セルを取得()
    MsgBox ActiveCell.SpillParent.Address
End Sub
```

● スピルの起点セルを取得する（SpillParentプロパティ）

書式	スピル範囲のセル.SpillParent
説明	スピル範囲のセルに対して利用すると、起点セル（数式の入力されているセル）を返します。

Section 25 セルの内容をコピー／転記する

練習用ファイル　セルの値のコピーや転記.xlsm

ここで学ぶのは
- Copyメソッド
- PasteSpecialメソッド
- 貼り付け方法

ひな形となる表を作成し、それを使いまわしたい場合には、「コピーして転記する仕組み」を用意しておくのが便利です。また、転記を行う際には、値のみを転記したり、書式のみを転記したりする仕組みも知っておくと、さらに使い勝手が向上します。

1 コピー&ペーストでセルの内容を転記する

解説

セルの内容を転記するには、2段階の手順を踏みます。まず、**コピーしたいセル範囲に対してCopyメソッド**を実行します。次に、**転記したいセル範囲の左上のセルに対してPasteSpecialメソッド**を実行します。値だけでなく、書式なども全てコピーされます（列幅はコピーされません）。

Memo Valueプロパティで値をコピーする

値のみを転記したい場合には、Copyメソッドでコピーせずにｖalueプロパティを利用した方が簡単です。
```
Range("A1").Value = _
  Range("B1").Value
```
転記先のセルのValueプロパティに、転記元のValueプロパティの値を設定するだけです。このとき、転記元と転記先のセル範囲の大きさは同じサイズである必要があります。

● セルの内容をコピー・転記する
```
Sub 内容のコピー()
    Range("B3:C5").Copy          'コピー
    Range("B8").PasteSpecial     '転記
End Sub
```

実行前　　　　　　　　　　　　　実行後

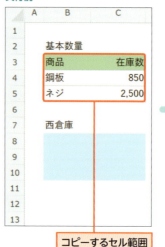
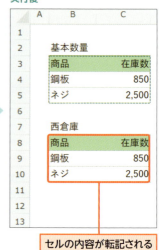

コピーするセル範囲　　　　　　　セルの内容が転記される

● セルの内容のコピー（Copyメソッド）

書式	コピーしたいセル範囲.Copy [Destination]
引数	1　Destination　転記先のセル(省略可)
説明	引数を指定しない場合、指定セル範囲をクリップボードにコピーします。引数にコピー先のセルを指定した場合は、その位置へと指定セル範囲の値や書式をコピーします。

Memo　列幅の転記

引数PasteにxlPasteAll（全て貼り付け）を指定しても、列幅は転記されません。列幅まで含めて転記したい場合には、

①コピー元をコピー
②列幅を貼り付け
③全て貼り付け

という3手順で行います。

● コピーしたセルの転記（PasteSpecialメソッド）

書式	転記先の左上のセル.**PasteSpecial** [**Paste**]	
引数	1　**Paste**	貼り付け方法（省略可）
説明	クリップボードの内容を指定セルの位置へと貼り付けます。引数Pasteを利用することで、「値のみ」「書式のみ」など、特定の要素のみを貼り付け可能です。引数を指定しない場合は「全て貼り付け」となります。	

● 引数Pasteに指定する組み込み定数

組み込み定数	貼り付け方式
xlPasteAll	全て貼り付け（既定値）
xlPasteValues	値を貼り付け
xlPasteFormulas	数式を貼り付け
xlPasteFormats	書式を貼り付け
xlPasteColumnWidths	列幅を貼り付け

2 セルの書式や列幅を転記する

解説

引数PasteにxlPasteFormatsを指定すれば、**値はそのままに、書式のみを転記**できます。
同様に、セル幅も同じ幅にしたい場合には、引数PasteにxlPasteColumnWidthsを指定して貼り付けます。

● セルの書式だけをコピーする

```
Sub 書式のコピー()
    Range("B3:C5").Copy
    Range("B8").PasteSpecial Paste:=xlPasteFormats
End Sub
```

実行前　　　　　　　　　　　**実行後**

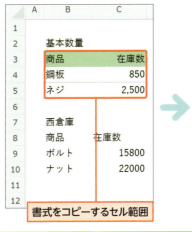 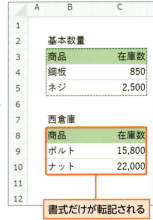

書式をコピーするセル範囲　　　書式だけが転記される

Hint　コピーモードを解除する

マクロからコピー操作をした後は、手作業でコピーした際と同じように、コピー元セル範囲が点線で囲まれた状態（コピーモード状態）となります。これをマクロから解除するには、貼り付けを行うコードの後に、「`Application.CutCopyMode = False`」と記述します。

Section 26 罫線や背景色を設定する

練習用ファイル　罫線と背景色の設定.xlsm

ここで学ぶのは
- Bordersプロパティ
- LineStyleプロパティ
- Interiorプロパティ

罫線や背景色を使ってきちんと書式を決めて揃えると、表が見やすくなります。これらの書式を設定するマクロを用意しておくと、素早く表の体裁を整えて、見やすい表が作成することができます。ここでは、「罫線やセルの背景色を設定する方法」を見ていきます。

1 指定したセル範囲に罫線を引く

解説

セル範囲に罫線を引くには、2段階の手順を踏みます。まず、**Bordersプロパティ**の引数に罫線の位置を表す組み込み定数を指定し、罫線を引く位置を指定します。続いて、**LineStyleプロパティ**に罫線の種類を表す組み込み定数を指定します。右のマクロの3行のコードは各行それぞれ、Selectionプロパティで選択範囲を操作対象に指定したうえで (91ページ参照)、「上端に実線」「下端に実線」「内側の行方向に点線」を引いています。

● 選択範囲に罫線を引く

```
Sub 罫線を引く()
    Selection.Borders(xlEdgeTop). _
        LineStyle = xlContinuous
    Selection.Borders(xlEdgeBottom). _
        LineStyle = xlContinuous
    Selection.Borders(xlInsideHorizontal). _
        LineStyle = xlDot
End Sub
```

罫線の位置
罫線の種類

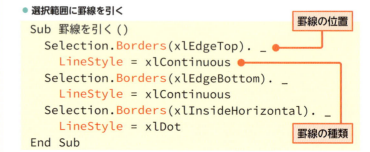

Memo 罫線の消去

罫線を消去したい場合には、LineStyleプロパティに**xlLineStyleNone**を指定します。

実行前

実行後

選択範囲に罫線が引かれる

● 罫線を引く (Bordersプロパティ)

書式	セル範囲.**Borders**([Index])	
引数	1	**Index**	罫線の位置を表す組み込み定数 (省略可)
説明	引数に罫線の位置を指定します。引数を省略した場合は、指定したセル範囲の縦・横全ての位置の罫線が対象になります。	

引数Indexに指定する組み込み定数

xlEdgeTop	上端	xlInsideHorizontal	内側の行方向
xlEdgeBottom	下端	xlInsideVertical	内側の列方向
xlEdgeLeft	左端	xlDiagonalDown	斜線（右下→左上）
xlEdgeRight	右端	xlDiagonalUp	斜線（左下→右上）

Memo 罫線の太さや色を指定する

罫線の太さまで指定したい場合はWeightプロパティに太さを表す組み込み定数を指定します。次のコードは、選択範囲の罫線の太さを「太線」にします。

```
Selection.Borders. _
  Weight = xlThick
```

また、色を指定するには、Colorプロパティなどを利用します。詳しくはサンプルブックをご確認ください。

罫線の種類の設定（LineStyleプロパティ）

書式	罫線.`LineStyle` = 罫線の種類
説明	LineStyleプロパティの値に罫線の種類を設定します。実線や破線など、種類に対応する組み込み定数が用意されています。

LineStyleプロパティに指定する組み込み定数

xlLineStyleNone	線なし	xlDashDotDot	二点鎖線
xlContinuous	実線	xlDot	点線
xlDash	破線	xlDouble	二重線
xlDashDot	一点鎖線	xlSlantDashDot	斜破線

2 セルの背景色を設定する

解説

セルの背景色を設定するには、まず、**Interiorプロパティ**でセルの背景色を管理する**Interiorオブジェクト**を操作対象に指定します。その後、**Colorプロパティ**で背景の色を設定します。

● 選択範囲のセルの背景色を設定する

```
Sub 背景色を設定()
    Selection.Interior.Color = RGB(255, 100, 0)
End Sub
```

Memo 背景色のクリア

背景色をクリアしたい場合には、Patternプロパティにx1Noneを指定します。

```
Selection.Interior. _
  Pattern = xlNone
```

実行前／**実行後**

選択範囲の背景色を設定する → 背景色が設定される

Keyword テーマカラー

Excelの各ブックには、12色のテーマカラーが決められています。ThemeColorプロパティを使えば、テーマカラーを使って背景色が指定できます。また、TintAndShadeプロパティで色の明るさを指定できます。詳しくはサンプルブックをご確認ください。

● セルの背景色の設定（Interior.Colorプロパティ）

書式	セル範囲.`Interior.Color` = `RGB`(赤の値, 緑の値, 青の値)
説明	Colorプロパティで色を指定する場合には、RGB関数の値を利用します。RGB関数は3つの引数を使い、それぞれ「赤・緑・青」の光の強さを「0〜255」の範囲で指定します。具体的な色と対応する数値は、手作業で背景色を指定する際に利用する、[その他の色]→[ユーザー設定]で表示される「色の設定」ダイアログで確認できます。

Section 27 セルの書式を設定する

練習用ファイル 📁 書式の設定.xlsm

一覧表形式の表を作成する場合、「数値の列は右詰・3桁区切り」などの書式を決めておくとデータが見やすく、捉えやすくなります。また、Excelでは「1-1」などの値は自動的に日付に変換されてしまいますが、あらかじめ書式を設定することで、そのままの形で入力可能となります。

ここで学ぶのは
- NumberFormatLocalプロパティ
- Columnsプロパティ
- HorizontalAlignmentプロパティ

1 列をまるごと指定して書式を設定する

解説

セルに書式を設定する場合、まず、**書式を設定したいセル範囲を指定**します。
この際、Columnsプロパティを利用すると、引数で指定した列番号もしくは列文字列の列全体を操作対象として指定できます。
書式を設定するには、NumberFormatLocalプロパティに、**書式に対応した書式文字列（右ページ上部参照）をダブルクォーテーションで囲んで指定**します。

● B列の書式を「文字列」に設定する
```
Sub 書式の設定()
    Columns("B").NumberFormatLocal = "@"
    Range("B3").Value = "1-15"
End Sub
```

実行前 実行後

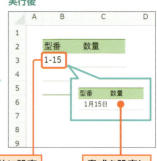

書式を「文字列」に設定して、値を入力

書式を設定しない場合

Memo 書式文字列を調べるには

書式文字列を調べるには、手作業で一度書式を設定し、そのセルの表示形式を調べるのが手軽です。書式を設定したセルを右クリックして [セルの書式設定] を選択し、表示されるダイアログの「表示形式」タブの「分類」欄から「ユーザー定義」を選択しましょう。このとき、「種類」欄に表示される値が、書式文字列となります。

● 列の指定 (Columnsプロパティ)

書式	Columns([RowIndex])	
引数	1 RowIndex	列番号/列文字列(省略可)
説明	引数に指定した列のセルを操作対象にします。RowIndexは列番号を表す数値、もしくは列を表す文字列(Aなど)を指定します。引数を省略すると、全ての列を操作対象にします。	

● セルの書式設定（NumberFormatLocalプロパティ）

書式	セル範囲.**NumberFormatLocal** = 書式文字列
説明	NumberFormatLocalプロパティは、操作対象のセル範囲の書式を設定します。書式は「書式文字列」を使って指定します。

● NumberFormatLocalプロパティに指定する書式文字列

標準	G/標準	日付 （2025年1月15日など）	yyyy年 m月d日
文字列	@		
数値	#	日付 （令和7年1月15日など）	ggge年 m月d日
日付（2025/1/15など）	yyyy/m/d		

2 文字の表示位置を設定する

解説

右詰、左詰め、左右中央揃えなどの文字詰めの設定は、**HorizontalAlignmentプロパティ**に**位置を表す定数を指定**して設定します。
数値データの列は、見出しも含めて右揃えにすると見栄えがよくなりますね。

● 文字の表示位置を設定する

```
Sub 表示位置の設定()
    Columns("C").HorizontalAlignment = xlRight
    Columns("C").NumberFormatLocal = "#,###"
End Sub
```

実行前

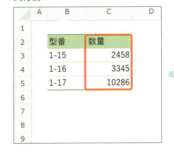

実行後

右詰に設定される

Memo 縦方向の表示位置

上詰め、下詰め、上下中央揃えなどの縦方向の表示設定は、**VerticalAlignmentプロパティ**を利用します。

● 文字の表示位置の設定（HorizontalAlignmentプロパティ）

書式	セル範囲.**HorizontalAlignment** = 表示位置
説明	操作対象のセル範囲の横方向の表示位置を設定します。表示位置は、位置を表す組み込み定数で指定します。

● HorizontalAlignmentプロパティに指定する組み込み定数

xlHAlignRight	右揃え
xlHAlignLeft	左揃え
xlHAlignCenter	中央揃え
xlHAlignCenterAcrossSelection	選択範囲の中央

Section 28 セルの値や書式をクリアする

練習用ファイル 📂 値や書式のクリア.xlsm

ここで学ぶのは
▶ ClearContentsメソッド
▶ ClearFormatsメソッド
▶ Clearメソッド

帳票形式のシートなどでは、入力済みの値や設定済みの書式をいったんクリアして、使いまわしたい場合が多くあります。マクロでこれらをクリアする仕組みを作っておけば、消しても大丈夫なセルだけを、正確に、素早くクリアできます。

1 入力されている値だけをクリアする

解説

書式や罫線は残したまま、入力されている値のみをクリアしたい場合には、ClearContentsメソッドを利用します。ClearContentsメソッドの結果は、手作業での Delete キーをクリックしたときの動作と同じものになります。

● 指定したセル範囲の値だけをクリアする
```
Sub 値のクリア()
    Range("D4:E5,D7:E8").ClearContents
End Sub
```

実行前

実行後

指定したセル範囲の値だけがクリアされる

● 値のクリア (ClearContentsメソッド)

書式	セル範囲.ClearContents
説明	操作対象のセル範囲の値だけをクリアします。

💡 Hint セルの幅や高さをリセットする

セルの幅や高さもまとめて初期状態にリセットしたい場合、列全体や行全体を指定し、Deleteメソッドでまとめて削除してしまうのがよいでしょう。「Columns("B:D").Delete」はB～Dの3列をまとめて削除し、「Rows("2:5").Delete」は2～5行目をまとめて削除します。

2 設定されている書式だけをクリアする

解説

値は残したまま、書式のみをクリアしたい場合には、ClearFormatsメソッドを利用します。

● 指定したセル範囲の書式だけをクリアする

```
Sub 書式のみクリア()
    Selection.ClearFormats
End Sub
```

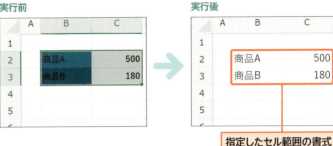

● 書式のクリア (ClearFormatsメソッド)

書式	セル範囲.`ClearFormats`
説明	操作対象のセル範囲の書式だけをクリアします。

3 値と書式をまとめてクリアする

解説

値も書式も含め、全てクリアしたい場合には、Clearメソッドを利用します。
Clearメソッドでは、セルの内容はクリアされますが、列幅や行幅などのセルの大きさに関する設定がされている場合は、そのまま残ります。

● 指定したセル範囲の値と書式をクリアする

```
Sub 全てクリア()
    Range("B2:D5").Clear
End Sub
```

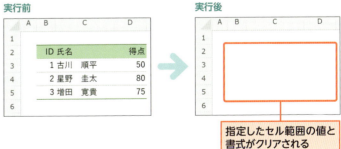

Memo セルの大きさもリセットするには

列幅や行幅などもクリア(リセット)したい場合には、列全体・行全体を指定してDeleteメソッドで「削除」してしまうのがお手軽です。

● 全てクリア (Clearメソッド)

書式	セル範囲.`Clear`
説明	操作対象のセル範囲の値や書式をクリアします。セルの幅や高さの設定はクリアされません。

Section 29 フォントと列幅を設定する

練習用ファイル 📁 フォントと列幅を設定.xlsm

表を作成する際に意外と見落としがちなのがフォントの設定です。「いつものフォント」でないと違和感を感じるうえに、フォントによって表示に必要な列幅や行の高さが変わってきます。用途に合わせ、素早く「いつものフォント」「いつもの列幅」へと整える方法を押さえておきましょう。

ここで学ぶのは
- Fontプロパティ
- ColumnWidthプロパティ
- AutoFitメソッド

1 シート全体のフォントを設定する

解説

フォントを変更するには、操作対象のセル範囲を指定後に**Font**プロパティ経由で**フォントを扱うFontオブジェクトへと辿り**（73ページ参照）、さらに、**Name**プロパティに**フォント名を指定**します。

フォントサイズを変更するには、同じくFontオブジェクトへと辿り、**Size**プロパティに**サイズ数を指定**します。

フォントの設定は、シート全体に対して行う場合が多いでしょう。その場合は「Cells.Font」とすると、現在開いているシート全体のセルを対象にフォント関連の設定を行えます。

● シート全体のフォントを設定する
```
Sub フォントの設定()
    Cells.Font.Name = "メイリオ"    'フォント名
    Cells.Font.Size = 12            'フォントサイズ
End Sub
```

実行前

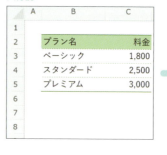

実行後

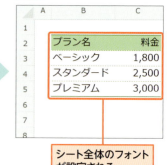

シート全体のフォントが設定される

● フォントの設定（Font.Nameプロパティ）

書式	セル範囲.**Font.Name** = フォント名
説明	操作対象のセルのフォントを、指定したフォント名のものに設定します。

● フォントサイズの設定（Font.Sizeプロパティ）

書式	セル範囲.**Font.Size** = フォントサイズ数
説明	操作対象のセルのフォントを、指定したサイズに設定します。

2 セルの列幅を設定する

解説

列幅を設定するには、操作対象のセル範囲を指定し、**ColumnWidth**プロパティに**列幅の値を設定**します。

同じ用途のデータが入力されている列は、同じ列幅に揃えておくと見やすく、比較しやすくなります。マクロでまとめて正確に調整していきましょう。

● セルの列幅を設定する

```
Sub 列幅の設定()
    Columns("C:D").ColumnWidth = 10
End Sub
```

実行前　　　　　　　　　　　実行後

列幅が調整される

Memo　行の高さを設定する

行の高さを設定するには、セル範囲を指定して、**RowHeight**プロパティの値を設定します。

● 列幅の設定（ColumnWidthプロパティ）

書式	セル範囲.**ColumnWidth** = 列幅
説明	変更後の列幅を数値で指定します。

3 入力された値に合わせてセル幅を自動的に調整する

解説

操作対象のセル範囲を指定して**AutoFit**メソッドを実行すると、**入力されている内容に合わせて、セル幅が自動調整**されます。

他のシートやアプリからコピーしてきたばかりのデータは、セル内に収まっていない場合も多くあります。そんなときには、AutoFitメソッドを実行すれば一気にデータの見通しがよくなります。

● セル幅を自動的に調整する

```
Sub 列幅の自動設定()
    Columns("C:D").AutoFit
End Sub
```

実行前　　　　　　　　　　　実行後

 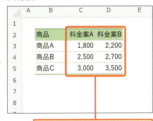

入力された値に合わせて列幅が自動調整される

● セル幅の自動調整（AutoFitメソッド）

書式	セル範囲.**AutoFit**
説明	操作対象のセル範囲のセルの列幅を、入力された内容に合わせて自動的に調整します。

Section 30 【実践】表の書式を一括設定する

練習用ファイル 📒 書式を一括設定.xlsm

ここで学ぶのは
▶ 書式の一括設定
▶ ループ処理
▶ 条件分岐

選択しているセル範囲の書式を一括設定するマクロを作成してみましょう。ループ処理や条件分岐などの「繰り返し」や「判断」を行う仕組みと組み合わせることによって、入力されている値に応じた細かな書式の設定を一瞬で整えることが可能です。

1 設定する書式を決める

解説

選択したセル範囲の書式を一括で整えるマクロを作成してみましょう。選択範囲全体に罫線を引くだけではなく、ループ処理（230ページ参照）や条件分岐（216ページ参照）を組み合わせて、選択範囲の各列について個別にどんな種類の値が入力されているかを自動判定し、それに応じた書式を設定しています。

❶ グリッド線の非表示
❷ 罫線の設定
　上端下端に実線、行方向に点線
❸ 数式セルのフォントカラーを変更
❹ 見出し列に色を付ける
❺ 各列の書式を「文字列／数値／日付」の3種類に応じて設定
❻ 各列の列幅を調整

2 書式を一括で設定するマクロ

解説

書式を設定するコードを入力していきます。それぞれの内容はコード内のコメントでご確認ください。

Key word 入れ子

ここでは、**With**ステートメントを使って、選択しているセル範囲に対して罫線の情報をまとめて設定しています（168ページ参照）。
また、「With」の内側に「With」を重ねて記述することで、罫線の種類ごとに設定を行っています。このように、同じステートメントを内側に重ねるような書き方を**入れ子**（いれこ）と言います。

● 書式を一括設定するマクロ
```
Sub 書式を一括設定()
  'グリッド線を非表示
  ActiveWindow.DisplayGridlines = False
  With Selection    '選択セル範囲に対して書式設定
    '上端・下端に実線
    With .Borders(xlEdgeTop)
      .LineStyle = xlContinuous
      .ThemeColor = msoThemeColorAccent6
      .Weight = xlMedium
    End With
    With .Borders(xlEdgeBottom)
      .LineStyle = xlContinuous
      .ThemeColor = msoThemeColorAccent6
      .Weight = xlMedium
    End With
```

Withステートメント

Withステートメントは、同じ操作対象（オブジェクト）に対して複数回処理を行う場合に利用します。詳しくは168ページを参照してください。

ループ処理

ループ処理は、指定した条件を満たしている間は、同じ処理を繰り返し実行します。詳しくは230ページを参照してください。

条件分岐

条件分岐は、指定した条件に合わせて実行する変化させます。詳しくは216ページを参照してください。

```vb
    ' 行方向に点線
    With .Borders(xlInsideHorizontal)
      .LineStyle = xlDot
      .ThemeColor = msoThemeColorAccent6
      .Weight = xlThin
    End With
    ' 数式セルのフォントカラー変更
    .SpecialCells(xlCellTypeFormulas).Font. _
      ThemeColor = msoThemeColorAccent4
    ' 1行目 (見出し行) の色を設定
    With .Rows(1).Interior
      .ThemeColor = msoThemeColorAccent6
      .TintAndShade = 0.5
    End With
    ' 各列についての書式を設定
    Dim colRng As Range
    For Each colRng In .Columns
      ' 列内の2つ目の値のデータ型によって書式を設定
      Select Case TypeName(colRng.Cells(2).Value)
        Case "String"
          colRng.HorizontalAlignment = xlLeft
        Case "Double"
          colRng.HorizontalAlignment = xlRight
          colRng.NumberFormatLocal = "#,###"
        Case "Date"
          colRng.HorizontalAlignment = xlRight
          colRng.NumberFormatLocal = "mm/dd"
      End Select
      ' 列幅を自動設定し、それよりも少し大きくする
      colRng.EntireColumn.AutoFit
      colRng.ColumnWidth = _
        colRng.ColumnWidth + 2
    Next
  End With
End Sub
```

セル範囲を選択して、マクロを実行する

Column 30 選択しているセル範囲をもとに行全体や列全体の書式を設定する

列全体に書式を適用できるマクロが作成できると、「今選択しているセル範囲の列にだけ書式を設定したい」と思うことが出てきます。

こんなときは、現在選択しているセル範囲を操作対象として指定する**Selection**プロパティと、選択されたセル範囲を含む列全体を操作対象として指定する**EntireColumn**プロパティを組み合わせるのが便利です。

 選択したセルを含む列全体に書式を設定する

```
Sub 選択セル範囲をもとに書式を設定()
    With Selection.EntireColumn
        .HorizontalAlignment = xlRight     '右詰
        .NumberFormatLocal = "#,###"       '3桁区切り
    End With
End Sub
```

実行前
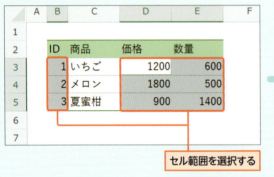
セル範囲を選択する

実行後
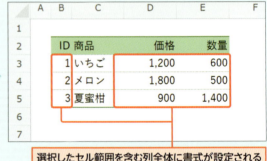
選択したセル範囲を含む列全体に書式が設定される

例えば、Excel画面で［ホーム］→［検索と選択］→［条件を選択してジャンプ］機能を使って、数値の入力されているセルのみを選択するとします。そのうえで上記マクロを実行すれば、選択セル範囲を含む列全体、つまり、数値が入力されている列全体の書式を一括設定できます。

このように、「Selection.EntireColumn」の仕組みを利用したマクロは、マクロ実行時に選択しているセル範囲をもとに、柔軟に操作したい対象を指定できます。特に、列ごとに共通の設定をしたい場合には心強いツールになってくれるでしょう。

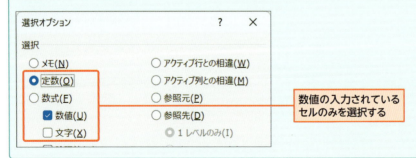
数値の入力されているセルのみを選択する

第 5 章

表のデータを操作する

　この章では、表形式で入力されたデータを操作する際の考え方やテクニックをご紹介します。Excelでは、フィルターやピボットテーブルなどの強力な機能を利用する際には、データが「表形式」であることが前提となっています。そこで、新たな表を作成する際のテクニックや、既存の表に新たなデータを追加する際に役立つテクニックを学習していきましょう。

Section 31	▶	表形式のセル範囲を操作する
Section 32	▶	特定の行・列に対して操作を行う
Section 33	▶	複数行・複数列をまとめて操作する
Section 34	▶	表内の特定のセルに対して操作を行う
Section 35	▶	「下」や「隣」のセル範囲を操作する
Section 36	▶	セルの選択範囲を拡張する
Section 37	▶	「次の入力位置」を指定する
Section 38	▶	「テーブル」機能で表を操作する
Section 39	▶	実践 必要なデータだけを転記する

Section 31 表形式のセル範囲を操作する

練習用ファイル 📁 表形式のセル範囲の操作.xlsm

ここで学ぶのは
- CurrentRegionプロパティ
- アクティブセル領域
- テーブル機能

日々蓄積するデータは、セル範囲を表形式に整形したうえで扱う場合が多いでしょう。ここでは、扱う機会の多い表形式のデータを、どのような考えで、どのようなコードを書けばマクロから扱いやすくなるのか、その考え方と手段を学習していきましょう。

1 表形式のセル範囲全体を選択可能にする

解説

日々、データが入力されていく表形式のセル範囲は、その時々によって全体のセル範囲の大きさが変わってきます。そんなときに便利な仕組みが、**CurrentRegionプロパティ**です。

CurrentRegionプロパティは、**基準セルをもとにアクティブセル領域を操作対象として指定**できます。

アクティブセル領域とは、連続してデータが入力されている範囲、つまり表全体です。単なる「セル範囲」ではなく、「表全体」という考え方で操作対象として指定できるようになるのです。

この仕組みを使えば、表の先頭のセルの位置さえ決まっていれば、データが増減しても、常に表全体のセル範囲の取得が可能となります。

Memo 手作業でアクティブ領域を選択する

アクティブセル領域の仕組みを手作業で利用したい場合は、任意のセルを選択し、[Ctrl]+[Shift]+[*]キーを押しましょう。また、任意のセルを選択し、[Ctrl]+[A]キーを1回押しても同じように選択されます。

● 表全体を選択する
```
Sub 表全体を選択()
    Range("B2").CurrentRegion.Select
End Sub
```

実行前

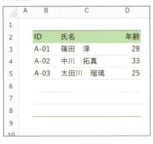

実行後

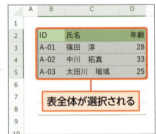

表全体が選択される

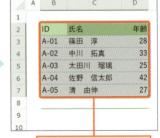

データが追加されても同じコードで選択できる

● アクティブセル領域を操作対象に指定（CurrentRegionプロパティ）

書式	基準セル.**CurrentRegion**
説明	基準セルには、表内のいずれかのセルを指定します。通常は表の起点セル（左上のセル）がよいでしょう。

● 操作対象を選択（Selectメソッド）

書式	操作対象.**Select**
説明	操作対象のオブジェクトを選択します。

2 データを入力したセルの周囲は1行・1列空けておく

解説

CurrentRegionプロパティによって表全体を取得する方法は、手軽な反面、1つ注意しておかなくてはならない点があります。それは**「表として扱いたいセルの周りは、1行・1列空けておく」**です。
例えば、図のように表の見出し行の1つ上のセルに「タイトル」が入力されている場合、セルB3を基準としてCurrentRegionプロパティを使用すると、タイトル部分まで含めたセル範囲が操作対象となります。
タイトルが重要な場合には、**「タイトルと表の間には1行分開け、見栄えのために空白行の高さを狭くする」**などの対策を取っておきましょう。

● セル「B3」を基準にCurrentRegionで選択する

```
Range("B3").CurrentRegion.Select
```

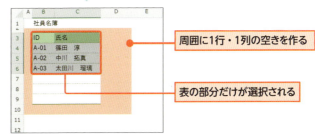

3 テーブル機能を利用する

解説

表形式のデータを扱う際には、テーブル機能（126ページ参照）を使うという選択肢も考えられます。
テーブル機能は、表形式のセル範囲をひとかたまりの「テーブル」として捉え、その範囲に「テーブル名」を付けられます。このテーブル名をRangeプロパティの引数に指定することで、**データ部分のセル範囲を操作範囲として指定可能**になります。

● 「社員テーブル」を選択する

```
Range("社員テーブル").Select
```

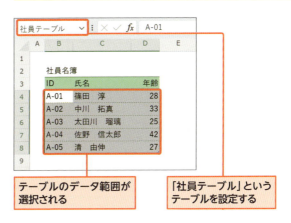

Section 32 特定の行・列に対して操作を行う

練習用ファイル 📁 行全体や列全体を操作.xlsm

特定の商品のデータのみを参照したり、特定の項目の書式を調整したりと、表形式のデータは「特定の行全体」「特定の列全体」という単位で扱いたい場合がよくあります。その場合の操作対象の指定方法を学習していきましょう。

ここで学ぶのは
▶ Rowsプロパティ
▶ Columnsプロパティ
▶ Countプロパティ

1 表の中の特定の「行」を選択する

解説

任意のセル範囲を操作対象に指定し、そのセル範囲に対してRowsプロパティを利用すると、**セル範囲内での特定行全体を操作対象として指定**できます。
表形式のセル範囲に対して使用すれば、引数に指定した行のセル範囲のみが操作対象となります。
なお、見出し行がある場合には、見出し行が「1行目」となるため、1つ目のデータの位置は「2行目」となります。

● 任意の表の特定の行全体を選択する
```
Sub 行全体を選択()
    Range("B2:F7").Rows(3).Select
End Sub
```

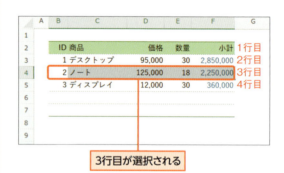

3行目が選択される

● 表内の行を操作対象に指定（Rowsプロパティ）

書式	表のセル範囲.Rows([RowIndex])	
引数	1 RowIndex	行番号(省略可)
説明	引数RowIndexには、行番号を数値で指定します。行番号の指定を省略した場合は、セル範囲の全ての行を操作対象にします。	

セル範囲A1:C5の3行目を選択
```
Range("A1:C5"). _
  Rows(3).Select
```

💡 Hint CurrentRegionプロパティと組み合わせる

112ページで紹介したCurrentRegionプロパティと組み合わせると、基準となるセルをもとに「現在の表範囲」を取得し、さらにそこから「特定の行全体」を選択することも可能です。
```
Range("B2").CurrentRegion.Rows(3).Select
```

2 表の中の特定の「列」を選択する

解説

任意のセル範囲を操作対象に指定し、そのセル範囲に対して**Columnsプロパティ**を利用すると、**指定セル範囲内での特定列全体を操作対象として指定**できます。
表形式のセル範囲に対して使用すれば、引数に指定した列のセル範囲のみが操作対象となります。

注意　引数に注意！

RowsプロパティとColumnsプロパティの引数は、どちらも「RowIndex」です。ややこしいので、標準引数方式(77ページ参照)で指定するのがお勧めです。

セル範囲A1:C5の2列目(B1:B5)を選択
```
Range("A1:C5"). _
 Columns(2).Select
```

● 任意の表の特定の列全体を選択する
```
Sub 列全体を選択()
    Range("B2:F7").Columns(2).Select
End Sub
```

● 表内の列を操作対象に指定 (Columnsプロパティ)

書式	表のセル範囲.Columns([RowIndex])
引数	1　**RowIndex**　列番号(省略可)
説明	引数RowIndexには、列番号を数値で指定します。列番号の指定を省略した場合は、セル範囲の全ての列を操作対象にします。

3 表の行数や列数を取得する

解説

RowsあるいはColumnsプロパティで取得したセル範囲に対し**Countプロパティ**を利用すると、それぞれの**「行数」と「列数」が取得**できます。

Memo　見出し行を除いてカウントする

「Rows.Count」で表のデータ数を取得する際に、見出し行を除いてカウントするには、「Rows.Count - 1」を使いましょう。

● 任意の表の行数や列数を取得する
```
Sub 行数と列数を取得()
    Range("C7").Value = _
        Range("B2").CurrentRegion.Rows.Count
    Range("C8").Value = _
        Range("B2").CurrentRegion.Columns.Count
End Sub
```

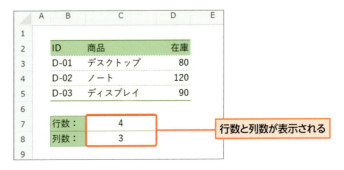

Section 33 複数行・複数列をまとめて操作する

練習用ファイル 📁 複数行や複数列をまとめて扱う.xlsm

表形式のデータを操作する際に、「2行目から4行目を削除したい」「5行目以降をコピーしたい」など、「複数行をまとめて扱いたい」という場合が出てきます。このようなケースに対応するためのコードの記述方法を学習していきましょう。

ここで学ぶのは
- Rowsプロパティ
- Columnsプロパティ
- 特定の行を選択

1 複数の「行」をまとめて選択する

解説

複数行をまとめて操作したい場合には、**Rowsプロパティ**の引数に**「開始行：終了行」という形式で範囲を指定**します。
複数行を一気にコピーしたい場合や削除したい場合に、「表の○行目から△行目」という考え方に近い形でコードを記述できるため、見た目に意図がわかりやすいコードになります。

● 任意の表の特定の行全体をまとめて選択する

```
Sub 複数行をまとめて選択()
    Range("B2:F7").Rows("2:4").Select
End Sub
```

● 表内の複数行を操作対象に指定 (Rowsプロパティ)

書式	表のセル範囲.**Rows**([RowIndex])
引数	1 **RowIndex** 行範囲(省略可)
説明	引数RowIndexには、行範囲を「開始行：終了行」の形で指定します。行範囲の指定を省略した場合は、セル範囲の全ての行を操作対象にします。

2 複数の「列」をまとめて選択する

解説

複数列をまとめて操作したい場合には、Columnsプロパティの引数に「**開始列：終了列**」という形式で範囲を指定します。

● 任意の表の特定の列全体をまとめて選択する

```
Sub 複数列をまとめて選択()
    Range("B2:F7").Columns("B:D").Select
End Sub
```

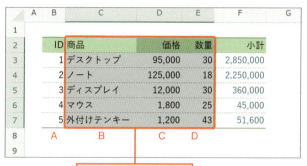

2〜4列目が選択される

Memo 列は相対的に指定する

Columnsプロパティで列の範囲を指定するには、列番号ではなく、列を表す記号で指定します。
その際には、表内の1列目が「A」、2列目が「B」というように、相対的な位置関係で指定します。

● 表内の複数列を操作対象に指定（Columnsプロパティ）

書式	表のセル範囲.**Columns**([**RowIndex**])
引数	1　**RowIndex**　列範囲（省略可）
説明	引数RowIndexには、列範囲を「開始列：終了列」を表す記号もしくは数値で指定します。列範囲の指定を省略した場合は、セル範囲の全ての列を操作対象にします。

3 特定の行「以降」を選択する

解説

「表のうち、見出しを除くセル範囲をコピーしたい」という場合には、CurrentRegionプロパティ、Rowsプロパティ、Countプロパティを組み合わせると、**日々データの増減する表でも同じコードで対象セル範囲を取得で**きます。
表全体の行数、つまり表の最終行の値を、「**表のセル範囲.Rows.Count**」で取得し、その値を使って「**2:Rows.Countの値**」という形式で操作対象のセル範囲を指定すればOKです。

● 見出し行を除いた範囲を選択する

```
Sub 見出しを除くセル範囲を選択()
    Range("B2").CurrentRegion. _
        Rows("2:" & Range("B2"). _
        CurrentRegion.Rows.Count).Select
End Sub
```

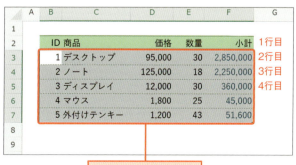

2行目以降が選択される

Section 34 表内の特定のセルに対して操作を行う

練習用ファイル 📂 表内の特定セルを操作.xlsm

「明細を入力するセル範囲のうち、1行目にデータを追加したい」など、表形式の特定セル範囲内の、相対的な行・列位置を操作したい場合はよくあります。こんなときには、「Cellsプロパティを利用した相対的なセルの指定方法」を利用するのが便利です。

ここで学ぶのは
- Cellsプロパティ
- 相対的なセル指定
- インデックス番号

1 表の範囲内のセルを相対的に指定する

解説

基準となる表形式のセル範囲に対して、さらに**Cellsプロパティ**を使用すると、**その表形式のセル範囲内での相対的な行・列番号のセルを操作対象として指定**できます。
例えば、「明細の1行目にデータを入力したい」という場合に、「明細全体のセル範囲を指定し、そこからCellsプロパティを使う」という方法で、「明細の1行目」という考え方に近い形でコードを記述しやすくなります。
ここでは、基準となるセル範囲に対して複数の操作を行うので、Withステートメント（168ページ参照）でまとめて記述しています。

セル範囲B2:D5内の2行3列目のセル（セルD3）を指定
`Range("B2:D5").Cells(2,3)`

● 表内の相対的な位置のセルを指定する
```
Sub 範囲内のセルを指定()
    With Range("B3:F7")    '基準となるセル範囲
        '相対的なセルの指定
        .Cells(3, 2).Value = "レモン"
        .Cells(3, 3).Value = 120
        .Cells(3, 4).Value = 6
    End With
End Sub
```

実行前　　　　　　　　　実行後

基準となるセル範囲

相対的に指定したセルに値が入力される

● 相対的なセルの設定 (Cellsプロパティ)

書式	表のセル範囲.**Cells**([**RowIndex**][, **ColumnIndex**])
引数	1 **RowIndex** 行番号（省略可） 2 **ColumnIndex** 列番号（省略可）
説明	行番号と列番号を、表内の相対的な数値で指定します。引数を省略した場合は、表内の全てのセルを操作対象にします。

2 表の範囲内の最終セルを指定する

解説

Cellsプロパティの引数に数値を1つだけ指定すると、セルのインデックス番号と捉えられ、該当するセルが操作対象となります。また、セル範囲に対してCountプロパティを利用すると、**そのセル範囲のセルの個数**が取得できます。表のセル範囲に対してCountプロパティを利用すれば、その表内の全体のセルの個数が得られるわけですね。この仕組みを組み合わせ、「表内のセル範囲.Cells(表のセル範囲.Count)」とすると、**その表のセル範囲内での終端のセル（右下のセル）**を操作対象として指定できます。可変する表の終端の位置を知りたい場合に覚えておくと便利なテクニックです。

● 表内の最終セルを指定する

```
Sub 最終セルを指定()
    With Range("B2").CurrentRegion
        '最終セル
        Range("F2").Value = .Cells(.Count).Address
        '最終行
        Range("F3").Value = .Cells(.Count).Row
        '先頭列
        Range("F4").Value = .Cells(1).Column
    End With
End Sub
```

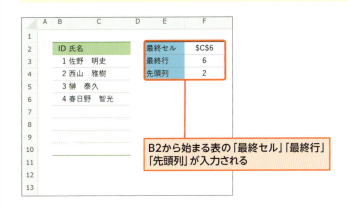

B2から始まる表の「最終セル」「最終行」「先頭列」が入力される

● 表内の特定のセルの指定（Cellsプロパティ）

書式	表のセル範囲.**Cells**(`[RowIndex]`)	
引数	1	`RowIndex`	インデックス番号（省略可）
説明	引数RowIndexには、セル範囲内のインデックス番号を指定します。インデックス番号として「セル範囲.Count」を指定すると、セル範囲の右下のセルが操作対象となります。

Key word インデックス番号

インデックス番号は、セルに連番を振って、その数字でセルを指定できるようにしたものです。操作対象としてセル範囲を指定した場合は、そのセル範囲内で相対的にインデックス番号が設定されます。

Hint 相対的なインデックス番号の順番

セルの相対的なインデックス番号は「1」から始まり、「行方向→列方向」の順番で連番が振られます。例えば、3行3列の範囲であるセル範囲B2:D4を操作対象にする場合、左上のセルB2が「`Cells(1)`」、そこから行方向に進んだセルC2が「`Cells(2)`」、1行下に移ったセルB3が「`Cells(4)`」、最後の右下のセルD4は「`Cells(9)`」となります。

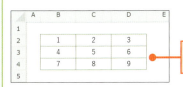

相対的なインデックス番号は、左上のセルを起点に連番が振られていく

Section 35 「下」や「隣」のセル範囲を操作する

練習用ファイル 📁 1行下や1列右のセル範囲を操作.xlsm

表形式のデータを扱う場合、現在選択しているデータの「次のデータ(1行下のデータ)」を扱いたい場合や、「次のフィールドのデータ(1列右のデータ)」を扱いたい場合が出てきます。こういった場合のセルの指定方法を学習していきましょう。

ここで学ぶのは
▶ Offsetプロパティ
▶ オフセット
▶ 1行下を指定

1 指定した数の分だけ「下」の行を指定する

解説

基準となるセル範囲に対してOffsetプロパティを利用すると、**基準となるセル範囲から引数の分だけ離れた位置にあるセル範囲**を操作対象として指定できます。引数は、1つ目が「行オフセット数」、2つ目が「列オフセット数」となります。
この仕組みを表の見出しに対して使うと、「見出しから1行下のデータ(1つ目のデータ)」を操作対象とできます。

Key word　Copyメソッド

Copyメソッドの引数にコピー先のセルを指定すると、その場所にコピーした内容の貼り付けまでを行います。

● 「1行下」と「3行下」のデータをコピーする
```
Sub 下のセル範囲をコピー()
    With Range("B2:D2")    '基準となるセル範囲
        .Offset(1).Copy Range("F3")    '「1行下」をコピー
        .Offset(3).Copy Range("F4")    '「3行下」をコピー
    End With
End Sub
```

実行前

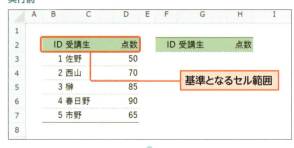

実行後

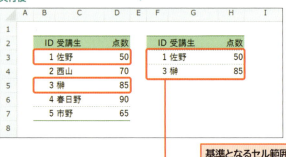

基準となるセル範囲から、「1行下」と「3行下」のデータが転記される

セルA1の1行下・2列右（セルC2）を指定
```
Range("A1").Offset(1, 2)
```

セル範囲B2:B4の2列右（セルD2:D4）を指定
```
Range("B2:B4").Offset(0, 2)
```

● 「下」や「隣」のセル範囲を指定（Offsetプロパティ）

書式	基準セル範囲.**Offset**([RowOffset][, ColumnOffset])		
引数	1	`RowOffset`	行のオフセット数（省略可）
	2	`ColumnOffset`	列のオフセット数（省略可）
説明	オフセット数は数値で指定します。「1」が1行下（1行右）、「-1」が1行上（1行左）となります。「0」あるいは省略することで、行と列を単独で指定することができます。		

2 「下」や「隣」のセルに値を入力する

解説

Offsetプロパティは、単一のセルを基準としても利用可能です。例えば、対戦表のようなグリッド形式の表にデータを入力する際には、**左上のセルを基準とし、そこからOffsetプロパティを利用して値の入力位置を指定**できます。

Memo オフセット位置の考え方

対戦表は、「勝ち」の入力と「負け」の入力をセットで行いますが、Offsetプロパティを利用する場合は「負け」の入力位置は、「勝ち」のセルの行オフセットと列オフセットを逆にした位置と考えると、片方の位置さえ決まれば、もう一方は単純に行と列の値を入れ替えるだけで決められます。

● 対戦形式の表に値を入力する
```
Sub 対戦表に入力()
    With Range("B2")       '基準となるセル
        .Offset(1, 2).Value = "○"  '「1行下」「2列右」
        .Offset(2, 1).Value = "●" '「2行下」「1列右」
    End With
End Sub
```

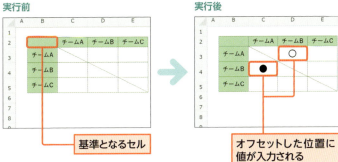

Hint OffsetとResizeで「2行目以降」のセル範囲を取得

表形式のセル範囲を「1行」だけ下にオフセットすると、「見出しを除くセル範囲＋その下の1行」を操作対象として指定できます。さらに、次ページでご紹介するResizeプロパティと組み合わせ、「1行分だけ狭くリサイズしてから1行分オフセット」すると、表の2行目以降のセル範囲を取得できます。

```
With Range("B2").CurrentRegion
    .Resize(.Rows.Count - 1).Offset(1).Select
End With
```

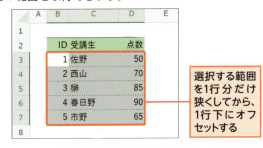

Section 36 セルの選択範囲を拡張する

練習用ファイル 📁 選択範囲の拡張.xlsm

表形式のデータを扱う際、「このデータから下5つをコピーしたい」「価格が1,000円以下のデータのうち、上から3つをピックアップしたい」など、特定のセル範囲を基準に、操作するセル範囲を拡張したい場合があります。この場合の対処方法を学習していきましょう。

ここで学ぶのは
- Resizeプロパティ
- 選択範囲の拡張
- Endプロパティ

1 基準となるセル範囲を指定して拡張する

解説

基準となるセル範囲に対して**Resizeプロパティ**を利用すると、**基準セルから引数の分だけ拡張したセル範囲**を操作対象として指定できます。引数は、1つ目が「新しい行数」、2つ目が「新しい列数」となります。
行方向・列方向と2つの引数を指定できますが、行方向のみに拡張したい場合は、1つ目の引数だけを指定します。列方向のみであれば、1つ目の引数を省略し、2つ目の引数だけを指定します。

●指定セルから「3行分拡張」して選択する

```
Sub 選択範囲の拡張()
    Range("B4:D4").Resize(3).Select
End Sub
```

実行前／実行後：基準となるセル範囲（B4:D4）から「3行分拡張」して選択される（B4:D6）

セル範囲 B2:D2を2行に拡張（セルB2:D3）
```
Range("B2:D2").Resize(2)
```

セル範囲 B2:B4を2列に拡張（セルB2:C4）
```
Range("B2:B4").Resize(,2)
```

セルA1を2行・3列に拡張（セルA1:C2）
```
Range("A1").Resize(2,3)
```

●セル範囲の拡張（Resizeプロパティ）

書式	基準セル範囲.**Resize**([RowIndex][, ColumnIndex])
引数	1 `RowIndex` 新しい行数(省略可) 2 `ColumnIndex` 新しい列数(省略可)
説明	行数・列数は数値で指定します。行だけを拡張する場合は1つ目の引数(RowIndex)のみを指定します。列だけを拡張する場合は1つ目は省略し、2つ目の引数(ColumnIndex)のみを指定します。

2 現在のセルをもとに選択範囲を拡張する

解説

アクティブなセルを取得するActiveCellプロパティ（170ページ参照）やOffsetプロパティとResizeプロパティを組み合わせると、**現在のセルをもとにして操作範囲を拡張する**ことが可能となります。

例えば、右のマクロでは「得点」列に注目し、列内の任意のセルを選択してから実行すると、そこから「2列左の『ID』列のセル」を基準に、「3行・3列分」だけ扱う範囲を拡張することで、「選択セルをもとに、3行分のデータ」が入力されているセル範囲を操作の対象とし、コピーしています。

● 現在のセル範囲から「3行分拡張」して転記する

```
Sub 現在のセルをもとにコピー()
    ActiveCell.Offset(0, -2).Resize(3, 3).Copy
    Range("F3").PasteSpecial
End Sub
```

実行前

任意のセルを選択する

実行後

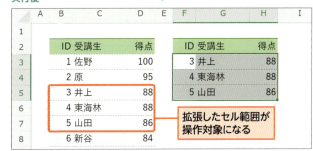

拡張したセル範囲が操作対象になる

Hint 「右方向の終端」を取得して拡張する

表内のデータをピックアップする際の仕組みとしては、Endプロパティ（124ページ参照）と組み合わせるのも相性がよいです。次のコードは、選択しているセルをもとに、「右方向の終端」までのセルまでの範囲を取得し、さらに「3行分拡張」して選択します。

```
Range(ActiveCell, ActiveCell.End(xlToRight)).Resize(3).Select
```

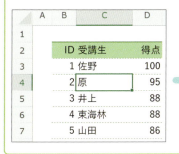
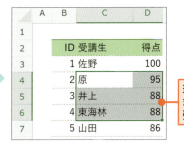

現在のセルから「右方向の終端」までを指定して、さらに「3行分拡張」する

Section 37 「次の入力位置」を指定する

練習用ファイル 📁 表の「次の位置」を指定.xlsm

ここで学ぶのは
▶ Endプロパティ
▶ 終端セル
▶ Rows.Countプロパティ

表形式のセル範囲にデータを追加する際には、「次のデータを入力するセルの位置」を指定する必要があります。日々更新するデータでは、この「次の入力位置」も変わってきます。変化する入力位置に対応できるコードの記述方法を学習していきましょう。

1 終端セルを取得して入力位置を指定する

解説

「次の入力位置」を取得するには**Endプロパティ**が有効です。Endプロパティは、通常操作の[Ctrl]＋矢印キーの操作に相当し、**基準セルをもとにした「終端セル」**を操作対象として指定できます。
このEndプロパティを利用して表の終端セルを取得し、そこから1行下にオフセットすることで新規データの入力位置を指定します。詳しい仕組みは次ページのHintをご覧ください。

● 表内の「次の入力位置」を選択する

```
Sub 次の位置を選択()
    Cells(Rows.Count, "B"). _
        End(xlUp).Offset(1).Select
End Sub
```

常に新しい入力位置が選択される

● 終端セルの取得 (Endプロパティ)

書式	基準セル.**End(Direction)**	
引数	1 **Direction**	終端セルの方向を指定する定数
説明	引数Directionには、方向に応じた組み込み定数を指定します。	

● Endプロパティに指定する組み込み定数

xlDown	下側	xlToRight	右側
xlUp	上側	xlToLeft	左側

2 表の見出しを基準に入力位置を指定する

解説

前ページのEndプロパティを利用した方法は、表の下側に別の表がある場合にはうまく動作しません。そこで、もう一種類の方法を考えてみましょう。

表の左上のセルから、「次の入力位置」までは、表の行数分だけ離れています。そこで、**表全体の列数をCountプロパティで取得し、その値の分だけ表の左上のセルからOffsetプロパティでオフセットした位置を選択**すれば、そこが「次の入力位置」となります。

● 見出しを基準に「次の入力位置」を選択する

```
Sub 次の位置を選択_2()
  With Range("B2")    '表の左上セル
    '表全体の行数分だけオフセット
    .Offset(.CurrentRegion.Rows.Count).Select
  End With
End Sub
```

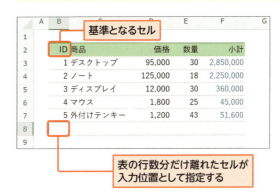

 Hint　終端セルから「次の入力位置」を指定する仕組み

Endプロパティを使って「次の入力位置」を指定する仕組みは、次のようになります。
❶ Countプロパティ（119ページ参照）を使って表の1列目の最終セルを取得する。
❷ 取得した最終セルからEndプロパティで上方向の終端セルを取得する。このセルが現在の末尾セルとなる。
❸ 取得した末尾のセルからOffsetプロパティ（120ページ参照）で1行下に移動する。

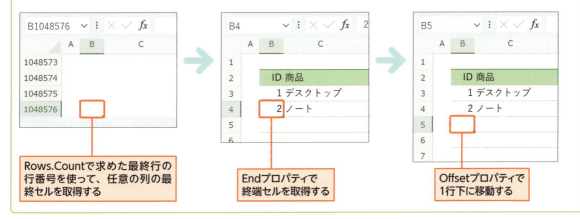

Section 38 「テーブル」機能で表を操作する

練習用ファイル 📁 テーブル機能でセル範囲を扱う.xlsm

ここで学ぶのは
▶ テーブル機能
▶ ListObjectオブジェクト
▶ レコード・フィールドの操作

「テーブル」機能を使っているセル範囲をマクロから操作する場合には、通常のセル範囲を操作する場合とは異なる、さまざまな便利なプロパティやメソッドが用意されています。その仕組みを学習していきましょう。

1 「テーブル」範囲はListObjectオブジェクトとして扱う

解説

「テーブル」機能でテーブル化されたセル範囲（テーブル範囲）は、**ListObjectオブジェクト**として扱えるようになっています。このListObjectには、表形式のデータを扱う際に便利なプロパティやメソッドが揃っています。任意のテーブル範囲を操作対象とするには、各シートの**ListObjects**プロパティの引数に、「テーブル」機能で付けた「**テーブル名**」を渡して指定します。次のコードは、アクティブシート内の「明細テーブル」を操作対象としています。

```
ActiveSheet.ListObjects( _
    "明細テーブル")
```

🔍 Keyword　ActiveSheetプロパティ

ActiveSheetプロパティは、アクティブなシートを操作対象とします。その他のシートの指定方法は、134ページを参照してください。

🔍 Keyword　Addressプロパティ

Addressプロパティの1・2番目の引数（RowAbsolute・ColumnAbsolute）に「False」を指定すると、それぞれ行・列に「$」記号を付けない状態でアドレス文字列が取得できます。

● 「明細テーブル」の情報を取得する
```
Sub テーブル機能の情報を書き出し()
    With ActiveSheet.ListObjects("明細テーブル")
        Range("D7").Value = _
            .Range.Address(False, False)
        Range("D8").Value = _
            .HeaderRowRange.Address(False, False)
        Range("D9").Value = _
            .DataBodyRange.Address(False, False)
        Range("D10").Value = .ListRows.Count
        Range("D11").Value = .ListColumns.Count
    End With
End Sub
```

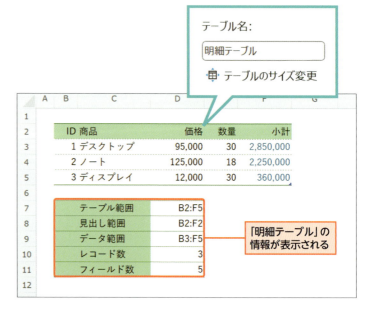

Memo テーブル範囲に変換

「テーブル」機能を利用するためには、セル範囲を選択した状態で、Excel画面のリボンから[挿入]→[テーブル]をクリックして、「テーブルの作成」ダイアログでテーブル範囲に変換します。

●「テーブル」を操作する(ListObjectsプロパティ)

書式	シート.**ListObjects(Index)**.各プロパティ/メソッド
引数	1 **Index** 「テーブル」の名前
説明	引数Indexには「テーブル機能」で付けておいたテーブル名を指定します。ListObjectには、テーブル内のセルなどを操作するためのプロパティやメソッドが用意されています。

● ListObjectオブジェクトのプロパティ(抜粋)

プロパティ	説明
Range	テーブル全体のセル範囲を取得
HeaderRowRange	見出し部分のセル範囲を取得
DataBodyRange	データ部分のセル範囲を取得
ListRows	1行ごとのデータをまとめて扱うコレクションを取得
ListColumns	1列ごとのデータをまとめて扱うコレクションを取得

2 ListObjectオブジェクトのプロパティ

解説

表形式のセル範囲を扱う際には、「表全体」「見出しのみ」「データ部分のみ(見出しを除いたセル範囲)」という単位で操作したい場合が多々あります。
ListObjectオブジェクトでは、この3つのセル範囲を、Range、HeaderRowRange、DataBodyRangeの3つのプロパティ経由で操作対象として指定できます。
さらに、表のデータ数(レコード数)を取得したい場合にはListRows.Count、フィールド数を取得したい場合には、ListColumns.Countで取得できます。

Memo テーブルの設定

変換したテーブル範囲を選択すると、リボンに「テーブルデザイン」タブが表示されます。このタブを選択すると、リボン上からテーブル範囲の名前やスタイル、フィルターボタンの表示/非表示などを設定可能です。

● テーブル範囲全体を選択(Rangeプロパティ)

```
ListObjects("明細テーブル").Range.Select
```

● 見出しセル範囲を選択(HeaderRowRangeプロパティ)

```
ListObjects("明細テーブル"). _
    HeaderRowRange.Select
```

● データ範囲を選択(DataBodyRangeプロパティ)

```
ListObjects("明細テーブル"). _
    DataBodyRange.Select
```

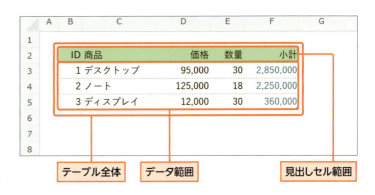

● データ数とフィールド数を取得(ListRows/ColumnRowsプロパティ)

```
'データ数(レコード数)を取得
ListObjects("明細テーブル").ListRows.Count
'フィールド数を取得
ListObjects("明細テーブル").ListColumns.Count
```

3 任意のレコードを操作する

解説

テーブル範囲では、見出し列やデータの入力行部分は、「セル」という考え方ではなく、フィールドやレコードという考え方の単位で扱えるようになっています。
1行ごとに入力されているひと固まりのデータが「レコード」です。任意のレコードを扱いたい場合は、ListRowsプロパティの引数に「1」から始まるレコード番号を指定します。さらにそこから、該当レコードのセル範囲を扱いたい場合には、Rangeプロパティ経由で操作します。

Memo セルから指定する

ListObjectオブジェクトは、セルから辿って指定することも可能です。次のコードは、セルB2を含む範囲のテーブル（ListObjectオブジェクト）を指定します。

`Range("B2").ListObject`

● 「商品テーブル」の情報を取得する

```
Sub 特定レコードを選択()
  With ActiveSheet.ListObjects("商品テーブル")
    .ListRows(1).Range.Select
  End With
End Sub
```

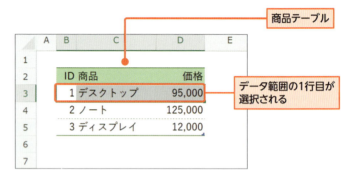

● 任意のレコードの選択（ListRowsプロパティ）

書式	テーブル範囲.ListRows(Index).Range	
引数	1　**Index**	レコードの番号
説明	引数Indexには「1」から始まるレコードの番号を指定します。指定したレコードはRangeプロパティを通じて操作します。	

4 任意のフィールドを操作する

解説

列方向のフィールド単位でデータを扱いたい場合には、ListColumnsプロパティの引数に、「1」から始まるフィールド番号、もしくはフィールド名（見出しセルの値）を指定します。該当フィールドのセル範囲は、Rangeプロパティ経由で操作します。

● 「価格」フィールドを選択する

```
Sub 特定フィールドを選択()
  With ActiveSheet.ListObjects("商品テーブル")
    .ListColumns("価格").Range.Select
  End With
End Sub
```

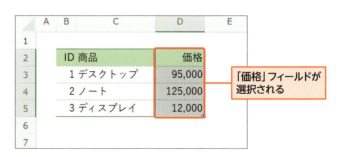

Memo 見出しの設定

テーブル範囲で見出し行を有効にするには、「テーブルの作成」ダイアログ（127ページ参照）で[先頭行をテーブルの見出しとして使用する]にチェックを入れます。

● 任意のフィールドの選択（ListColumnsプロパティ）

書式	テーブル範囲.ListColumns(Index).Range
引数	1　Index　　フィールドの番号/フィールド名
説明	引数Indexには「1」から始まるフィールドの番号、またはフィールド名を「"フィールド名"」の形式で指定します。指定したフィールドはRangeプロパティを通じて操作します。

5 テーブルに新規のレコードを追加する

解説

テーブル範囲に新規レコードを追加するには、ListObjectオブジェクトに対して、「ListRows.Add」とします。ListRows.Addメソッドを実行すると、**テーブル範囲を1レコード分、つまり1行分拡張**してくれます。拡張される際には、書式の情報も引継がれます。

さらに、ListRows.Addメソッドを実行すると、新規追加されたレコードを扱うListRowオブジェクトを操作対象に指定することができます。このListRowオブジェクトのRangeプロパティから、新規レコードのセル範囲を操作できます。

● 新規レコードを追加する

```
Sub 新規レコード追加()
  With ActiveSheet.ListObjects("商品テーブル")
    .ListRows.Add.Range.Value = _
      Array(4, "マウス", 1400)
  End With
End Sub
```

実行前　　　　　　　　　　　実行後

新規レコードが追加される

Memo レコード削除

レコードの削除はDeleteメソッドを使って、「ListRows(レコード番号).Delete」とします。

● 新規レコードの追加（ListRows.Addメソッド）

書式	ListObjectオブジェクト.ListRows.Add
説明	Addメソッドを実行すると、テーブル範囲にレコードが追加されます。また、追加に合わせて、テーブルの範囲も拡張されます。

Hint レコードにまとめて値を入力する

Array関数を利用すると、行方向の複数セルにまとめて値を入力できます。

`Range("B2:D2").Value = Array("Hello", "Excel", "VBA")`

上記のコードでは、Array関数の引数にカンマ区切りで指定した値を、操作対象のセル範囲に1つずつ入力しています。

Array関数の引数の値が1つずつ入力される

Section 39

実践 必要なデータだけを転記する

練習用ファイル 📂 表からデータをピックアップ.xlsm

ここで学ぶのは
- CurrentRegionプロパティ
- ListObjectオブジェクト
- Addメソッド

既存の表から必要なデータをピックアップし、他の場所にある表へと転記する処理を作成してみましょう。ポイントは「1レコード分のセル範囲の取得」と「新規レコードの追加」です。ここでも「テーブル」機能を利用します。

1 特定のレコードだけを他の表へ転記する

解説

「既存の表から必要なデータをピックアップして別の表に転記する」処理を作ってみましょう。なお、本ページのサンプルは186ページで学習する「変数」の仕組みを利用しています。変数の仕組みがまだ理解できない場合は、変数の仕組みを学習してから、再びこのページをご覧ください。

サンプルでは、セルB2から始まる表形式のセル範囲のうち、アクティブセルのある行のデータを、「出力用」とテーブル名を付けてあるテーブル範囲へと転記します。

● 選択したレコードだけを転記する

```
Sub データのピックアップ()
  Dim pickUpTbl As Range, recordRng As Range
  Dim gap As Long
  '変数に元データのテーブル範囲をセット
  Set pickUpTbl = Range("B2").CurrentRegion
  '現在行と表内の行のギャップ補正値を計算
  gap = pickUpTbl.Row - 1
  'アクティブセルのあるレコードのセル範囲をセット
  Set recordRng = _
    pickUpTbl.Rows(ActiveCell.Row - gap)
  '「出力先」テーブルの新規レコードとして転記
  ActiveSheet.ListObjects("出力先").ListRows. _
    Add.Range.Value = recordRng.Value
End Sub
```

2 アクティブセルのある行を転記する仕組み

表内のデータを扱う際には、行単位（レコード単位）で扱うのが便利です。今回は「アクティブセルの位置のデータの、表内での行番号」を、アクティブセルの位置の行番号と表内の相対的な行番号との差分から計算し、指定しています。 この差分は「テーブル範囲の先頭行の行番号」からさらに、「見出し行分の『1』だけ減算した値」で求められます。

差分さえ求められれば、「テーブル範囲.Rows(アクティブセルの行番号 － 差分)」の形式で、アクティブセルのある位置のレコードのセル範囲が取得できます。

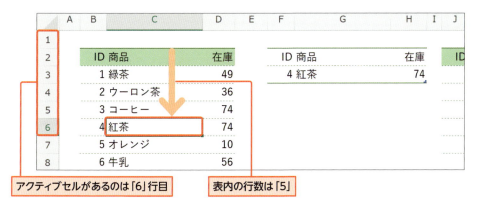

ピックアップするレコードが決まったら、あとは転記です。今回は、「出力先」テーブルへと新規レコードとして追加しました。

ListObjectオブジェクトとして「出力先」テーブル範囲を指定し、ListRows.Addメソッドで新規レコードを追加します。ListRows.Addメソッドによって新規レコードが操作対象のオブジェクトとして指定されるので、「ListRows.Add.Range.Value ＝ 値」と、そこからさらにRangeプロパティで新規追加されたセル範囲へ辿り、Valueプロパティで値を設定します。

今回のように、転記先とピックアップ元が同じフィールド数であれば、転記先セル範囲のValueプロパティにピックアップ元のセル範囲のValueプロパティの値を設定すれば、まるごと値を転記可能です。

 Hint　テーブル範囲を使わずに転記する

テーブル範囲ではなく、通常の表形式のセル範囲へと転記したい場合には、Endプロパティなどで転記先の「次の入力位置」を取得し（124ページ参照）、そのセルへと値を書き込む処理となります。
次のコードは、前ページのサンプルの転記部分を、「J列から始まる表」へと書き込むように修正したものです。
`Cells(Rows.Count, "J").End(xlUp).Offset(1).Resize(1, 3).Value = recordRng.Value`

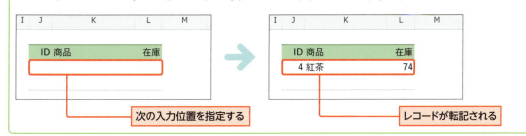

Column 39 テーブル範囲は構造化参照で数式の入力が可能

表形式のデータを扱う際に便利な「テーブル」機能ですが、このテーブル範囲内では構造化参照という形式で数式の入力が可能となっています。

構造化参照式では、「[@フィールド名]」の形式で、同じ行にある指定フィールドのセルを参照可能となります。「価格」列と、「数量」列を乗算した値を計算する式であれば、「=C3＊D3」などの参照式ではなく、「=[@価格]＊[@数量]」という形式で入力します。

通常の参照式はセル番地を利用して作成する

この構造化参照を使った数式は、マクロからも利用可能です。次のコードは、「商品テーブル」に新規レコードを追加し、4つ目のフィールドである「小計」フィールドには、「=[@価格]＊[@数量]」の形式で構造化参照式を入力します。

● 構造化参照を使った数式を入力する

```
Sub 構造化参照で入力()
  ActiveSheet.ListObjects("商品テーブル") _
    .ListRows.Add.Range.Value = _
    Array("梨", 240, 45, "=[@価格]＊[@数量]")
End Sub
```

構造化参照を利用した数式が入力される

セル番地の参照式よりも、どんな計算を行っているかが明確になりますね。「テーブル」機能を活用している場合には、積極的に利用していきましょう。

第 6 章

ワークシートを操作する

　この章では、ワークシートを操作する方法をご紹介します。操作対象シートの指定の仕方から、追加・移動・コピーといった操作方法、さらには新規作成・追加したシート名の変更方法などを学習していきましょう。

Section 40	▶ シートを指定して操作する
Section 41	▶ シートの名前を変更する
Section 42	▶ シートを移動／コピーする
Section 43	▶ 新規シートを追加する
Section 44	▶ シートを削除する
Section 45	▶ 実践 シートを6か月分コピーする

Section 40 シートを指定して操作する

練習用ファイル 📒 操作するシートを指定.xlsm

ここで学ぶのは
- Worksheetsプロパティ
- ActiveSheetプロパティ
- Sheetsプロパティ

自身の業務に合わせて作りこんだシートは、コピーして流用したり、改めてデータの入力や修正をしたりと、シート単位で使いまわすことが多くあります。シートを指定してマクロから操作するための基本を学習していきましょう。

1 操作対象のシートを指定する

解説

操作するワークシートを指定するには、Worksheetsプロパティの引数に、**インデックス番号もしくはシート名**を指定します。すると、引数に応じたシートを扱うためのWorksheetオブジェクトが操作対象として指定されます。その後、Worksheetオブジェクトに用意されている各種のプロパティやメソッドを使って、指定シートに対する操作を行っていきます。

● シートを選択する

```
Sub 操作するシートを指定()
    Worksheets("名古屋").Select
End Sub
```

指定したシートが操作対象として指定される

Memo Selectメソッドでシートを選択する

シートを指定してSelectメソッドを実行すると、指定したシートがアクティブシートへと切り替わります。

● シートの指定 (Worksheetsプロパティ)

書式	Worksheets([Index])	
引数	1 Index	インデックス番号/シート名(省略可)
説明		操作対象にするシートを、インデックスもしくはシート名で指定します。インデックス番号は、マクロ実行時点で1番左のシートが「1」となり、以下、連番が振られます。引数を省略した場合は、全てのシートが操作対象になります。

1枚目のシートを選択

```
Worksheets(1).Select
```

「合計」シートを選択

```
Worksheets("合計").Select
```

2 アクティブなシートを操作対象に指定する

解説

アクティブなシートを操作対象として指定するには、ActiveSheetプロパティを利用します。アクティブなシートのシート名を取得したり、シート上のフィルター情報やテーブル範囲の情報へアクセスするための、入り口となるプロパティと言えます。

● アクティブなシートの名前を取得する
```
Sub アクティブなシートを操作()
    Range("C2").Value = ActiveSheet.Name
End Sub
```

アクティブなシートの名前が表示される

Hint Sheetsプロパティで指定する

シートの指定は、Sheetsプロパティで行うこともできます。Sheetsプロパティは、ワークシートとグラフシートをひとまとめにして利用でき、インデックス番号もしくはシート名を引数に指定すると、該当ワークシートもしくはグラフシートを操作対象とします。

`Sheets("名古屋").Select`

Worksheetsプロパティよりも入力する際の文字数が少ないため、こちらを好んで利用する方もいます。ただし、Worksheetsプロパティの方が、「グラフシートではなく、ワークシートを操作する」という意図が明確になります。

Hint ブック内のシート数を数える

ブック内に複数のシートがある場合、その総数を知りたい場合があります。シート数は、「`Worksheets.Count`」と、Worksheetsプロパティに何も引数を指定せずに、`Count`プロパティを続けて記述します。
次のコードは、セルC3に総シート数を書き出します。

`Range("C3").Value = Worksheets.Count`

シート数をもとにして、シート名に番号を振ったり、新規のシートを追加する位置を調整したりする際に、知っておくと便利な仕組みです。
グラフシートまで含むシート数を知りたい場合は、Sheetsプロパティを使って次のようにコードを記述します。

`Range("C3").Value = Sheets.Count`

Worksheetsプロパティと同様に、Sheetsプロパティの引数を省略すると、全てのシートが操作対象になります。

Section 41 シートの名前を変更する

練習用ファイル　シート名を変更.xlsm

作業日や作業の進行状況がわかるようにシート名を設定したいという場合には、「マクロからシート名を変更する仕組み」があると便利です。手作業で変更するよりも手軽で、表記のゆれが少なくなります。特に既存のシートをコピーして使いまわす機会が多い場合には、覚えておくと便利でしょう。

ここで学ぶのは
- Nameプロパティ
- Date関数
- Format関数

1 アクティブなシートの名前を変更する

解説

シート名を扱うには、**Nameプロパティ**を利用します。扱うシートを指定し、**Nameプロパティの値に新たな名前を設定**すると、その値がそのままシート名に反映されます。

● シート名を変更する
```
Sub シート名を変更()
    ActiveSheet.Name = "古川_10月5日"
End Sub
```

実行前　　　　　　　　　　　実行後

アクティブなシートの名前が変更される

Memo 変更するシートをSheetsで指定する

グラフシートを含むブック内から任意のシートの名前を変更する場合は、**Sheetsプロパティ**を使用します。
```
Sheets(1).Name = "グラフ"
```

● シート名の変更 (Nameプロパティ)

書式	シート.**Name** = 新しい名前
説明	指定したシートの名前を変更します。

1枚目のシート名を「集計」に変更
```
Worksheets(1).Name = "集計"
```

2 シート数からシート名を作成する

解説

連番を付けてシート名を設定したい場合は、「`Worksheets.Count`」で得られるブック内の総シート数を利用します（135ページ参照）。
ここでは「`Worksheets.Count - 1`」と、総シート数から「1」をマイナスした値を使ってシート数に連番を付加しています。

● 総シート数からシートに連番を設定する

```
Sub 総シート数からシート名を付ける()
    ActiveSheet. _
        Name = "古川_" & Worksheets.Count - 1
End Sub
```

連番を付けたシート名が設定される

3 日付からシート名を作成する

解説

シート名に作業日などの日付を付加したい場合には、Date関数で得た実行時の日付を、Format関数で書式を整えて利用するのが簡単です。両関数の詳しい使い方に関しては、203ページを参照してください。

● 本日の日付をシート名に設定する

```
Sub 日付からシート名を付ける()
    ActiveSheet. _
        Name = "古川_" & Format(Date, "m月d日")
End Sub
```

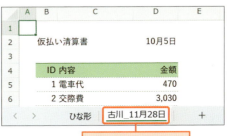

実行日の日付を加えた名前が設定される

Key word ＆演算子

「`&`」は、文字列や数値を連結する演算子です。「`&`」の前後の文字列や数値を1つに繋げた形にします。

> **Hint** 一部の記号などはシート名に使えない
>
> シート名には「：（コロン）」「￥（円記号）」「／（スラッシュ）」などの一部の記号は使用できません。シート名を空白にしたり、31文字以上の名前を付けることもできません。また、既存のシートと同じ名前も付けることはできません。この制限は、手作業でシート名を変更するときと同じです。このようなシート名をマクロから設定しようとした場合には、エラーメッセージが表示されます。

Section 42 シートを移動／コピーする

練習用ファイル シートの移動とコピー.xlsm

ブック内の特定のシートを先頭や末尾に移動したり、ひな形となるシートをコピーして適切な名前を付けるといった操作も、マクロを使えばボタンひとつで実行可能となります。シートの移動やコピーといった操作をマクロから行う方法を学習していきましょう。

ここで学ぶのは
- Moveメソッド
- Copyメソッド
- Nameプロパティ

1 指定した位置へシートを移動する

解説

シートを移動するには、Moveメソッドを利用します。操作対象のシートを指定し、Moveメソッドの引数に**移動の基準となるシート**を指定すると、そのシートの前もしくは後ろの位置へ移動します。
指定シートの前側に移動させたい際には引数Beforeを、後ろ側に移動させたい場合には引数Afterを指定します。シート名だけを指定した場合は、そのシートの前側に移動されます。

Memo 移動するシートをSheetsで指定する

グラフシートなどを基準シートにする場合は、「Sheets」を使って指定できます。
`After:=Sheets("グラフ")`

1枚目のワークシートの後ろに移動
```
ActiveSheet.Move _
    After:=Worksheets(1)
```

1枚目のワークシートの前に移動
```
ActiveSheet.Move _
    Worksheets(1)
```

● シートを移動する
```
Sub シートの移動()
    ActiveSheet.Move After:=Worksheets("支店B")
End Sub
```

実行前

アクティブなシートを移動する

実行後

「支店B」シートの後ろに移動される

● シートの移動 (Moveメソッド)

書式	シート.Move [Before][, After]		
引数	1	Before	基準となるシート。指定したシートの前に移動する(省略可)
	2	After	基準となるシート。指定したシートの後ろ移動する(省略可)
説明			引数BeforeもしくはAfterに移動の基準となるシートを指定します。2つの引数は、どちらかしか利用できません。引数を全て省略した場合には、対象シートのみからなる新規ブックが作成されます。

2 指定した位置へシートをコピーする

解説

シートをコピーするには、**Copy メソッド**を利用します。操作対象のシートを指定し、Copyメソッドの引数に**コピーの基準となるシート**を指定すると、そのシートの前もしくは後ろの位置へコピーされます。

引数Beforeと引数Afterを使った指定方法は、Moveメソッドと同じく、それぞれ「指定シートの前の位置にコピー」「指定シートの後ろの位置にコピー」という動作となります。

Memo 「先頭」と「末尾」の指定方法

先頭にシートを移動・コピーしたい場合は、引数Beforeを利用して、
`Before:=Worksheets(1)`
のように指定します。
末尾に移動・コピーしたい場合は、引数AfterとCountプロパティを組み合わせて、
`After:=Worksheets( _`
`  Worksheets.Count)`
のように指定します。

● シートをコピーする
```
Sub シートのコピー()
    ActiveSheet.Copy After:=Worksheets("支店B")
End Sub
```

実行前

アクティブなシートをコピーする

実行後

「支店B」シートの後ろにコピーされる

● シートのコピー（Copyメソッド）

書式	シート.**Copy** [Before][, After]
引数 1	**Before** 基準となるシート。指定したシートの前にコピーされる（省略可）
引数 2	**After** 基準となるシート。指定したシートの後ろコピーされる（省略可）
説明	引数BeforeもしくはAfterにコピー先の基準となるシートを指定します。2つの引数は、どちらかしか利用できません。引数を全て省略した場合には、対象シートのコピーのみからなる新規ブックが作成されます。

3 シートを末尾へコピーして名前を変更する

解説

コピーした直後は、Excelによって自動的にシート名が付けられます。シート名を変更するには、改めてコピーしたシートを指定し、**Nameプロパティ**の値を設定します。
例えば、末尾にコピーしたシートであれば、
`Worksheets(Worksheets.Count)`
で末尾のシート（コピーされたシート）を指定し、名前を設定します。

● 末尾にコピーして名前を変更する
```
Sub 末尾にコピーし名前を変更()
    ActiveSheet. _
      Copy After:=Worksheets(Worksheets.Count)
    Worksheets(Worksheets.Count).Name = "支店C"
End Sub
```

末尾にコピーされたシートの名前が変更される

Section 43 新規シートを追加する

練習用ファイル 📂 シートの追加.xlsm

新たなレポートを作成したり、フィルターの結果をシートごとに振り分けたりする際には、まず、新規のシートを追加するところから作業を始めることでしょう。新規のシートの追加方法と、初期状態のセット方法を学習していきましょう。

ここで学ぶのは
▶ Addメソッド
▶ メソッドの引数
▶ 戻り値

1 指定した位置にシートを新規追加する

解説

新規シートを追加するには、**Worksheetsプロパティ**に対して**Addメソッド**を利用します。引数BeforeもしくはAfterに、追加先の基準となるシートを指定可能です。シート名だけを指定した場合は、そのシートの前側に追加されます。

また、引数Countを指定すると、**指定した枚数の新規シートが追加**されます。引数Countを省略した場合には、1枚が追加されます。

新規追加したシートには「Sheet2」「Sheet3」などの連番が振られたシート名が自動的に付けられます。

1枚目のワークシートの後ろに追加
```
Worksheets.Add _
  After:=Worksheets(1)
```

1枚目のワークシートの前に3枚追加
```
Worksheets.Add _
  Worksheets(1),Count:=3
```

● 新規シートを追加する
```
Sub 新規シート追加()
    Worksheets.Add After:=Worksheets(1)
End Sub
```

実行前

実行後

新規シートが追加される

● シートの追加（Addメソッド）

書式		`Worksheets.Add [Before][, After][, Count]`
引数	1 Before	基準となるシート。指定したシートの前に追加される（省略可）
	2 After	基準となるシート。指定したシートの後ろに追加される（省略可）
	3 Count	追加するシート数（省略可）
説明		引数BeforeもしくはAfterに追加先の基準となるシートを指定します。2つの引数は、どちらかしか利用できません。引数をどちらも省略した場合には、アクティブシートの手前に新規ワークシートが追加されます。

2 新規追加したシートの名前や列幅などを設定する

解説

新規追加したシートの名前を設定したり、列幅やフォントなどを調整したい場合には、**Addメソッドの戻り値**が利用できます。

Addメソッドは、追加した新規シートを扱うWorksheetオブジェクトを戻り値とします。

Addメソッドに続いて、「**.Worksheetのプロパティ ＝ 値**」とコードを続けることで、そのまま追加されたシートに対する各種設定が可能となります。

サンプルでは、Withステートメントを利用して、Addメソッドの戻り値として返される新規シートに対して、「シート名」「1行目の高さ」「1列目の幅」の3つの要素を指定しています。

● シートを追加して、名前などを設定する

```
Sub 新規シートを追加して設定()
  With Worksheets.Add(After:=Worksheets(1))
    .Name = "東京"                    'シート名
    .Rows(1).RowHeight = 15           '1行目の行の高さ
    .Columns(1).ColumnWidth = 2       '1列目の列幅
  End With
End Sub
```

Addメソッドの引数をカッコで囲む

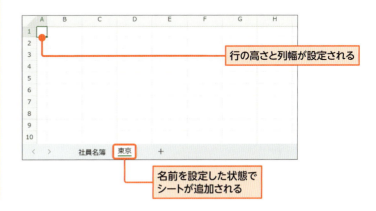

行の高さと列幅が設定される

名前を設定した状態でシートが追加される

Hint メソッドの引数をカッコで囲む場合がある

「ブックの先頭に新規シートを追加する」という操作をマクロから実行する場合、Addメソッドを使ったコードは次のようになります。

`Worksheets.Add Before:=Worksheets(1)`

それに対し、「ブックの先頭に新規シートを追加して『集計』と名前を変更」という操作のコードは次のようになります。

`Worksheets.Add(Before:=Worksheets(1)).Name = "集計"`

どちらもAddメソッドを使ったコードですが、2つ目は「Addメソッドの引数全体をカッコで囲っている」という違いがあります。

Addメソッドは処理を実行した結果として、追加されたシートのオブジェクトを取得できます。このように、メソッドなどの結果として取得される値やオブジェクトを**戻り値(もどりち)**と呼びます。

2つ目のコードは、「Addメソッドの戻り値をその後のコードに利用している」ため、引数全体をカッコで囲んでいるのです。それに対して1つ目のコードは「ただ追加するだけ」なので、特にカッコは必要ありません。少々わかりにくいかもしれませんが「**戻り値を利用する場合には引数全体をカッコで囲む**」というルールがあることを頭に入れておきましょう。

Section 44 シートを削除する

練習用ファイル 📁 シートの削除.xlsm

ここで学ぶのは
- Deleteメソッド
- DisplayAlertプロパティ
- SelectedSheetsプロパティ

不必要になったシートを削除する作業もマクロであればスムーズに実行可能です。また、通常のシートの「削除」を行う操作では、確認メッセージが表示されます。この確認メッセージを表示させずに削除する方法も学習していきましょう。

1 指定したシートを削除する

解説

シートを削除するには、**シートを指定してDeleteメソッドを実行**します。
Deleteメソッドを実行すると、通常の操作時と同じく、本当にシートを削除してもよいのかを尋ねる確認ダイアログが表示されます。[削除]をクリックすればそのままシートは削除され、[キャンセル]をクリックすればシートの削除を取りやめます。

● アクティブシートを削除する

```
Sub シートの削除()
    ActiveSheet.Delete
End Sub
```

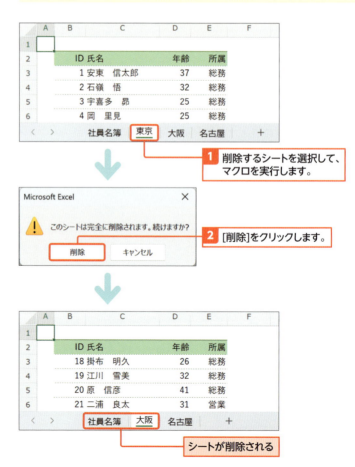

1 削除するシートを選択して、マクロを実行します。

2 [削除]をクリックします。

シートが削除される

● シートの削除（Deleteメソッド）

書式	シート.**Delete**
説明	操作対象のシートを削除します。

2 確認ダイアログを表示せずにシートを削除する

解説

確認ダイアログを表示させずにシートを削除するには、**Application**オブジェクトの**DisplayAlerts**プロパティを利用します。**DisplayAlertsプロパティに「False」を指定**すると、一時的に確認ダイアログの表示がオフになります。この状態では、通常では確認ダイアログが表示される操作も確認を飛ばして処理されます。なお、処理が終わったら、DisplayAlertsプロパティに「True」を指定し、設定を元に戻しておきましょう。

 Trueでオン、Falseでオフ

「オン/オフ」の設定を切り替えるようなプロパティの多くは、「Trueがオン」「Falseがオフ」にそれぞれ対応しています。

● 確認ダイアログを表示せずにシート削除する

```
Sub 確認ダイアログを表示せずにシートを削除()
    Application.DisplayAlerts = False   '無効化
    ActiveSheet.Delete
    Application.DisplayAlerts = True    '有効化
End Sub
```

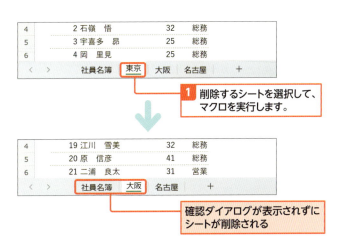

1 削除するシートを選択して、マクロを実行します。

確認ダイアログが表示されずにシートが削除される

● 確認ダイアログの表示設定の切り替え（DisplayAlertsプロパティ）

書式	**Application.DisplayAlerts = True/False**
説明	Trueを指定すると表示設定がオンになり、確認ダイアログが表示されます。Falseを指定すると表示設定がオフになります。

Hint 作業グループ選択時にまとめて削除する

Excelでは、Shiftキーや Ctrlキーを押しながらシートタブをクリックすると、複数のシートをまとめて「作業グループ選択」状態として扱えます。
この場合、アクティブなウィンドウの作業グループのシートをまとめて削除するには、次のようにコードを記述します。

`ActiveWindow.SelectedSheets.Delete`

SelectedSheetsプロパティを使うことで、作業グループをまとめて操作対象として指定可能となります。あとは、Deleteメソッドを使えばまとめて削除できるというわけです。

Section 45

実践 シートを6か月分コピーする

練習用ファイル 📁 ひな形を指定月分コピー.xlsm

月ごとに集計を行う作業などでは、ひな形となるシートを用意しておくことがよくあります。ひな形シートを6か月分コピーする処理を作成してみましょう。複数枚のシートをコピーした際には、それぞれの名前の変更などの処理が必要ですが、マクロを使えばそれも簡単になります。

ここで学ぶのは
- Copyメソッド
- Nameプロパティ
- ひな形シートのコピー

1 まずは1枚のシートをコピーする

解説

ひな形となるシートをもとに、6枚のシートを作成するマクロを作成してみましょう。まずは、1枚のシートでの処理から作成し、うまくいったところで6枚分に拡張していくこととします。Copyメソッドで「ひな形」シートをブックの末尾にコピーし、Date関数とFormat関数で実行時の日時をもとに「2025年10月」などの形式の文字列を作成し、Nameプロパティを使ってシート名に設定し、さらにRangeプロパティとValueプロパティを使ってセルへと値を入力すれば完成です。

Keyword: Date関数 Format関数

Dateは実行時の日付を返す関数、Formatは「セルの書式設定」機能のように、値に対して各種の書式を適用した結果を返す関数です。詳しい使い方は203ページを参照してください。

●シートを1枚コピーする

```
Sub ひな形をコピー()
    '「ひな形」シートを末尾にコピー
    Worksheets("ひな形").Copy _
        After:=Worksheets(Worksheets.Count)
    'コピーしたシートのシート名とセルE2の値を変更
    With Worksheets(Worksheets.Count)
        .Name = Format(Date, "yyyy年m月")
        .Range("E2").Value = .Name
    End With
End Sub
```

実行時の日付に応じてシート名を作成してコピーしたシートに設定する

実行前

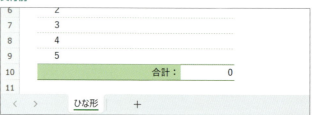

実行後

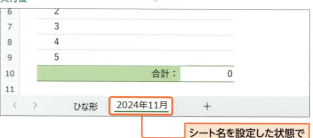

シート名を設定した状態でシートがコピーされる

2 6枚まとめてコピーできるように処理を拡張する

解説

1枚のシートをコピーする処理を繰り返して、6か月分をまとめて追加できるようにしましょう。マクロ内で同じ処理を繰り返して実行するには、For Nextステートメントを使用します(232ページ参照)。

コピー処理ごとに、マクロ実行時の日付と繰り返し数に応じて、DateAdd関数を使って「実行時の○か月後」の日付を計算し、シート名を作成しています。

● 6か月分のシートをコピーする

```
Sub ひな形をコピー_2()
    '2枚目～7枚目のシート名を変更し、セルE2に月を表示
    Dim i As Long, shtName As String
    For i = 2 To 7
        '「ひな形」シートを末尾にコピー
        Worksheets("ひな形").Copy _
            After:=Worksheets(Worksheets.Count)
        'シート名を作成し、シート名とセルE2に設定
        shtName = Format( _
            DateAdd("m", i - 2, Date), "yy年m月")
        With Worksheets(i)
            .Range("E2").Value = shtName
            .Name = shtName
        End With
    Next
End Sub
```

現在の日付をもとに当月～5か月後のシート名を作成する

Key word DateAdd関数

DateAddは日付の計算に便利な関数です。「○日後」「○か月後」などの計算を、月末日や年数を繰り上げて計算してくれます。詳しくは205ページを参照してください。

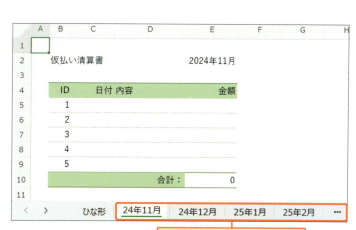

6か月分のシートがコピーされる

Hint For Nextステートメントを使った繰り返し処理

マクロ内で同じ処理を繰り返し実行する場合は、For Nextステートメントを利用します。For Nextステートメントは、「For」から「Next」の間に記述されたコードの処理を、指定回数分だけ繰り返し実行します。

For Nextステートメントは、ここで紹介したサンプルのように、複数のシートを用意した場合と非常に相性のよい仕組みです。For Nextステートメントについては、232ページで詳しく説明いたします。そちらを読んでから、再びこのページに戻ってマクロの内容を再確認してみてください。

Column　シートを印刷する

特定のシートを印刷する操作をマクロで自動化するには、シートを指定してPrintOutメソッドを実行します。以下のコードは、アクティブなシートを印刷します。

```
ActiveSheet.PrintOut
```

印刷の際の設定は、Excel画面上から[ファイル]→[印刷]などで設定した項目が反映されます。あらかじめ設定しておき、印刷ボタンを押すだけの感覚で利用していきましょう。

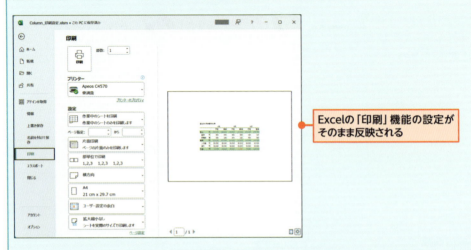

Excelの「印刷」機能の設定がそのまま反映される

また、PrintPreviewメソッドを利用すると、画面上で印刷時のイメージを確認し、各種の印刷設定を行うための専用画面である「印刷プレビュー」画面を表示します。以下のコードは、アクティブなシートを「印刷プレビュー」画面に表示します。

```
ActiveSheet.PrintPreview
```

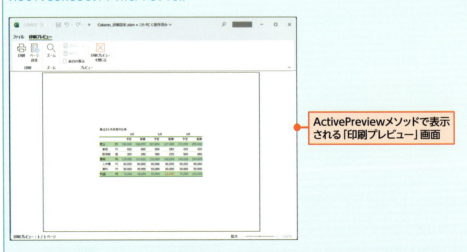

ActivePreviewメソッドで表示される「印刷プレビュー」画面

Excelでの印刷は、プリンターが変わったり、ExcelやOSのバージョンが変わったりといった要因で、結果が微妙に変わってくることも間々あります。いったんプレビューで確認し、手作業できっちりと微調整してから印刷をしたい場合には、こちらの仕組みも利用していきましょう。

第 **7** 章

ワークブックを
操作する

この章では、ブックを操作する方法をご紹介します。複数のブック間をまたいだデータの集計や分析作業が劇的に楽になります。まずは、新規ブックを作成・保存する方法や、既存のブックを開いたり閉じたりする方法から、学習していきましょう。

Section 46 ▶ 操作するブックを指定する

Section 47 ▶ 新規ブックを追加する

Section 48 ▶ ブックを保存する

Section 49 ▶ ブックを閉じる

Section 50 ▶ ブックのパスを取得する

Section 51 ▶ ブックを開く

Section 52 ▶ 実践 関連するブックを一気に開く

Section 46 操作するブックを指定する

練習用ファイル 📁 操作するブックを指定.xlsm、集計用.xlsx

ここで学ぶのは
- Worksbooksプロパティ
- ActiveWorkbookプロパティ
- ThisWorkbookプロパティ

マクロを使ってブック単位で操作ができるようになると、必要なブックを一括して開いたり、バックアップを取ったりという作業が非常に楽になります。まずは、「マクロで操作対象のブックを指定する方法」から学習していきましょう。

1 操作対象のブックを指定する

解説

操作するブックを指定するには、**Workbooksプロパティ**の引数に、**インデックス番号もしくはブック名**を指定します。すると、引数に応じたブックを扱うためのWorkbookオブジェクトが操作対象として指定されます。その後、Workbookオブジェクトに用意されている各種のプロパティやメソッドを使って、指定したブックに対する操作を行っていきます。インデックス番号は、マクロ実行時点で、1番最初に開いていたブックが「1」となり、以降、連番が振られます。ブック名を指定する場合には、拡張子まで含めて指定します。また、操作対象とするブックが開いていない場合はエラーとなります。「**集計用.xlsx**」**を開いた状態で実行**してください。

Keyword Activateメソッド

ブックを指定してActivateメソッドを実行すると、指定したブックがアクティブになり、画面の最前面へと表示されます。

1番最初に開いたブックを指定

```
Workbooks(1).Activate
```

● 操作対象のブックを指定する

```
Sub 操作するブックを指定()
    Workbooks("集計用.xlsx").Activate
End Sub
```

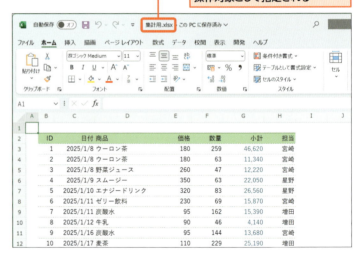

「集計用.xlsx」が前面に表示されて操作対象として指定される

● ブックの指定（Workbooksプロパティ）

書式	Workbooks(Index)	
引数	1 Index	インデックス番号／ブック名
説明	操作対象にするワークブックを、インデックス番号もしくはブック名で指定します。	

2 アクティブなブックを操作する

解説

アクティブなブックを操作対象として指定するには、**ActiveWorkbook**プロパティを利用します。アクティブなブックの名前や各種情報を取得したり、ブック内の任意のシートを操作するための、入り口となるプロパティと言えます。

● アクティブなブックを操作する

```
Sub アクティブなブックを操作()
    Range("C2").Value = ActiveWorkbook.Name
    Range("C3").Value = _
        ActiveWorkbook.Worksheets.Count
End Sub
```

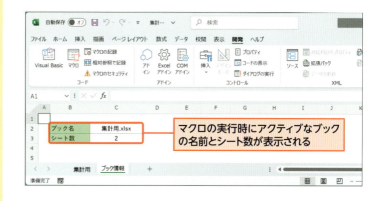

マクロの実行時にアクティブなブックの名前とシート数が表示される

3 マクロが記述されているブックを操作する

解説

マクロの記述してあるブックを操作対象として指定するには、**ThisWorkbook**プロパティを利用します。

Keyword　Pathプロパティ

ブックを指定してPathプロパティ（156ページを参照）を取得すると、指定したブックが保存されているフォルダーのパスを取得することができます。

● マクロが記述されているブックを操作する

```
Sub マクロの記述してあるブックを操作()
    MsgBox ThisWorkbook.Path
End Sub
```

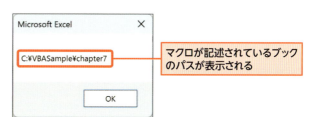

マクロが記述されているブックのパスが表示される

 Hint　MsgBox関数でメッセージを表示する

サンプル内で使用した`MsgBox`関数は、引数に指定した値をダイアログ表示する関数です。サンプルのようにプロパティの値を表示したり、「`MsgBox "VBA"`」の形式で任意の文字列の表示も可能です。

Section 47 新規ブックを追加する

練習用ファイル 📁 新規ブックを追加.xlsm

ここで学ぶのは
- Workbooksコレクション
- Addメソッド
- SaveAsメソッド

特定のブックに保存してあるデータを新規の別のブックへと振り分けたい場合や、逆に複数のブックのデータを新規のブックへと集計したいときなど、新規ブックを追加してから処理を行いたい場合があります。マクロから新規のブックを作成する方法を学習していきましょう。

1 新規のブックを追加する

解説

新規ブックを追加するには、WorkbooksコレクションのAddメソッドを利用します。
すると、新規ブックが追加され、画面の最前面へと表示されます（アクティブになります）。

Memo Addのメソッドの戻り値

Workbooksコレクションだけでなく、その他のコレクションもAddメソッドの戻り値として、「追加したもの（オブジェクト）」を返す場合が多くあります。
例えば、シートの新規追加時に利用するWorksheetsコレクションのAddメソッドも、戻り値として新規追加したシート（Worksheetオブジェクト）を返します。次のコードは、新規シートを追加し、戻り値を使ってシート名を「東京集計」に変更します。
```
Worksheets. _
  Add.Name = "東京集計"
```
その他のコレクションに関しても「Addメソッドの戻り値で新規オブジェクトを操作できる」という仕組みを意識しておくと、コードを書く際に役に立つでしょう。

● 新規ブックを追加する
```
Sub 新規ブックを作成()
    Workbooks.Add
End Sub
```

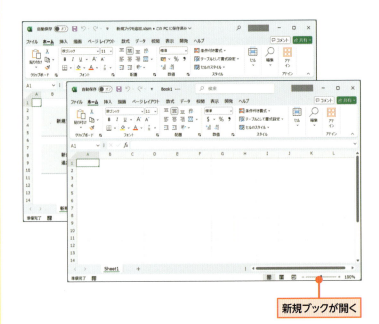

新規ブックが開く

● ブックの追加（Addメソッド）

書式	Workbooks.Add
説明	新規ブックを追加します。

2 追加したブックを操作する

解説

Addメソッドは、新規追加したブックを戻り値とします。この戻り値を利用すると、**新規追加したブックに対する操作を続けて記述可能**となります。

サンプルでは新規ブックを追加し、ブックを保存するSaveAsメソッド（152ページ参照）を使って保存し、さらに、1枚目のシートのセルB2に値を入力しています。

●ブックを追加してそのまま操作する

```
Sub 新規ブックを追加して操作()
    With Workbooks.Add
        .SaveAs ThisWorkbook.Path & "¥保存用.xlsx"
        .Worksheets(1).Range("B2").Value = "Hello!"
    End With
End Sub
```

Addメソッドでブックを追加する

Addメソッドの戻り値を使用して追加したブックを操作する

新規ブック「保存用.xlsx」が追加されて、マクロを記述したブックと同じフォルダーに保存される

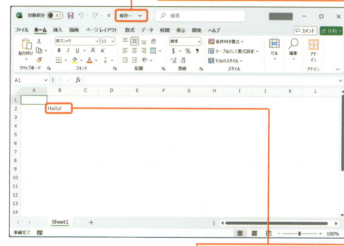

1枚目のワークシートのセルB2に「Hello!」と入力される

Memo 「&」でパスを連結する

「ThisWorkbook.Path」で、マクロの記述されたブックのファイルパスを取得することができます。ここでは、文字列を連結する「&」演算子を利用して、取得したパスと追加したブックのファイル名を連結した状態で、SaveAsメソッドの引数に指定しています。こうすることで、マクロを記述したブックと同じフォルダーに、追加したブックが保存されるようになります。

Hint 何かを追加する際には「コレクションにAdd」が基本

「新規ブックを追加」「新規シートを追加」など、何かの要素を「追加」するときには、基本的に、「**コレクションにAdd**」というルールで行います。

コレクションとは、同じ種類のオブジェクトをまとめて扱う仕組みです。ブックであれば、個々のブックは「Workbook」オブジェクトとして扱い、そのコレクションはWorkbookの末尾に複数形の「s」を付けた「Workbooks」コレクションとなります。

多くの場合、コレクションと同名のプロパティを使って操作対象を指定することができます。単に「`Workbooks`」と書いた場合は操作対象は「Workbooksコレクション（全てのブック）」となり、「`Workbooks(1)`」と書いた場合は、操作対象は「Workbookオブジェクト（1番目に開いたブック）」となります。

Section 48 ブックを保存する

練習用ファイル 📁 ブックを保存.xlsm

ここで学ぶのは
- SaveAsメソッド
- Saveメソッド
- SaveCopyAsメソッド

「新しく作成したブックを保存する」「既存のブックを別名で保存する」「作業中のブックのバックアップを取る」など、いろいろなシーンでブックの保存を行います。保存処理をマクロで行うと、正確なフォルダー内に、決まったルールに沿った名前で保存するのが簡単になります。

1 ブックに名前を付けて保存する

解説

名前を付けてブックを保存するには、WorkbookオブジェクトのSaveAsメソッドを利用します。サンプルでは、新規作成したブックを、「C:¥Excel¥vba」フォルダー内に「集計用.xlsx」という名前で保存しています。

SaveAsメソッドの引数には、保存する場所のパス情報を含む形でブック名を指定します。単に「"集計用.xlsx"」のようにブック名のみを指定した場合は、カレントフォルダー内に保存されます。「"C:¥Excel¥VBA¥集計用.xlsx"」のようにフォルダーのパスも含めて指定した場合は、指定したフォルダー内にブックが保存されます。フォルダーを追加したうえで実行してください。

 Keyword カレントフォルダー

カレントフォルダーは、現在作業中のフォルダーを意味します。メニューからファイルを保存する際に、保存先として最初に表示されるのがカレントフォルダーです。「MsgBox CurDir」とすれば、カレントフォルダーを確認することができます。

アクティブなブックをカレントフォルダーに保存
```
ActiveWorkbook. _
    SaveAs "集計用.xlsx"
```

● ブックに名前を付けて保存する
```
Sub 新規ブックを保存()
    Workbooks.Add.SaveAs "C:¥Excel¥VBA¥集計用.xlsx"
End Sub
```

指定されたフォルダー内に名前を付けてブックが保存される

● ブックの保存（SaveAsメソッド）

書式	保存したいブック.**SaveAs** [**Filename**]
引数	1 **Filename** ブックのファイル名。パスを含めることも可能(省略可)
説明	引数Filenameにはファイル名を指定します。パスを含めて指定した場合はそのフォルダー内に、パスを含めない場合はカレントフォルダーに保存されます。引数を省略した場合は「Book1.xlsx」などの名前でカレントフォルダーに保存されます。保存先に同名のファイルが存在する場合は、確認ダイアログが表示されます。

2 ブックを上書き保存する

解説

既に一度保存してあるブックを上書き保存するには、**ブックを指定してSaveメソッドを実行**します。

他のマクロでブック内を操作し、その結果を保存して確定したい場合には、処理の最後にこのSaveメソッドを使いましょう。

● ブックを上書き保存する

```
Sub アクティブなブックを上書き保存()
    ActiveWorkbook.Save
End Sub
```

● ブックの上書き保存 (Saveメソッド)

書式	保存したいブック.**Save**
説明	ブックを上書き保存します。

3 ブックを複製して保存する

解説

ブックを指定してSaveCopyAsメソッドを実行すると、**指定したブックのコピーを別途保存できます**。引数に指定するブックのファイル名は、SaveAsメソッドと同じように指定します。

ここでは、「集計用.xlsx」からサンプルブック（ブックを保存.xlsm）に保存されたマクロを実行しています。両方のブックを開いた状態で実行してください。

Memo 日付からファイル名を作成する

バックアップとしてファイルを保存する際には、連番を振ったり、日付の情報をもとにファイル名を工夫するなどさまざまな運用が考えられます。サンプルでは、アクティブなワークブックを複製し、同じフォルダー内に実行日の日付がわかる8桁の数値を付加して別途保存しています。

SaveCopyAsメソッドの引数Filenameには、Split関数とFormat関数を使って、もとのファイル名に実行時の日付を加えた名前を指定しています。なお、マクロ内で使用しているFullNameプロパティは、フォルダーのパスを含めたファイル名を取得することができます。少し難しいですが、パターンとして覚えてしまいましょう。

● ブックを複製して保存する

```
Sub バックアップを保存()
  With ActiveWorkbook
    .SaveCopyAs Split(.FullName, ".")(0) & _
    Format(Date, "_yyyymmdd.xlsx")
  End With
End Sub
```

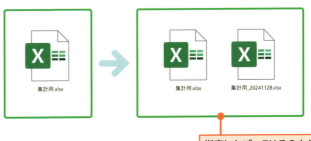

指定したブックはそのままに、コピーしたブックが保存される

● ブックの複製を保存 (SaveCopyAsメソッド)

書式	保存したいブック.**SaveCopyAs** **[Filename]**	
引数	1 **Filename**	ブックのファイル名。パスを含めることも可能（省略可）
説明	引数Filenameにはファイル名を指定します。パスを含めて指定した場合はそのフォルダー内に、パスを含めない場合はカレントフォルダーに保存されます。	

Section 49 ブックを閉じる

練習用ファイル 📁 ブックを閉じる.xlsm、集計用.xlsx

ここで学ぶのは
- Closeメソッド
- SaveChanges
- 確認ダイアログ

開いておく必要のなくなったブックは、すみやかに閉じておきたいものです。「ブックを閉じる操作」もマクロから制御可能です。また、ブックの内容に変更がある場合は確認ダイアログが表示されますが、このダイアログ表示をさせずにブックを閉じる方法も学習していきましょう。

1 開いているブックを閉じる

解説

開いているブックを閉じるには、WorkbookオブジェクトのCloseメソッドを利用します。サンプルでは、アクティブなブックを閉じています。
ここでは、「集計用.xlsx」から、サンプルブック（ブックを閉じる.xlsm）に保存されたマクロを実行しています。両方のブックを開いた状態で実行してください。

Memo 確認ダイアログの動作

Closeメソッドで閉じようとしているブックの内容に変更があった場合は、上書き保存するかどうかの確認ダイアログが表示されます。
［保存］をクリックした場合は、指定ブックが上書き保存された後、閉じられます。［保存しない］をクリックした場合は、指定ブックは変更を保存せずに閉じられます。［キャンセル］をクリックした場合は、ブックを閉じる処理自体をキャンセルします。

● アクティブなブックを閉じる

```
Sub ブックを閉じる()
    ActiveWorkbook.Close
End Sub
```

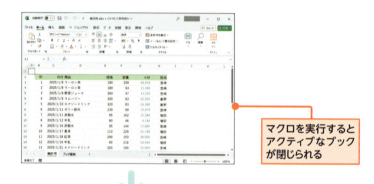

マクロを実行するとアクティブなブックが閉じられる

データに変更がある場合は、確認ダイアログが表示される

● ブックを閉じる（Closeメソッド）

書式	閉じたいブック.Close ［SaveChanges］
引数	1　SaveChanges　変更時の確認設定（省略可）
説明	引数SaveChangesにTrueを指定すると、ブック内に変更がある場合、自動的に上書き保存してからブックを閉じます。Falseを指定すると、変更を上書き保存せずにそのまま閉じます。

2 変更の確認を行わずに閉じる

解説

ブックの内容に変更がある場合でも、変更を保存せずに閉じてしまいたい場合には、**Close**メソッドの引数**SaveChanges**に**False**を指定して実行します。

● 内容に変更がある場合も保存せずに閉じる

```
Sub 上書き保存せずにブックを閉じる()
    ActiveWorkbook.Close SaveChanges:=False
End Sub
```

3 必ず上書きしてから閉じる

解説

ブックに変更がある場合に必ず上書き保存してから閉じるには、指定ブックをCloseメソッドで閉じる際、引数SaveChangesにTrueを指定して実行します。すると、上書き保存ダイアログを表示せずに上書き保存したうえでブックを閉じます。

● 必ず上書き保存してから閉じる

```
Sub 上書き保存してから閉じる()
    ACtiveWorkbook.Close SaveChanges:=True
End Sub
```

Hint ブックの内容に変更があるかどうかを知るには

Workbookオブジェクトの Saved プロパティを利用すると、指定ブックに変更があるかどうか、そして保存されているかどうかを「True」「False」の戻り値で知ることが可能です。戻り値が「True」の場合は「変更されていない、もしくは変更は既に保存されている状態」、「False」の場合は「変更があり、保存されていない状態」です。
次のコードは、アクティブなブックの変更の有無を、MsgBox関数を使ってダイアログ表示します。

`MsgBox "変更：" & ActiveWorkbook.Saved`

変更の有無を確認することができる

Hint 全てのブックを閉じる

現在開いている全てのブックを閉じるには、「`Workbooks.Close`」のように、Workbooksコレクションに引数を指定しないでCloseメソッドを実行します。

Section 50 ブックのパスを取得する

練習用ファイル 📁 ブックのパスを取得.xlsm、集計用.xlsx

「作業中のブックと同じフォルダー内にバックアップ用のファイルを保存したい」というようなケースはよくあります。このような場合には、作業中のブックのファイルパスをマクロで取得し、そのパスを使って保存先のフォルダーやファイル名を決める仕組みを作っておくと便利です。

ここで学ぶのは

▶ Pathプロパティ
▶ FullNameプロパティ
▶ Nameプロパティ

1 ブックが保存されているフォルダーへのパスを取得する

解説

特定のブックのパス情報を知りたい場合には、Pathプロパティ、FullNameプロパティ、Nameプロパティを利用できます。
Pathプロパティは、ブックが保存されているフォルダーまでのパス文字列を取得できます。FullNameプロパティは、ブック名まで含むパス文字列を取得できます。Nameプロパティは、ブック名を取得できます。
ここでは、「C:¥Excel¥VBA」フォルダーに保存された「集計用.xlsx」から、サンプルブック（ブックのパスを取得.xlsm）に保存されたマクロを実行しています。マクロの実行結果は、「ブックのパスを取得.xlsm」のシートに表示されます。両方のブックを開いた状態で実行してください。

● ブックのパスを取得する

```
Sub パス情報を知る()
  With ThisWorkbook.Worksheets(1)
    .Range("C2").Value = ActiveWorkbook.Path
    .Range("C3").Value = ActiveWorkbook.FullName
    .Range("C4").Value = ActiveWorkbook.Name
  End With
End Sub
```

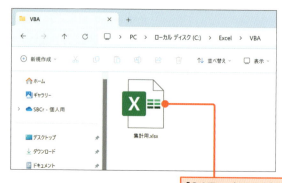

「C:¥Excel¥VBA」フォルダー内に保存されている「集計用.xlsx」ブック

パスやファイル名の情報が表示される

Memo クラウドに保存している場合には

OneDriveなどのクラウドサービスにブックを保存している場合、パス情報が「https://…」とURI形式で表示されます。この場合の対処方法は、164ページのColumnを参照してください。

Memo パスが存在しない場合

新規追加後、一度も保存していないブックはパス情報が存在していません。そのため、Pathプロパティの戻り値は「""（空白文字列）」となります。

● パスを取得（Pathプロパティ）

書式	対象ブック.`Path`
説明	指定したブックのパスを取得します（ファイル名は含みません）。

● パスを含むファイル名を取得（FullNameプロパティ）

書式	対象ブック.`FullName`
説明	指定したブックのパスを含むファイル名を取得します。

● ファイル名を取得（Nameプロパティ）

書式	対象ブック.`Name`
説明	指定したブックのファイル名を取得します（パスは含みません）。

2 拡張子を除いたブック名を取得する

解説

あるブックのバックアップを取る場合には、拡張子を除いたブック名をもとに、そこから「集計_1」「集計_2」などの枝番号を付けて保存したいケースがあります。
このような場合には、**Nameプロパティで得たファイル名から拡張子部分を取り除いた値**を利用しましょう。いろいろと方法はありますが、サンプルでは、Split関数を利用して、「ファイル名を『.(ピリオド)』を区切り文字として前後に分け、前の部分を利用する」という方法を取っています。

`Split(対象ブック.Name, ".")(0)`

● ブック名だけを取得する

```
Sub 拡張子を除いた部分を取得()
    ThisWorkbook.Worksheets(1).Range("C6"). _
        Value = Split(ActiveWorkbook.Name, ".")(0)
End Sub
```

拡張子を除いたブック名だけが表示される

Hint パスに文字列を繋げて利用する

作業中のブックと同じフォルダー内に「バックアップ用」などのバックアップ専用フォルダーを作成し、その中に日々の作業状態を残したブックを保存したい場合があります。
この場合、保存するフォルダーへのパスは、対象ブックのPathプロパティで得たパスに、「¥バックアップ用¥」などの文字列を「&」演算子で繋げれば取得することができます。

`ActiveWorkbook.Path & "¥バックアップ用¥"`

さらに、バックアップ用のファイル名を繋げてSaveCopyAsメソッドなどで保存すれば、手軽かつ確実に指定フォルダー内にブックのコピーを保存できます。

Section 51 ブックを開く

練習用ファイル 📂 ブックを開く.xlsm、集計用.xlsx

ここで学ぶのは
- Openメソッド
- Pathプロパティ
- 相対的なパス

複数の担当者から送られてくる既存のブックを開き、その内容を1つのブックへと集約したい、そんな処理を自動化する際にまず押さえておきたいのがブックの開き方です。開いたブックに対する操作はどうすればいいのかとあわせ、その方法を学習していきましょう。

1 ファイル名を指定してブックを開く

解説

任意のブックを開くには、WorkbooksコレクションのOpenメソッドを利用します。
Openメソッドの引数には、**開きたいブックのパス文字列**を指定します。サンプルでは「C:¥Excel¥VBA」フォルダー内にある「集計用.xlsx」を、「C:¥Excel¥VBA¥集計用.xlsx」というパス文字列を引数に渡して開いています。

● ブックを開く
```
Sub ブックを開く()
    Workbooks.Open "C:¥Excel¥VBA¥集計用.xlsx"
End Sub
```

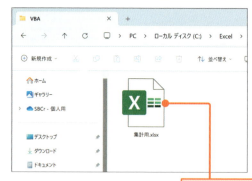

「C:¥Excel¥VBA」フォルダー内に保存されている「集計用.xlsx」ブック

Memo ブックが存在しないとエラーになる

Openメソッドに指定したブックが存在しない場合はエラーになります。マクロを実行する際は、「C:¥Excel¥VBA」フォルダーに「集計用.xlsx」を保存した状態でマクロを実行してください。

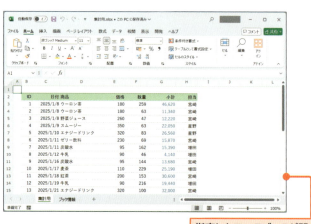

指定したワークブックが開かれる

Memo	既にブックが開いている場合は？

指定したブックが既に開いている場合は、そのブックがアクティブになります。

● ブックを開く（Openメソッド）

書式	`Workbooks.Open Filename`	
引数	1 `Filename`	開きたいブックのファイル名
説明	引数Filenameには開きたいブックのファイル名を指定します。ファイル名にパスを含めない場合は、カレントフォルダー内のファイルを開きます。	

2 相対的なパスをもとにブックを開く

解説

ファイルパスを作成するのが面倒であったり、保存場所の変更が考えられる場合には、特定ブックのPathプロパティを使い、**「特定ブックと同じフォルダー内にあるブック」**としてファイルパスを指定する方法がお手軽です。

サンプルでは、マクロを記述してあるブックが保存されているフォルダーのパス文字列を取得し、そこからさらに「￥集計用.xlsx」というパス文字列を繋げることで、同一フォルダー内の「集計用.xlsx」を開いています。

● 指定ブックと同じフォルダー内のブックを開く

```
Sub 同じフォルダー内のブックを開く()
    Workbooks.Open _
        ThisWorkbook.Path & "￥集計用.xlsx"
End Sub
```

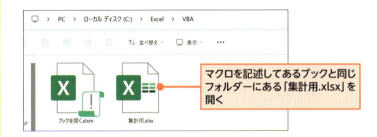

マクロを記述してあるブックと同じフォルダーにある「集計用.xlsx」を開く

3 開いたブックを操作する

解説

Openメソッドは、戻り値として**開いたブックのWorkbookオブジェクト**を取得することができます。この戻り値を利用すると、開いたブックに対する操作を続けて記述できます。

戻り値を利用して操作を記述したい場合には、Openメソッドの引数全体をカッコで囲い、そのカッコの後ろに「.（ドット）プロパティ名/メソッド名」と、Workbookオブジェクトの各種プロパティやメソッドを記述していきましょう。

● 開いたブックを操作する

```
Sub 開いたブックを操作する()
    With Workbooks.Open( _
        ThisWorkbook.Path & "￥集計用.xlsx")
        .Worksheets(1). _
            Range("B2").CurrentRegion.Copy
    End With
End Sub
```

開いたブック

開いたブックに対する操作

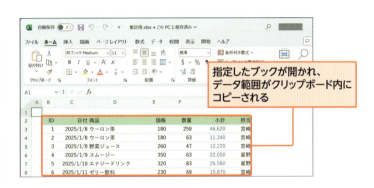

指定したブックが開かれ、データ範囲がクリップボード内にコピーされる

4 変数を使って開いたブックを操作する

解説

マクロでブックを開いた場合、その後に続けて開いたブックを操作するケースが多いでしょう。この場合、変数の仕組み（186ページ参照）を利用すると操作が簡単になります。サンプルでは「bk」という名前の変数を用意し、Openメソッドでブックを開く際、そのブックを変数bkにセットしています。すると、以降は変数bkを通じて開いたブックを操作できるようになります。

サンプルでは変数bkを通じて「集計用.xlsx」の1枚目のシートのデータをコピーし、その後、閉じています。変数の仕組みを覚えたら、ぜひ使ってみてください。

● 変数を使って開いたブックを操作する

```
Sub 変数を使って開いたブックを操作する()
  'ブックを扱う変数を用意する
  Dim bk As Workbook
  '変数に開いたブックを格納する
  Set bk = Workbooks.Open( _
    ThisWorkbook.Path & "¥集計用.xlsx")
  '変数を通じて開いたブックの内容をコピー
  bk.Worksheets(1).Range("B2"). _
    CurrentRegion.Copy _
    ThisWorkbook.Worksheets(2).Range("A1")
  '変数を通じて開いたブックを閉じる
  bk.Close
End Sub
```

マクロが記述されたブックと同じフォルダーに「集計用.xlsx」を保存しておく

変数「bk」を通じて開いたブックの内容をコピーする。開いたブックは閉じる

Memo Addメソッドで新規ブックも扱える

変数の仕組みは、新規ブックを作成するAddメソッドと組み合わせることも可能です。

```
Set 変数 = Workbooks.Add
```

とすれば、以降は変数を通じて新規ブックを操作できます。

● 変数を使ってブックを操作するときのパターン

書式	`Dim 変数 As Workbook` `Set 変数 = Workbooks.Open(ブックのパス)`
説明	Openメソッドでブックを開く際、Setステートメントを組み合わせて変数にセットすると、以降は変数を通じてブックを操作できるようになります。

Hint オブジェクトブラウザーでプロパティやメソッドを調べる

VBE画面のメニューより[表示]→[オブジェクトブラウザー]を選択して表示される**オブジェクトブラウザー**からは、プロパティやメソッドの詳しい情報が調べられます。

オブジェクトブラウザーは、言ってみれば「VBA用検索エンジン」です。[検索テキスト]ボックスに検索したい単語を入力して[検索]ボタンを押すと、検索結果がリスト表示されます。Googleなどで検索ワードを入力すると、ヒットしたWebページがリスト表示されるのに似ていますね。

表示されたリスト項目を選ぶと、左側の「クラス」欄には選んだ項目のオブジェクト名が、右側にはそのオブジェクトの持つプロパティやメソッドのリストが表示され、リスト項目に該当するものが自動選択されます。

この状態で下端を見てみると、そのプロパティやメソッドの持つ引数が表示されます。ここから名前付き引数名や引数の数、指定順などが確認できるわけですね。

マクロの記録機能などで知ったプロパティやメソッドの、さらに詳細な引数の情報を知りたい場合や、特定のオブジェクトに用意されているプロパティやメソッドの一覧を知りたい場合に、非常に役に立つ仕組みです。VBAに慣れてきて、より詳しい情報が必要になってきたら、活用していきましょう。

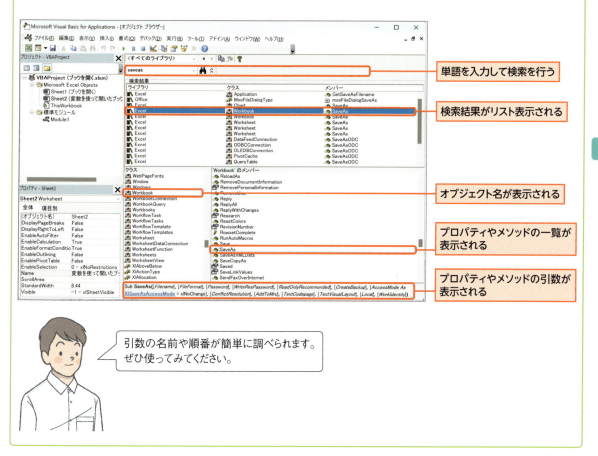

引数の名前や順番が簡単に調べられます。
ぜひ使ってみてください。

Section 52

実践 関連するブックを一気に開く

練習用ファイル 📒 関連ブックを一気に開く.xlsm

1日の作業開始時に、業務に使用するブックを一気に開いてしまうマクロを作成しましょう。同じフォルダー内にあるブック、異なるフォルダー内にあるブック、そして、読み取りパスワードがかけられているブックを、マクロひとつで全て開いていきます。

ここで学ぶのは
- Openメソッド
- Pathプロパティ
- まとめて操作する

1 複数のブックを一気に開く

解説

複数ブックを1つのマクロで一気に開いてみましょう。開きたいブックは4つ、マクロを記述したブックと同一フォルダー内の「集計用.xlsx」「パス付ブック.xlsx」、そして、同一フォルダー内のさらに「資料」フォルダー内に保存されている「資料A.xlsx」「資料B.xlsx」です。

基本方針としては、変数の仕組み（186ページ参照）を使い、変数にマクロの記述されているブックのパスを代入し、その値とブック名を連結して個々のファイルを開いていきます。対象フォルダーが変わる場合には、変数の値をフォルダーに合わせて更新しながら進めましょう。

また、ブックに読み取りパスワードがかかっている場合には、Openメソッドの引数Passwordにパスワード文字列を指定することで開けます。サンプルでは、「パス付ブック.xlsx」を開く際に、読み取りパスワード「password」を指定しています。

●複数のブックを一気に開く

```
Sub 複数ブックを開く()
    Dim basePath As String
    'マクロの記述してあるブックのパスを変数に格納
    basePath = ThisWorkbook.Path & "¥"
    '個々のファイルを開いていく
    With Workbooks
        .Open basePath & "集計用.xlsx"
        .Open basePath & "パス付ブック.xlsx", _
            Password:="password"
        '基準パスを「資料」フォルダーに更新して開いていく
        basePath = basePath & "資料¥"
        .Open basePath & "資料A.xlsx"
        .Open basePath & "資料B.xlsx"
    End With
End Sub
```

パスワードは引数Passwordで指定

基準パスを変更しながらフォルダー内からも開いていく

1つのマクロで4つのブックが一気に開かれる

Memo 名前付き引数を利用する

引数Passwordは、Openメソッドの5番目の引数です。そのため、標準引数方式ではなく、名前付き引数方式で、「`Password:=パスワード文字列`」のように指定した方がわかりやすくなるでしょう。
標準引数方式では途中の引数を省略できませんので、名前付き引数方式と組み合わせることで、必要なものだけを柔軟に指定することができます。

● 開くブック

フォルダー	ブック名	備考
同一フォルダー内	集計用.xlsx	
	パス付ブック.xlsx	読み取りパスワード付き
「資料」フォルダー内	資料A.xlsx	
	資料B.xlsx	

● パスワードのあるブックを開く(Openメソッド)

書式	`Workbooks.Open Filename, Password:=パスワード`	
引数	1 `Filename`	開きたいブック名
	5 `Password`	ブックのパスワード
説明	引数Filenameにパスを含めたブック名を指定します。引数Passwordには、パスワードの文字列を指定します。	

2 開いているブックをまとめて閉じる

解説

現在開いているブックを、マクロの記述してあるブックを除いて全て閉じてみましょう。サンプルでは、For Each Nextステートメント（234ページ参照）を使い、全てのブックに対してループ処理を行っています。
個々のブックに対して、Ifステートメント（220ページ参照）を使ってマクロの記述してあるブックかどうかを判定し、そうでない場合は、Closeメソッドで閉じています。この際、引数SaveChangesに「Fasle」を指定し、上書き保存をせずに閉じています。

● 開いているブックをまとめて閉じる
```
Sub 開いているブックをまとめて閉じる()
  Dim bk As Workbook
  '開いているブック全てに対してループ処理
  For Each bk In Workbooks
    '処理対象ブックがマクロを記述している
    'ブックでなければ閉じる
    If Not bk Is ThisWorkbook Then
      bk.Close SaveChanges:=False
    End If
  Next
End Sub
```

Hint Excel自体を終了させる

全てのブックを閉じ、かつ、Excel自体を終了させたい場合には、Excelの全般設定を行うApplicationオブジェクトのQuitメソッドを利用します。
次のコードは、Excel自体を終了させます。
`Application.Quit`
なお、Quitメソッド実行時に変更を保存していないブックがある場合には、保存するかどうかを確認するダイアログが表示されます。

Column クラウドに保存してあるブックを扱う際の注意点

クラウドサービスを利用する機会も増えています。特に、Microsoft 365を利用する場合は、デフォルトの保存先がOneDrive上に設定されるので、知らずしらずのうちに、クラウドを利用しているケースもあります。また、Windowsのバージョンによっては、OneDriveを有効にした状態だと、デスクトップなどの一部のフォルダーは、ローカルシステム上ではなくOneDrive上にファイルが保存されるようになります。

ブックをクラウド上に保存するケースが増えてきている

ブックをクラウドに保存した場合、156ページでご紹介したPathプロパティで取得できるパス文字列は、次表のようにクラウド側のURIアドレスの文字列となります。

● OneDriveを利用している場合のPathプロパティの値の例

保存先	パス文字列
OneDrive for Business	https://法人ID-my.sharepoint.com/personal/ユーザー ID_domain_com/…
OneDrive	https://d.docs.live.net/ユーザー ID/…

つまり、Pathプロパティの値をもとに、新規にブックを保存するためのパス文字列を作成しようとしても、ローカル側のパスでないためうまくいかなくなってしまうわけですね。

では、どうすればよいのでしょう。2025年現在では、自前で変換する処理を用意するしかありません。例えば、OneDriveの場合、ローカル側のOneDrive用フォルダーへのパスは「環境変数」という仕組みを利用してPCに登録されています。

● OneDrive用フォルダーのパスの取得方法の一例

保存先	パス文字列
OneDrive for Business	Environ ("OneDriveCommercial")
OneDrive	Environ ("OneDrive") もしくはEnviron ("OneDriveConsumer")

任意の環境変数の値は、VBAからはEnviron関数を利用して取得できます。これらの仕組みを利用して、ローカル側のパス文字列を作成していきます。

本書ではページ数の関係もあり詳細なコードは掲載しませんが、興味のある方はSection50のサンプル「ブックのパスを取得.xlsm」内のコードをご覧ください。

ともあれ、クラウドサービスを利用している場合は、パス文字列の扱いにひと工夫が必要という事を頭の片隅に置いておきましょう。

第 8 章

より柔軟に操作対象を指定する

　この章では、さまざまなオブジェクト（操作対象）の指定方法をご紹介します。「別のシート上のセル」「別のブックのセル」「今、アクティブなシート」「今、選択しているセル範囲」などを操作対象とする方法を知っておくと、マクロを活用する機会がぐんと増えます。オブジェクトを指定する際に知っておくと便利な仕組みとあわせて学習していきましょう。

Section 53	▶	「どのシート」の「どのセル」なのかを指定する
Section 54	▶	Withステートメントで命令をひとまとめにする
Section 55	▶	現在の状態に合わせて操作対象に指定する
Section 56	▶	セルの種類に合わせて操作対象に指定する
Section 57	▶	特定シートのセルを素早く確認する
Section 58	▶	フィルターをかけて抽出結果のセルを指定する
Section 59	▶	実践　抽出したデータを振り分ける

Section 53 「どのシート」の「どのセル」なのかを指定する

練習用ファイル ■ 他のシートやブックを指定.xlsm、りんご履歴.xlsx

ここで学ぶのは
- シートの指定
- ブックの指定
- セルの指定

シートやブックをまたいで操作を行うようになってくると大切になるのが、「セルの指定方法」です。異なるシートや異なるブックにあるセルは、どのようにして操作対象として指定すればよいのでしょうか。その方法を学習していきましょう。

1 シートを指定して目的のセルを操作する

解説

操作対象とするセルを指定する際、「どのシートのセルなのか」までを含めて指定するには、まず、**Worksheetsプロパティで操作対象のシートを指定**し、その後、「.(ドット)」を打ち、**Rangeプロパティでセル範囲を指定**します。
「どのシートなのか」を指定することで、アクティブなシートがどのシートであるかに関わらず、確実に目的のセル範囲を操作できるようになります。

● シートとセルを指定する

```
Sub シート名を含めてセルを指定()
    Worksheets("転記先").Range("B3:D5").Value = _
        Worksheets("転記元").Range("B3:D5").Value
End Sub
```

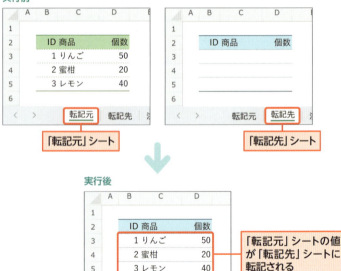

1枚目のシートのセルA1
```
Worksheets(1).Range("A1")
```

「集計」シートのセル範囲A1:C5
```
Worksheets("集計"). _
    Range("A1:C5")
```

● シートとセルの指定(Worksheetsプロパティ/Rangeプロパティ)

書式	**Worksheets(シート名).Range(セル範囲)**
説明	シートを指定後、ドットに続けてRangeでセルを指定します。

2 ブックとシートを指定して目的のセルを操作する

解説

異なるブック間で値の転記などの処理を行う際には、**「どのブックの、どのシート上のセルを扱うのか」**までを含めて指定します。指定方法は、「ブックの指定」「シートの指定」「セルの指定」と3段階の指定をドットで繋ぎます。

ThisWorkbookプロパティを利用することで、マクロを記述しているブックを指定することができます。また、**Workbooksプロパティ**を利用することで、任意のブックを指定することができます。

サンプルでは、「『マクロの記述してあるブック』の『注文記録』シート上の『セル範囲C3:E8』」をコピーし、「『りんご履歴.xlsx』の『1枚目のシート』のセル『B3』」に貼り付けています。

「りんご履歴.xlsx」を開いた状態で実行してください。

⚠ 注意 拡張子を含めた名前で指定する

ブック名でブックを指定する場合には「集計用.xlsx」など、拡張子まで含めた値で指定します。

「集計用.xlsx」内の1枚目のシートのセルA1

```
Workbooks("集計用.xlsx"). _
    Worksheets(1).Range("A1")
```

マクロの記述してあるブック内の1枚目のシートのセルA1

```
ThisWorkbook. _
    Worksheets(1).Range("A1")
```

● ブックとシートを指定してセルを操作する

```
Sub ブック名まで含めて指定()
    ThisWorkbook.Worksheets("注文記録"). _
        Range("C3:E8").Copy
    Workbooks("りんご履歴.xlsx").Worksheets(1). _
        Range("B3").PasteSpecial
End Sub
```

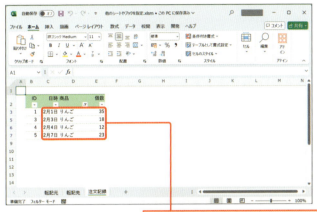

マクロを記録したブックの「注文記録」シートのセル範囲C3:E8をコピー

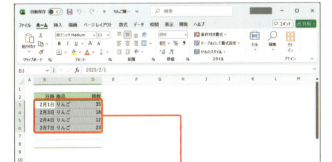

「りんご履歴.xlsx」の1枚目のシートのセルB3を起点とする範囲に転記される

● ブックとシートとセルの指定

書式	ブック.**Worksheets**(シート名).**Range**(セル範囲)
説明	ブックを指定後、ドットに続けてWorksheetsでシートを、さらにドットに続けてRangeでセルを指定します。

Section 54 Withステートメントで命令をひとまとめにする

練習用ファイル 📁 Withステートメントの利用.xlsm

同じシートに対する操作、同じセルのフォントや罫線に対する操作など、同じ操作対象に対して複数の命令や設定をまとめて行いたい場合は多くあります。そんなときに活用できるのが、同じ対象への命令をひとまとめにできる「Withステートメント」です。

ここで学ぶのは
▶ Withステートメント
▶ 入れ子
▶ Addメソッドの戻り値

1 Withステートメントで命令をひとまとめにする

解説

同じ操作対象（オブジェクト）に対する命令は、Withステートメントで1つにまとめられます。
「With」に続き、半角スペースを1つ空け、**扱いたいオブジェクトを指定して改行**します。すると「End With」までに挟まれた行のコードでは、「.(ドット)」に続けてプロパティやメソッドを記述することで、**Withの部分で指定したオブジェクトのプロパティやメソッドとして利用**できます。
サンプルでは、「集計用」シートに対する幾つかの操作をWithステートメントでまとめています。何回もシートの指定を行わなくてもよくなって、コードが見やすくなりましたね。

● 命令をまとめる前
```
Sub 新規シートに対する操作()
    Worksheets.Add.Name = "集計用"
    Worksheets("集計用"). _
        Range("B2").Value = "集計用"
    Worksheets("集計用"). _
        Columns(1).ColumnWidth = 2
    Worksheets("集計用").Rows.RowHeight = 20
    Worksheets("集計用"). _
        Cells.Font.Name = "MS ゴシック"
    Worksheets("集計用").Cells.Font.Size = 12
End Sub
```

● Withステートメントで命令をまとめる
```
Sub 新規シートに対する操作_2()
    Worksheets.Add.Name = "集計用"
    With Worksheets("集計用")   ← Withステートメント
        .Range("B2").Value = "集計用"
        .Columns(1).ColumnWidth = 2
        .Rows.RowHeight = 20
        .Cells.Font.Name = "MS ゴシック"
        .Cells.Font.Size = 12
    End With
End Sub
```

 Point 「With」に続けて操作対象のオブジェクトを指定すれば、「.」だけで操作対象を示すことができる。

Memo 複数のマクロを作成する場合

「With」から「End With」の間に挟まれた行では、「ここはWithステートメントを利用しているところですよ」ということが明確になるように、インデント（字下げ）を入れておくのがお勧めです。

● Withステートメント

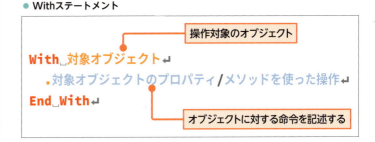

2 Withを入れ子にすることもできる

解説

Withステートメントは入れ子にすることも可能です。右のマクロは、前ページのマクロのうち、フォント（Fontオブジェクト）に対する部分をさらにWithステートメントでまとめたものです。
入れ子の内側のWithステートメントでは、ドットに続いて記述したプロパティ名やメソッド名は、外側のWithステートメントで指定したオブジェクトに対する操作と見なされます。
あまり入れ子が深くなるとわかりづらくなりますが、覚えておくと便利な仕組みです。

● Withを入れ子にして利用する

```
Sub 新規シートに対する操作_3()
    Worksheets.Add.Name = "集計用"
    With Worksheets("集計用")
        .Range("B2").Value = "集計用"
        .Columns(1).ColumnWidth = 2
        .Rows.RowHeight = 20
        With .Cells.Font
            .Name = "MS ゴシック"
            .Size = 12
        End With
    End With
End Sub
```

外側のWithステートメント
内側のWithステートメント

Hint Addメソッドの戻り値を利用する

新規オブジェクトを追加するAddメソッドの多くは、新しく追加した要素を扱うためのオブジェクトを戻り値とします。この仕組みをWithステートメントと組み合わせると、新規に追加したオブジェクトに対する初期設定をまとめることができます。
次のコードは、本文中のサンプルを、Addメソッドの戻り値を使ってまとめています。

```
With Worksheets.Add
    .Name = "集計用"
    .Range("B2").Value = "集計用"
    .Columns(1).ColumnWidth = 2
    .Rows.RowHeight = 20
    .Cells.Font.Name = "MS ゴシック"
    .Cells.Font.Size = 12
End With
```

Section 55 現在の状態に合わせて操作対象に指定する

練習用ファイル 📁 現在の状態をもとに操作対象を指定.xlsm、集計用.xlsx

ここで学ぶのは
- アクティブなオブジェクト
- Nextプロパティ
- Previousプロパティ

操作対象を指定する際には、明確に「○○という名前のブック」というわけではなく、「アクティブなブック」「今選択しているセル」「隣のシート」など、マクロ実行時点で画面に表示されている状態をもとに相対的に指定したい場合もあります。このようなケースで利用できる指定方法をまとめてみました。

1 アクティブなオブジェクトを操作対象に指定する

解説

Excel画面上で選択／表示されているセル・シート・ブックそれぞれを操作の対象として指定したい場合に利用できるプロパティをまとめてみました。このタイプのプロパティは基本的に、「Active○○」と、「Active」の後に「Cell」「Sheet」「Book」と、セル・シート・ブックなどの各オブジェクトに応じた単語が付加されています。

ここでは、「C:¥Excel¥VBA」フォルダーに保存された「集計用.xlsx」から、サンプルブック（現在の情報をもとに操作対象を指定.xlsm）に保存されたマクロを実行しています。マクロの実行結果は、「現在の情報をもとに操作対象を指定.xlsm」のシートに表示されます。両方のブックを開いた状態で実行してください。

Keyword Selectionプロパティ

セルの場合は「単一セル」ではなく「セル範囲」を選択しているケースに対応できるよう、Seleectionプロパティが用意されています。セル範囲A1:C5を選択している場合、Selectionで扱うのは選択セル範囲全てである「A1:C5」、ActiveCellで扱うのは「A1」などのアクティブな単一セルのみです。

● アクティブなオブジェクトの情報を取得する

```
Sub アクティブなオブジェクトの情報()
  With ThisWorkbook.Worksheets(1)
    .Range("C2").Value = _
      ActiveCell.Address(False, False)
    .Range("C3").Value = _
      Selection.Address(False, False)
    .Range("C4").Value = ActiveSheet.Name
    .Range("C5").Value = ActiveWorkbook.Name
    .Range("C6").Value = ActiveWorkbook.Path
  End With
End Sub
```

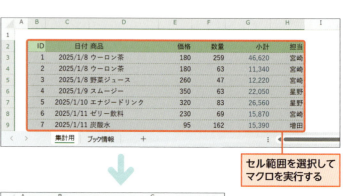

セル範囲を選択してマクロを実行する

アクティブなオブジェクトの情報が表示される

● アクティブなオブジェクトを指定するプロパティ

対象	プロパティ	例
セル	ActiveCell	`ActiveCell.Value = "VBA"` 'アクティブなセルに「VBA」と入力
	Selection	`Selection.Value = "VBA"` '選択セル範囲全てに「VBA」と入力
シート	ActiveSheet	`ActiveSheet.Name = "集計"` 'アクティブなシートの名前を「集計」に変更
ブック	ActiveWorkbook	`ActiveWorkbook.Save` 'アクティブなブックを上書き保存
		`ActiveWorkbook.Path` 'アクティブなブックのパス情報を取得

※Selectionは図形などではなく、セル範囲を選択していることが前提

2 「次のセル」や「前のセル」を操作対象に指定する

解説

セルを扱うRangeオブジェクトやシートを扱うWorksheetオブジェクトなどには、「次のオブジェクト」へと辿れるNextプロパティと、「前のオブジェクト」に辿れるPreviousプロパティが用意されています。

任意のセルを指定し、そこからNextプロパティを利用すると、「次のセル（右隣のセル）」を操作できます。Previousプロパティの場合は、「前のセル（左隣のセル）」です。

Memo 「次のシート」を操作する

シートに対してNextプロパティを使用すると「次のシート（右隣のシート）」を操作対象に指定できます。
```
ActiveSheet. _
  Next.Name = "次のシート"
```
同様にPreviousプロパティで「前のシート（左隣のシート）」を操作対象に指定できます。
```
ActiveSheet. _
  Previous.Name = "前のシート"
```

● 「次のセル」と「前のセル」を操作する
```
Sub 次のセルを操作()
    ActiveCell.Value = "Active"
    '次のセルを操作
    ActiveCell.Next.Value = "Next"
    '前のセルを操作
    ActiveCell.Previous.Value = "Previous"
End Sub
```

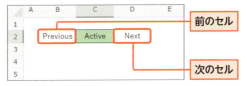

● 「次のセル」を操作（Nextプロパティ）

書式	基準セル.**Next**
説明	基準に指定したセルの右隣のセルを操作対象にします。

● 「前のセル」を操作（Previousプロパティ）

書式	基準セル.**Previous**
説明	基準に指定したセルの左隣のセルを操作対象にします。

Section 56 セルの種類に合わせて操作対象に指定する

練習用ファイル 📁 空白セルや数式セルを操作対象に指定.xlsm

空白セルや数式の入力されているセルを一括して操作対象に指定できると、空白セルに色を付けてデータが未入力であることを知らせたり、数式セルのフォントカラーを一括変更して、表示されている値が数式の結果であることを強調したり、といった処理を行うのが簡単になります。

ここで学ぶのは
- SpecialCellsメソッド
- 空白セル
- 数式が入力されたセル

1 空白セルを操作対象に指定する

解説

基準セル範囲を指定してSpecialCellsメソッドを利用すると、**空白セルなどの特定の種類のセルのみを操作対象として指定**できます。

取得したいセルの種類は、1つ目の引数Typeに定数で指定します。また、種類として「定数」「数式」を指定した場合は、2つ目の引数Valueに、4種類の値のうちのどれを対象に含めるかをオプションで指定できます。引数Valueを省略した場合は、4種類全てが対象となります。

SpecialCellsメソッドは条件に合うセルを戻り値とします。サンプルでは、条件に合ったセルに対して処理を行うために、引数をカッコで囲って指定しています(141ページを参照)。

Memo セルの背景とフォントの色

セルの背景色の設定は、InteriorオブジェクトのColorプロパティで指定します(101ページを参照)。フォントの色は、FontオブジェクトのColorプロパティで指定します。

● 空白セルの背景色を設定する

```
Sub 空白セルの背景色を設定
    Range("B2").CurrentRegion. _
    SpecialCells(xlCellTypeBlanks). _
        Interior.Color = RGB(255, 192, 0)
End Sub
```

実行前

	A	B	C	D	E	F	G	H
1								
2		ID	日付	商品	価格	数量	小計	
3		1	3/14	合板A	2,400	80	192,000	
4		2	3/15			80	420	33,600
5		3	3/15	合板A	2,400	65	156,000	
6		4		ネジN-10		80	0	
7		5	3/19	鉄棒5-50	800	140	112,000	
8								

実行後

	A	B	C	D	E	F	G	H
1								
2		ID	日付	商品	価格	数量	小計	
3		1	3/14	合板A	2,400	80	192,000	
4		2	3/15			80	420	33,600
5		3	3/15	合板A	2,400	65	156,000	
6		4		ネジN-10		80	0	
7		5	3/19	鉄棒5-50	800	140	112,000	
8								

空白セルの背景色がまとめて変更される

Memo　日付は数値として認識される

SpecialCellsメソッドでは、日付の入力されているセルは「シリアル値」扱いとなり、「数値」のセルとして判定されます。

● セルの種類に合わせて操作対象に指定（SpecialCellsメソッド）

書式	基準セル範囲.SpecialCells Type[, Value]		
引数	1	Type	セルの種類
	2	Value	「数式」「定数」を指定した際のオプション項目（省略可）
説明			取得したいセルの種類は、1つ目の引数Typeに定数で指定します。また、種類として「定数」「数式」を指定した場合は、2つ目の引数Valueに、4種類の値のうちのどれを対象に含めるかをオプション指定できます。引数Valueを省略した場合は、4種類全てが対象となります。

● セルの種類に指定できる定数（抜粋）

xlCellTypeBlanks	空白セル	xlCellTypeAllValidation	入力規則セル
xlCellTypeFormulas	数式	xlCellTypeComments	コメントありのセル
xlCellTypeConstants	定数（式ではない値）	xlCellTypeLastcell	最終セル
xlCellTypeAllFormatConditions	条件付き書式セル	xlCellTypeVisible	可視セル

● オプション項目に設定できる定数

xlTextValues	テキスト	xlLogical	論理値
xlNumbers	数値	xlErrors	エラー

2　数式の入力されているセルを操作対象に指定する

解説

SpecialCellsメソッドの1つ目の引数Typeに、**xlCellTypeFormulas**を指定すると、**数式や関数式が入力されているセルのみを操作対象として指定**できます。
この仕組みを使うと、任意のセル範囲内で数式の入力されているセルのみを対象に、フォントカラーを変更する処理などが簡単に作成できます。

● 数式の入力されているセルのフォントカラーを設定する

```
Sub 数式セルのフォントカラーを設定()
    Range("B2").CurrentRegion. _
        SpecialCells(xlCellTypeFormulas). _
        Font.Color = RGB(90, 155, 210)
End Sub
```

Memo　「条件を選択してジャンプ」に対応

SpecialCellsメソッドは、[ホーム]→[検索と選択]→[条件を選択してジャンプ]機能に対応するメソッドです。目的の引数が不明の場合は、「マクロの記録」機能で記録してみるのもお勧めです。

数式の入力されているセルのフォントカラーがまとめて変更される

Section 57 特定シートのセルを素早く確認する

練習用ファイル 📂 特定シートのセルへとジャンプ.xlsm

ここで学ぶのは
- Gotoメソッド
- Findメソッド
- ジャンプ

複数のシートを使って作業している際、別のシート上のセルをパッと見にいきたい場合があります。また、マクロでの計算や検索の結果、特定のシートのデータが入力されている部分を画面に表示したいこともあるでしょう。そんなときに便利な仕組みを学習していきましょう。

1 特定シートのセルにジャンプする

解説

特定シート上のセルへと画面表示を切り替えたい場合には、Applicationオブジェクトの**Gotoメソッド**を利用します。

Gotoメソッドは、**1つ目の引数に指定したセルへと「ジャンプ」して画面に表示**します。また、ジャンプ後に、ジャンプ先のセルを指定せずに再びGotoメソッドを実行すると、**ジャンプした時点のセルへと戻ります**。パッと他のシートの情報を見てから元の場所に戻って作業を続行したい場合などは、この仕組みを使ったマクロを作成してショートカットキーに登録しておくと、大変便利です。

Memo ジャンプ機能で戻る

GoToメソッドでジャンプした際には、Ctrl＋Gキーで「ジャンプ」ダイアログを表示し、そのままEnterキーを押しても元のセル位置へと戻れます。

● 特定シートのセルにジャンプする
```
Sub 明細にジャンプ()
    Application. _
        Goto Worksheets("明細").Range("B2")
End Sub
```

● 元のセルに戻る
```
Sub ジャンプ元に戻る()
    Application.Goto
End Sub
```

実行前

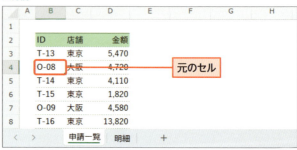

元のセル

実行後

指定したシートのセルがアクティブになる

2枚目のシートのセルA1にジャンプ

```
Application.Goto _
  Worksheets(2).Range("A1")
```

2枚目のシートのセルA10にジャンプし、左上にセルA10がくるよう表示

```
Application.Goto _
  Worksheets(2).Range("A10"), _
  True
```

● 特定シートのセルにジャンプ（Gotoメソッド）

書式	`Application.Goto [Reference][, Scroll]`	
引数	1 `Reference`	ジャンプ先セル（省略可）
	2 `Scroll`	スクロール設定（省略可）
説明	引数Referenceはジャンプ先のセルを指定します。ジャンプ先のセルを画面の左上に表示する場合は、引数Scrollに「True」を指定します。引数を全て省略した場合には、ジャンプを行った時点のセルへと戻ります。	

2 検索したセルにジャンプする

解説

Gotoメソッドと「検索」機能をマクロから利用するFindメソッド（242ページ参照）と組み合わせ、**アクティブセルの値を他のシート内から検索し、該当セルへとジャンプ**する仕組みを作成してみましょう。

サンプルでは、「明細」シートのB列からアクティブセルと同じ値を検索し、その検索結果の戻り値をGotoメソッドの引数Referenceに指定することで、検索結果のセルへとジャンプしています。

注意　検索の該当セルがない場合

本サンプルでは、検索の該当セルがない場合の処理を用意していません。そのため、その場合には意図通りには動かないのでご注意ください。

● セルの値を検索してジャンプする

```
Sub IDを検索してジャンプ()
  Application.Goto _
    Reference:=Worksheets("明細").Columns("B"). _
      Find(ActiveCell.Value), _
    Scroll:=True
End Sub
```

実行前

検索するIDが入力されたセルを選択してマクロを実行する

実行後

検索結果に該当するセルが左上に表示される

Hint　引数Scrollを指定すると画面のスクロール位置も指定可能

Gotoメソッドでは、引数Scrollに「True」を指定すると、ジャンプ先が画面の左上にくるようにスクロール位置が調整された状態で表示されます。

さらに、「ウィンドウの固定」機能と組み合わせると、縦に長い表内のデータにおいて、「見出しは固定表示したまま、ジャンプ先のセルを左上に表示させる」といった処理も作成可能です。本文中のサンプルでは、「明細」シートにおいて、セルB3を起点に「ウィンドウ枠の固定」機能を利用しています。そのため、常に画面上にA列と、1～2行目が表示される状態となっています。

Section 58 フィルターをかけて抽出結果のセルを指定する

練習用ファイル 📁 フィルターとフィルター後のセルの扱い.xlsm

ここで学ぶのは

▶ フィルター
▶ AutoFilterメソッド
▶ 抽出データのみを転記

「表形式のデータにフィルターをかけ、必要なデータのみを抽出する操作」も自動化が可能です。また、「抽出されたデータのみを他のセル範囲へとコピーする操作」もマクロを使えば簡単です。2つの作業を行う方法を学習していきましょう。

1 フィルターでデータを抽出する

解説

表形式のセル範囲にフィルターをかけるには、**AutoFilterメソッド**を利用します。
最も基本的な抽出条件の指定方法は、**1つ目の引数「Field」にフィルターをかけたい列番号を指定し、2つ目の引数「Criteria1」に抽出の条件式を指定**します。
このとき、列番号は指定セル範囲の一番左の列を「1」とし、以降、右方向へ連番が振られます。

Memo フィルターを解除する

AutoFilterメソッドの全ての引数を省略すると、フィルターの矢印のみが表示された状態になります（条件が指定されないので抽出は行われません）。
また、既にフィルターがかけられている状態で引数を指定せずにAutoFilterメソッドを実行すると、フィルターを解除することができます。

● フィルターをかける

```
Sub フィルターをかける()
    Range("B2").CurrentRegion.AutoFilter 2, "三崎"
End Sub
```

実行前

	A	B	C	D	E	F	G	H
1								
2		ID	担当	取引先	金額			
3		1	三崎	B社	14,400			
4		2	星	A社	74,200			
5		3	星	A社	55,400			
6		4	増田	B社	72,500			
7		5	三崎	A社	67,200			
8		6	三崎	B社	33,500			
9		7	増田	A社	15,500			
10		8	三崎	A社	61,900			

実行後

「担当」列（2列目）が「三崎」のデータが抽出される

Key word: AutoFilterModeプロパティ

WorksheetオブジェクトのAutoFilterModeプロパティに「False」を指定することで、フィルターを解除する方法も用意されています。

2列目が「山田」のデータを抽出

```
Range("A1:C100"). _
  AutoFilter 2, "山田"
```

4列目が「10000以下」のデータを抽出

```
Range("A1:C100"). _
  AutoFilter 4, "<=10000"
```

2列目が「山田」もしくは「田中」のデータを抽出

```
Range("A1:C100"). _
  AutoFilter 2, "山田", _
  xlOr, "田中"
```

2 複数列に対してフィルターをかける

解説

表形式のセル範囲の複数列にフィルターをかけたい場合には、**同じセル範囲に対し、列ごとに複数回AutoFilterメソッドを実行**します。
同じセル範囲に対してAutoFilterメソッドを実行するため、Withステートメントでひとまとめにするのがお手軽です。

● フィルターをかける（AutoFilterメソッド）

書式	セル範囲.**AutoFilter** [**Field**][, **Criteria1**] [, **Operator**][, **Criteria2**][, **VisibleDropDown**]
引数	1 **Field** — 列番号。指定セル範囲の1番左の列が「1」となる（省略可）
	2 **Criteria1** — 抽出条件式（省略可）
	3 **Operator** — 条件式の種類を定数で指定（省略可）
	4 **Criteria2** — 追加の条件式（省略可）
	5 **VisibleDropDown** — フィルター矢印の表示/非表示（省略可）
説明	引数Fieldにフィルターをかけるセル範囲を指定し、引数Criteria1に抽出条件を指定します。2つ目の抽出条件を追加することも可能です。引数Operatorに定数を指定することで、文字（フォント）の色などを条件にすることも可能です。引数VisibleDropDownに「False」を指定することで、フィルターの矢印を非表示にすることができます。

● 引数Operatorに指定する定数（抜粋）

xlAnd	条件式1と条件式2を共に満たす	xlBottom10Percent	下から条件式1のパーセンテージのデータ
xlOr	条件式1と条件式2のいずれかを満たす	xlFilterCellColor	セルの色
xlTop10Items	上から条件式1の数だけのデータ	xlFilterDynamic	日付フィルターなどの特殊フィルター
xlTop10Percent	上から条件式1のパーセンテージのデータ	xlFilterFontColor	フォントの色
xlBottom10Items	下から条件式1の数だけのデータ	xlFilterValues	配列を使った複数の条件式指定

● 複数列にフィルターをかける

```
Sub 複数列にフィルターをかける()
  With Range("B2").CurrentRegion
    .AutoFilter 2, "三崎"   '2列目にフィルター
    .AutoFilter 3, "A社"    '3列目にフィルター
  End With
End Sub
```

「担当」が「三崎」で「取引先」が「A社」のデータが抽出される

3 2つの条件式を使ってフィルターをかける

解説

「○○以上、××以下」など、同じ列に対して2つの条件式を設定して抽出したい場合には、**1つ目の条件式を指定後に、3つ目の引数Operatorに xlAnd もしくは xlOr を指定し、4つ目の引数 Criteria2 に2つ目の条件式を指定**します。
xlAndを指定した際には2つの条件式を共に満たすデータが、xlOrを指定した際には2つの条件式のどちらかを満たすデータが抽出されます。

● 2つの条件でフィルターをかける

```
Sub 条件式2つでフィルター()
    Range("B2").CurrentRegion.AutoFilter _
        4, ">=60000", xlAnd, "<70000"
End Sub
```

「金額」列(4列目)が「60000以上」かつ「70000より下」のデータが抽出される

4 3つ以上の条件式を使ってフィルターをかける

解説

3つ以上の条件式を使いたい場合は、**個々の条件式を Array 関数(237ページ参照)を使ってリストとして作成し、3つ目の引数 Operator に xlFilterValues を指定**します。すると、リスト化された条件式全てを満たすデータが抽出されます。
サンプルでは、3列目が「商品A」「商品C」「商品E」の3つの値のデータを抽出しています。

● 3つ以上の条件でフィルターをかける

```
Sub より多くの条件式でフィルター()
    Range("B2").CurrentRegion.AutoFilter _
        3, Array("商品A", "商品C", "商品E"), _
        xlFilterValues
End Sub
```

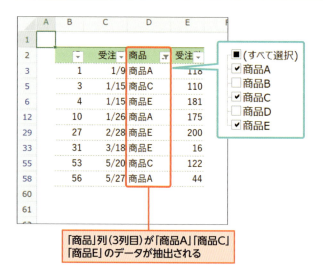

「商品」列(3列目)が「商品A」「商品C」「商品E」のデータが抽出される

5 特定期間のデータを抽出する

解説

特定期間のデータを抽出したい場合は、**引数Operatorにx lAnd**を指定し、条件式1と条件式2にそれぞれ、「>=開始日」「<=終了日」と指定します。

● 期間を条件にしてフィルターをかける

```
Sub 期間をフィルター()
    Range("B2").CurrentRegion.AutoFilter _
    2, ">=2025/3/1", xlAnd, "<=2025/3/31"
End Sub
```

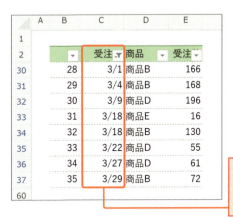

「受注日」列（2列目）が「2025年3月1日」から「2025年3月31日」までのデータが抽出される

6 抽出結果だけをコピーして転記する

解説

フィルターをかけた結果を他の場所へ転記したい場合は、**表全体を抽出状態のままCopyメソッドでコピー**します。すると、抽出されているデータのみがコピーされた状態となります。
あとは、**PasteSpecialメソッド**などで任意のセルへと貼り付ければ、抽出されていたデータのみをその位置に転記できます。

● フィルター結果を転記する

```
Sub フィルターの結果をコピー()
    'フィルターをかける範囲
    With Range("B2").CurrentRegion
        .AutoFilter              'いったんフィルターを解除
        .AutoFilter 2, "三崎"    'フィルターをかける
        .Copy                    'そのままコピー
    End With
    '転記する
    Worksheets("三崎").Range("B2").PasteSpecial
End Sub
```

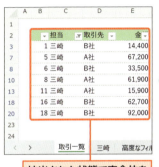

抽出された状態で表全体をコピーする

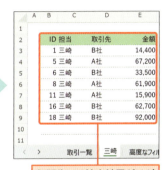

転記先には抽出結果だけが貼り付けられる

7 テーブル範囲にフィルターをかけてコピーする

解説

「テーブル」機能を利用しているセル範囲からデータを抽出して結果をコピーする際には、注意が必要です。それは「Rangeプロパティ経由で全体をコピーしない」点です。

フィルターをかける際には、**ListObjectオブジェクトのRangeプロパティから、テーブル全体のセル範囲を取得し、AutoFilterメソッドをかけます**。抽出結果をRangeプロパティ経由でCopyメソッドでコピーしようとすると、その操作は、「テーブル全体をコピーしようとしている」と見なされます。結果、転記後のセル範囲は「新しいテーブル範囲」となります。

このため、抽出結果のみを転記したい場合には、「見出しとデータ部分に分けて転記する」のが安全です。

サンプルでは、

❶ 変数copyTableに「明細テーブル」をセット
❷ ListObjectのRangeプロパティからテーブル全体に対してフィルターを実行
❸ HeaderRangeプロパティから見出しをコピー
❹ DataBodyRangeプロパティから抽出結果のデータ（可視セル）をコピー

という手順で結果のみをコピーしています。変数については、186ページを参照してください。

● テーブル範囲から抽出してコピーする

実行前

実行後

8 テーブル範囲の可視セルのみをコピーする

解説

フィルターをかけたテーブル範囲全体をRangeプロパティ経由で取得してコピーする際には、SpecialCellsメソッドに引数xlCellTypeVisibleを指定し、「テーブル範囲全体の可視セル」を取得したうえで、Copyメソッドを実行します。

すると、「テーブルのコピー」ではなく、「セル範囲のコピー」として動作します。

なお、フィルターがかかっていない場合（非表示行がない場合）は、「テーブルのコピー」の動作となります。

● テーブル範囲から抽出して可視セルのみをコピーする

```
Sub テーブル範囲をフィルターして可視セルのみをコピー()
  Dim copyTable As ListObject
  Set copyTable = _
    ActiveSheet.ListObjects("明細テーブル")
  With copyTable.Range
    .AutoFilter
    .AutoFilter 2, "三崎"
    .SpecialCells(xlCellTypeVisible).Copy
    Range("G2").PasteSpecial
    'コピーモード終了
    Application.CutCopyMode = False
    'フィルターを解除
    .AutoFilter
  End With
End Sub
```

 連続してフィルターをかける際にはクリアする処理を忘れずに

本文中のサンプルでは表のセル範囲に、まず、引数を何も指定せずにAutoFilterメソッドを実行しています。これは、「既に何らかのフィルターがかけられている場合」を想定し、いったん、そのフィルター設定をクリアするためです。

もし、新たにフィルターをかける列と異なる列にフィルターがかけられていた場合、抽出結果は意図した通りにはなってくれません。この問題を回避するために、いったんAutoFilterメソッドを実行しているというわけです。特に、ループ処理と組み合わせて、連続して抽出と転記をするような処理を作成する際には、この「いったんクリアする」という処理を忘れずに用意しましょう。

 テーブル範囲は「可視セルのみをコピー」が安全

テーブル範囲にフィルターをかけて抽出結果をコピーする際のセオリーは、「フィルターをかけてから、SpecialCellsメソッドで可視セルのみをコピー」となります。

これは、Rangeプロパティ経由で全体をコピーする際にも、DataBodyRangeプロパティ経由でデータ部分のみをコピーする際にも共通です。というのも、テーブル範囲を操作する場合、「実行時にテーブル内のセルを選択しているかどうか」で、一部処理の挙動が変わるためです。フィルター結果をコピーする場合では、テーブル外を選択していると「テーブル全体」をコピーし、テーブル内を選択していると「抽出結果のみ」をコピーします。

なんとも戸惑う動きなので、将来的には修正されるのかもしれませんが、現状ではSpecialCellsメソッドを併用して「可視セルをコピー」するようにしておくのが、両対応できて「安全」のようです。

Section 59 抽出したデータを振り分ける

実践

練習用ファイル 📁 データを新規シートに振り分ける.xlsm

ここで学ぶのは
- AutoFilterメソッド
- Copyメソッド
- シートを含むセルの指定

表形式のデータから、一定の条件で抽出を行ったデータを新規シートに振り分ける処理を作成してみましょう。複数のシートにまたがる処理となりますが、1つひとつ「どのシートのセルを対象にしているか」を意識しながら処理を整理すると、意図通りのデータを意図通りに配置できます。

1 処理の対象となるシートとセルを確認する

解説

表形式のデータを何通りかに分けて抽出し、その結果を新規シートに振り分ける処理を作成してみましょう。

最初に、「どのシートのどのセルを対象にするか」を考えます。ここでは、**「詳細」シートのセルB2を基準とする表形式のデータ**に対して処理を行います。

「商品」列の商品ごとにデータを抽出し、抽出したデータごとに新規シートを追加して、セルA1を基準にして貼り付けます。異なるシート間でのコピー&ペーストを行うため、**「どのシートのセル範囲なのか」**までをコピー元、コピー先共にきっちりと指定するのがポイントとなります。

Memo より細かく表示の設定を整えるには

本文中のサンプルは、レイアウト上の都合のため、新規シートの列幅や行の高さの調整、枠線の非表示などの細かな処理は記載しておりません。それらの処理はどのようにコード書けばよいのかを確認したい方は、サンプルブック内のマクロをご覧ください。

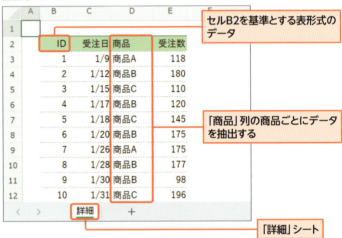

抽出元のシート / セルB2を基準とする表形式のデータ / 「商品」列の商品ごとにデータを抽出する / 「詳細」シート

転記先のシート / セルA1を基準とする範囲に転記する / 抽出条件ごとに新規シートを追加する

2 抽出したデータを新規シートに振り分ける

● 抽出したデータを振り分ける

```
Sub データを振り分け()
    Dim itemList As Variant, item As Variant
    '抽出する値のリストを作成
    itemList = Array("商品A", "商品B", "商品C")
    '値のリスト全てをループ処理
    For Each item In itemList
        '「詳細」シートの元データを抽出してコピー
        With Worksheets("詳細").Range("B2").CurrentRegion
            .AutoFilter
            .AutoFilter 3, item
            .Copy
        End With
        '新規シートを追加し、名前を変更して貼り付け
        With Worksheets.Add(After:=Worksheets(Worksheets.Count))
            .Name = item
            .Range("A1").PasteSpecial xlPasteColumnWidths
            .Range("A1").PasteSpecial
        End With
    Next
    'コピーモードを終了し、フィルターをオフにする
    Application.CutCopyMode = False
    Worksheets("詳細").AutoFilterMode = False
    Application.Goto Worksheets("詳細").Range("A1")
End Sub
```

本サンプルでは、For Each Nextステートメント(234ページ参照)を利用したループ処理によって、「詳細」シート上の「商品」列の各商品名で抽出を行い、新規追加したシートに、フィルターしたままの状態をコピーしています。
新規シートのシート名は、フィルターの条件式として利用した「商品A」などの値をそのまま指定することにより、どの商品のデータのシートなのかをわかりやすくしています。

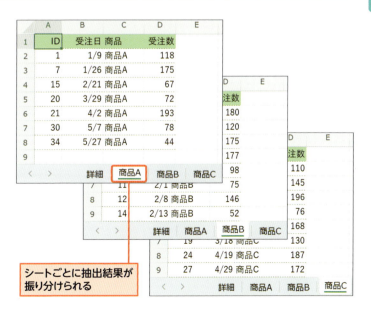

シートごとに抽出結果が振り分けられる

Column ▶ 画面のちらつきを抑えて実行速度をアップ

シートやブックを追加していく処理やフィルターをかける処理など、手作業で行う際に画面に動きのある操作をマクロ化した場合、Excelはできるだけその動きも画面上で表示しようとします。結果、ものすごいスピードでシートの切り替えやブックの切り替えなどが表示され、画面がチラチラ動いて非常に見難い状態となります。

例えば、次のマクロは5個の新規ブックを追加しますが、実行中は新規ブックを追加するたびに画面がチラチラと動きます。

● 画面に動きのあるマクロの例

```
Dim i As Long
'5個の新規ブックを作成
For i = 1 To 5
   Workbooks.Add
Next
```

この画面の動きを見る必要がなく、最終的な結果さえ整っていればよい場合には、一時的に画面の更新をオフにすることができます。画面の更新をオフにするには、ApplicationオブジェクトのScreenUpdatingプロパティに「False」を指定します。これ以降のコードでは、画面が更新されません。再び画面の更新をオンにしたい場合には、ScreenUpdatingプロパティに「True」を指定します。

先ほどのマクロで言えば、次のように、画面更新を確認する必要がない部分の前後で、ScreenUpdatingプロパティの値を変更する処理で挟んでしまえばOKです。

● 画面の更新をオフにする

```
Dim i As Long
Application.ScreenUpdating = False
'5個の新規ブックを作成
For i = 1 To 5
   Workbooks.Add
Next
Application.ScreenUpdating = True
```

これで、ブック追加時にも画面がチラチラと動くことはありません。

なお、ScreenUpdatingプロパティがFalseのままマクロが終了した場合には、自動的に画面の更新はオンに戻ります。画面の更新をオフにすると、ちらつきが抑えられ目に優しいだけではなく、画面更新に使うPCのパワーがいらなくなるため、マクロの実行速度自体をかなりアップできます。特に、ループ処理などで大量の処理をマクロに行わせる際には、画面の動きを見る必要がないのであれば、できるだけオフにした状態で実行するのがお勧めです。

第 9 章

変数で操作対象や値を指定する

　この章では、マクロを作成する際に便利な「変数」の仕組みをご紹介します。変数が使えるようになると、マクロのコードを、より「自分の頭の中の言葉に近い状態で」作成できるようになります。また、その他にも入力作業が楽になったり、ミスのチェックがしやすくなったりと、メリットが盛りだくさんです。便利な変数の使い方を学習していきましょう。

Section 60 ▶ 変数の仕組みと使い方を理解する

Section 61 ▶ 変数を使ってオブジェクトを操作する

Section 62 ▶ 変数名の付け方のルールを決める

Section 63 ▶ 定数を使って変化しない値を処理する

Section 64 ▶ 実践 変数でコードを整理する

Section 60 変数の仕組みと使い方を理解する

練習用ファイル 📁 変数を理解する.xlsm

変数の仕組みを使うと、マクロ内で扱う値やオブジェクトをスッキリと整理整頓し、わかりやすい形で扱えます。特に、いろいろな値や、いろいろなセル範囲やシートやブックを使う処理では、マクロの内容が格段にわかりやすくなります。まずは、変数の仕組みを学習していきましょう。

ここで学ぶのは
- 変数の仕組み
- Dimステートメント
- データ型の指定

1 変数を使うと自由な名前で値を扱えるようになる

マクロのコードでは、**変数**（へんすう）の仕組みが利用できます。変数とは、「**値やオブジェクトを自分の決めた名前で扱えるようにする仕組み**」です。

例えば、「価格が500円の商品を500個販売したときの合計額」を求めたいとします。素直に計算式を考えるのであれば「500 * 500」です。間違いはどこにもありません。しかし、この2つの「500」、どちらが価格でどちらが販売数なのか見分けがつくでしょうか。マクロを作った直後ならともかく、後から見直した場合にはよくわかりません。

そこで変数の仕組みを使います。「**価格**」の値は「**price**」という名前で扱えるように決め、「**販売数**」の値は「**qty**」**という名前で扱えるようにします**。すると、計算式は「**price * qty**」となります。これならば式を見ただけで、意味がわかりやすくなりますね。

しかし、ここで疑問が生じます。式はわかりやすくなったけれども、今度は、数値がわかりません。そもそも、好きな名前に値を割り当てるには、どうすればよいのでしょうか。そして、VBAでは具体的にどうすれば変数が使えるのでしょうか。次ページからは、そのルールを見ていきましょう。

単価 500 円の商品を 500 個販売したときの計算結果を合計用のセルに入力したい

変数を使わない場合

セル A1 に「500」円と「500」個の乗算結果を入力すれば OK だな

```
Range("A1").Value = 500 * 500
```

・「500」という数値が何の数値かわからない
・どんな目的なのかがわからない

変数を使う場合

「出力セル」を「totalRng」、
「単価 500」を「price」、
「販売数 500」を「qty」という
変数で扱うようにしよう

```
totalRng.Value = price * qty
```

・「価格」「販売数」だと判断がつく
・目的が変数の名前から読み取れる
　※qtyは販売数量を表すQuantityを略したもの

2 変数の宣言と値の代入方法

解説

VBAで変数を利用する際には、2段階の準備をします。
1段階目は、「どういった単語を変数として扱うか」を明示する**変数の宣言**です。
変数の宣言は、`Dim`ステートメントで行います。「`Dim`」に続けて「`Dim 変数名`」の形式で変数名を入力します。
2段階目は、「宣言した変数で、どのような値を使うか」を設定する**値の代入（だいにゅう）**です。値の代入は「変数名 = 値」の形式で、変数名と値を「＝（イコール）」で繋ぎます。
これ以降のコードでは、変数名の記述してある箇所は、代入した値を使った計算や処理が行われるようになります。

Memo 使用できない名前を設定するとエラーとなる

変数名として利用できない名前で宣言しようとした場合は、「識別子」というエラーメッセージが表示されます。

Keyword 予約語

予約語とは、「Sub」「If」「For」といった既存のステートメント名など、VBAの中であらかじめ決められている名前です。

● 変数を利用する

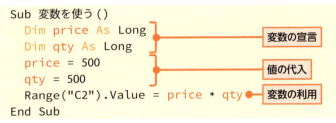

● 変数の宣言と値の代入

● 変数名に関するルール

・英数字、漢字、ひらがな、カタカナ、「_（アンダースコア）」を利用できる
・数値や「_（アンダースコア）」から始まる変数名は使えない
・VBAの予約語と同じ変数名は使えない

3 データ型の仕組みと指定方法

解説

変数を宣言する際、「Dim 変数名」に続けて「As データ型」の形式で、「**この変数ではどのようなデータを扱うのか**」を表す**データ型**を指定します。扱う値とそれに対応するデータ型は、次ページの表の通りです。

● データ型の指定例

```
Dim str As String    ' 変数「Str」では文字列を扱う
Dim num As Long      ' 変数「num」では整数を扱う
Dim pi As Double     ' 変数「pi」では小数を扱う
```

● データ型の指定

`Dim 変数名 As データ型`

Memo データ型の省略

データ型の指定は省略も可能です。省略した場合は「Variant型」という、「どんな値も扱える特殊なデータ型」で宣言したものとして扱われます。

● よく使うデータ型（抜粋）

データ型	説明
値を格納するデータ型	
String	文字列型
Integer	整数型（-32,768 〜 32,767の範囲の整数）
Long	長整数型（Integerより広い範囲の値が扱える）
Single	単精度浮動小数点型 正の値：1.401298E-45 〜 3.4028235E+38 負の値：-3.4028235E+38 〜 -1.401298E-45
Double	倍精度浮動小数点型（Singleより広い範囲の値が扱える）
Date	日付型（年月日・時分秒を扱う）
Boolean	真偽値、ブール型（TrueもしくはFalse）
オブジェクトを格納するデータ型	
固有オブジェクト	RangeやWorksheetなど、特定の種類のオブジェクト
Object	汎用オブジェクト型（どんなオブジェクトでも代入可能）
何でもアリ	
Variant	バリアント型（どんな値・オブジェクトでも代入可能）

4 複数の変数を一度に宣言する

解説

複数の宣言を宣言する場合、1つのDimステートメントでまとめて宣言することもできます。
1つ目の変数を宣言したら、「,（カンマ）」に続けて次の変数の宣言を記述します。

● 複数の変数をまとめて宣言する

```
Sub 変数をまとめて宣言()
    Dim price As Long, qty As Long
    price = 500
    qty = 500
    Range("C2").Value = price * qty
End Sub
```

● 複数の変数の指定

Hint データ型はできるだけ宣言しよう

データ型の宣言は必須ではありませんが、できるだけ宣言するクセをつけておきましょう。データ型の宣言があることで、意図しない値を扱おうとしている際にはエラーメッセージで知らせてくれたり、コードヒントが表示されたり、実行速度が上がったりと、メリットが大きいのです。
どのデータ型を使用するかの判断は、はじめのうちは「整数値ならLong、小数も扱うならDouble、文字列はString、日付はDate」くらいでかまいません。

5 変数に値を再代入する

解説

変数の値は、コード中でいつでも何回でも再代入できます。**値を再代入した変数は、最後に代入した値として扱われます。**

また、再代入の仕組みの際によく使われるのが「**元の変数の値に、新たな値を計算した値を再代入する**」というパターンです。この場合のコードは「変数 = 変数 + 加算値」のようになります。

例えば、元の変数に「10」が入っていた場合、「変数 = 変数 + 5」は、変数に元の値の「10」に「5」を加算した「15」を再代入する、という意味となります。

● 変数に値を再代入する

```
Sub 変数の再代入()
    Dim total As Long
    total = 100              '「100」を代入
    total = total + 50       'total (100) に「50」を加算して代入
    total = total + 1000     'total (150) に「1000」を加算して代入
    Range("C2").Value = total
End Sub
```

変数totalに最後に代入した値が表示される

6 変数の宣言を強制する

解説

変数は、Dimステートメントで宣言しなくても、いきなり利用することも可能です。しかし、この仕組みはミスを生みやすくなります。

右の例は、本来は、変数「num」を宣言して値を再代入で更新するつもりなのですが、4行目で「nun」とタイプミスをしたことにより、「新たな変数『nun』を用意し、そこに『num』の値と『5』を加算した値を代入する」という意味にとられてしまいます。

このようなミスを防ぐ仕組みも用意されています。モジュールの先頭にOption Explicitステートメントを入力しておくと、そのモジュール内では、宣言していない変数がある場合、エラーメッセージが表示されるようになります。

● タイプミスのあるマクロ

```
Sub 変数名にミスがあるマクロ()
    Dim num As Long
    num = 10
    nun = num + 5
    Range("C2").Value = num
End Sub
```

変数名を「nun」にタイプミス

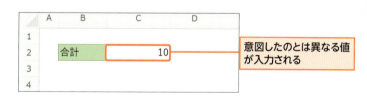

意図したのとは異なる値が入力される

● 編集の宣言の強制

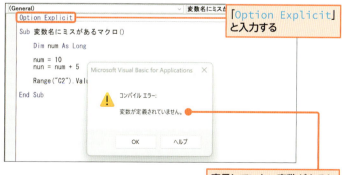

「Option Explicit」と入力する

宣言していない変数があるとエラーが発生する

Memo 自動的に変数の宣言を強制する

VBEの[ツール]→[オプション]で表示される「オプション」ダイアログの「編集」タブ内の[変数の宣言を強制する]にチェックを入れておくと、モジュールを追加するたびに、自動的にOption Explicitステートメントが入力されます。

Section 61 変数を使ってオブジェクトを操作する

練習用ファイル　オブジェクト変数の利用.xlsm

変数には文字列や数値などの値だけでなく、セルやシートなどのオブジェクトを代入することもできます。「オブジェクトを変数にする」ことで、どんな目的でそのオブジェクトを扱っているのかが明確になり、コードを入力する際のヒント表示もされるようになります。

ここで学ぶのは
- オブジェクト変数
- オブジェクトの代入
- Setステートメント

1 変数を使ってオブジェクトを操作する際のルール

解説

変数でオブジェクトを利用する際にも、2段階の準備をします。
1段階目の「変数の宣言」では、Dimステートメントを使い、**変数名と扱いたいオブジェクトの種類を指定**します。
2段階目は、Setステートメントを使って、**オブジェクトを代入**します。
これ以降のコードでは、変数名を通じて、そのオブジェクトのプロパティやメソッドを利用できるようになります。

Memo オブジェクトを変数で操作するメリット

- 用途がわかりやすくなる。
- 「Worksheets(シート名).Range(セル番地)」などの長いコードを何回も書かなくて済む。
- オブジェクト型に応じたコードヒントが表示される。

Key word オブジェクト変数

オブジェクトを扱う変数は、値を扱う変数と区別するため、「オブジェクト変数」とも呼びます。

● オブジェクト変数を使ったマクロ

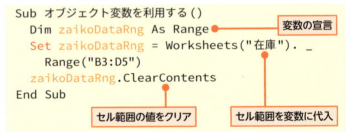

実行前　　　　　　　　　　　実行後

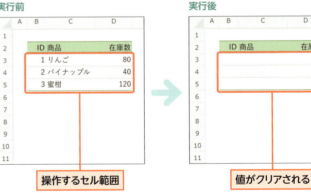

● 変数の宣言とオブジェクトの代入

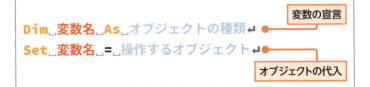

2 オブジェクト変数ではコードのヒントが表示される

解説

オブジェクト変数名に続けて「.(ドット)」を入力した時点で、対応するオブジェクトのプロパティとメソッドの一覧リストがヒントとして表示されます。

あとは、矢印キーなどで選択して Tab キーを押せば、そのプロパティやメソッドが入力されます。非常に便利な機能です。この機能を利用するためにも、オブジェクトはできるだけ変数から操作しましょう。

1 変数名に続けて「.(ドット)」まで入力して、

2 使用するプロパティ/メソッドを選択して Tab キーを押します。

 変数名を自動的に入力する

変数名を途中まで入力した状態で Ctrl + Space キーを押すと、残りの部分は自動入力してくれます。

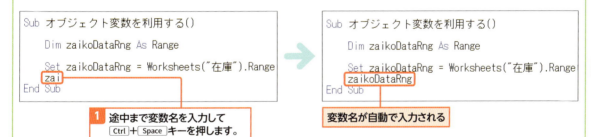

1 途中まで変数名を入力して Ctrl + Space キーを押します。

変数名が自動で入力される

用途がわかりやすい変数名を付けようとすると、どうしても名前が長めになって、入力が面倒になります。しかし、この機能を使えば入力が簡単になり、自動入力のためタイプミスも防げます。
なお、同じ入力した部分を持つ変数が他にもある場合には、幾つかの変数が入力候補のリストとして表示されます。矢印キーで選択して Tab キーで入力していきましょう。

Section 62 変数名の付け方のルールを決める

練習用ファイル 📁 変数名の付け方.xlsm

ここで学ぶのは
- 変数の命名規則
- ルールの決め方
- 変数の自動入力

変数を使うようになると悩むのが「変数名の付け方」です。変数名はかなり自由に設定可能ですが、適当に名前を付けるよりは、自分なりにルールを決めて付ける方が、後からマクロを見返した際にコードの内容が格段にわかりやすくなります。

1 変数名はコードのわかりやすさに直結する

変数名は、かなり自由に設定することができます。1字だけの変数や、まるで意味のない文字の羅列でもOKです。しかし、脈絡なく変数名を付けてしまうと、後からコードを見返した際に、いったいどんな処理をしているのかがわかりにくくなってしまいます。

それとは逆に、ある程度のルールを自分なりに決めて変数名を付けると、「ああ、こういう処理をしたいんだな」「このオブジェクトを操作したいんだな」ということが明確になります。

とはいえ、変数を使い始めたばかりの頃は、どんなルールに沿って変数名を付ければいいかというのは、なかなかわかりません。そこで、よく使われている変数の命名ルール、いわゆる命名規則をご紹介します。

● 変数の命名規則の例

変数名	意図・理由
str、num など	文字列(String)、数値(Number)といった値を扱う際の変数。扱うデータ型がわかるように、データ型を短くした変数名にする
tmp、buf など	一時的なデータを扱う際の変数名。英単語の「temporary(テンポラリ)」や「buffer(バッファ)」を元にする
rng、sh、sht、bk など	それぞれRange、Worksheet、Workbookを扱う際の変数名。扱うオブジェクト名をごく短くした変数名にする
i、j、k など	ループ処理(230ページ)の際に利用する変数名。伝統的に「i」や「j」が利用される場合が多い
arr、strList、numList など	配列を扱う際の変数名。「Array(配列)」の短縮や「List(リスト)」を変数名に組み込んで、配列であることをわかりやすく示す意図がある
targetRange、dataBook など	用途＋オブジェクトの種類。用途とデータ型をわかりやすく示す意図の変数名。意図を示すことを優先し、特に元の単語を短縮しないで名付ける
売上、売掛率 など	日本語などの2バイト文字で変数名を付ける
myStr、myNum など	全ての変数に統一した接頭辞(例では「my」)を付けておき、「これは変数ですよ」という意図を示すルールの変数名

適当に名前を付けた変数

num1、Num2、NUM3、
A、b、C など

- 意図がわからない
- 同じ用途なのに統一されておらず混乱する
- 変数なのかVBAのキーワードなのか判断できない

ルールを決めて名前を付けた変数

total、tmp、srcRng、
zaikoSht、売上 など

- 何を扱っているのかがわかる
- セルやシートなど、どのオブジェクトを使っているかが明確
- 変数であることが明確

2 自分なりのルールを決める

解説

変数の命名規則はさまざまなルールが考え出されていますが、大切なのは「**自分にとってわかりやすいものを選ぶ**」点です。

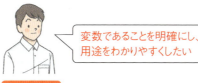

変数であることを明確にし、用途をわかりやすくしたい

ルール①　小文字始まりにする

VBAのプロパティ、メソッド、関数は大文字から始まるので、小文字始まりであれば見ただけで「ああ、これは変数だな」と判断できる。

ルール②　単語ごとに大文字にする（キャメル記法）

合計を転記するセルであれば「totalrng」でなく「totalRng」とする。単語ごとの区切りが明確で、意味がわかりやすくなる。

```
Dim productRng As Range, targetSht As Worksheet
```

3 先頭の数文字を同一にする

解説

変数名の先頭の数文字を同一にする方法もお勧めです。そうしておけば、「これは変数ですよ」というのが明確になります。また、変数名を入力する際にも便利です。

例えば、全ての変数の先頭に「my」を付けた場合、「my」までタイプして Ctrl + Space で宣言した変数がリスト表示されます。あとは、矢印キーで選択して Tab キーを押せば変数名が自動入力されるので、タイプ数が少なくて済みます。

 Memo　サービスを利用して変数名を決める

変数名を考えるのが苦手という方は、codicというサービスを利用するのもいいでしょう（https://codic.jp）。codicでは、日本語で単語を入れると、対応する英語の変数名を表示してくれます。

● 変数の命名規則の例
```
Sub 変数の命名規則の例()
    Dim myRange As Range
    Dim myKakaku As Long
    Dim myHanbaisu As Long
    '「my」まで入力して Ctrl + Space キーでリスト表示
End Sub
```

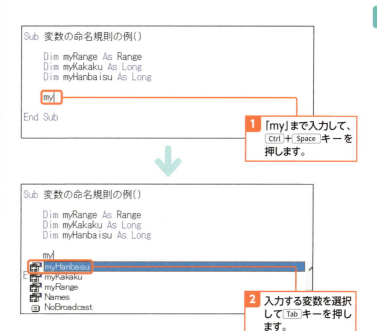

1 「my」まで入力して、Ctrl + Space キーを押します。

2 入力する変数を選択して Tab キーを押します。

Section 63 定数を使って変化しない値を処理する

練習用ファイル 📁 定数の利用.xlsm

変数はマクロの途中で値を再代入することができますが、処理によっては、最初に代入した値のまま変更したくない場合があります。そんなときには「定数」を利用しましょう。定数は、一度扱う値を設定すると変更できないという仕組みを持っています。

ここで学ぶのは
- ▶ 定数
- ▶ 組み込み定数
- ▶ Constステートメント

1 変化しない値は定数で処理する

解説

変数と似た仕組みに定数（ていすう）があります。定数は、「一度値を設定したら、変更できない変数」といった仕組みです。
定数を宣言するには、Constステートメントを使います。
あとは変数同様に、コードの中で定数名を使うと設定した値として扱われます。

●定数を使ったマクロ

```
Sub 定数の利用()
    Const TAX_HYOUJYUN As Double = 0.1
    Const TAX_KEIGEN As Double = 0.08
    Range("E3").Value = 1000 * TAX_HYOUJYUN
    Range("E4").Value = 1000 * TAX_KEIGEN
End Sub
```

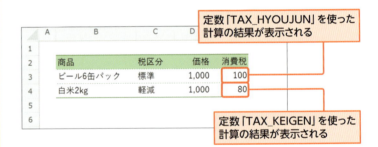

定数「TAX_HYOUJYUN」を使った計算の結果が表示される

定数「TAX_KEIGEN」を使った計算の結果が表示される

Memo 定数で扱える値

定数で扱えるのは、文字列・数値・日付などの値のみです。オブジェクトは定数では扱えません。

●定数の宣言と値の代入

`Const_定数名_As_データ型_=_扱いたい値⏎`

定数の命名規則

定数であることを明確にし、用途をわかりやすくしたい

ルール①　全て大文字にする

変数を「小文字始まり」というルールで宣言するのに合わせて、区別のつくように全て大文字にする。

ルール②　単語の間には「_」を挟む（スネーク記法）

標準税率を管理する定数であれば「TAXHYOUJYUN」でなく「TAX_HYOUJYUN」とする。単語ごとの区切りが明確になり、意味がわかりやすくなる。

2 組み込み定数でオプションを指定する

解説

メソッドやプロパティのオプション項目を指定する際には、**組み込み定数**を利用します。個々の組み込み定数には、Long型の整数値が割り当てられており、その値をもとに、どのオプション項目を指定したのかを判断する仕組みになっています。

組み込み定数の命名規則は、「**固有の接頭辞＋用途を表す英単語**」となっています。接頭辞には「xl」「vb」が多く利用されているので、「マクロの記録」機能や他の方が書いたコード内でこの接頭辞の付いた箇所を見かけたら、「**ここではオプション項目を指定しているのだな**」と判断ができます。

● 組み込み定数の例

定数	用途	値
xlShiftToLeft	セルを削除後「左に詰める」設定用	-4159
xlShiftUp	セルを削除後「上に詰める」設定用	-4162

組み込み定数の命名規則

ルール①　基本的に接頭辞が付いている

「xl」（Excelの機能に関する組み込み定数）、「vb」（基本的なVisual Basicの機能に関する組み込み定数）、「mso」（図形など、Officeに共通する機能に関する組み込み定数）などの接頭辞が付いている。

ルール②　単語の先頭が大文字（キャメル記法）

読み取りやすいように、各単語の先頭1文字だけ大文字になっている。

Hint　組み込み定数には値が割り当てられている

組み込み定数は、Constステートメントで宣言する定数と基本的に同じ仕組みになっています。内部的にあらかじめ宣言されており、自分で用意する定数と同様に、定数ごとに決まった値が割り当てられています。

例えば、メッセージダイアログを表示するMsgBox関数では、2番目の引数に、表示するボタンやアイコンの種類を組み込み定数で指定します。

```
MsgBox "Hello!", vbOKOnly
MsgBox "Hello!", vbOKCancel + vbInformation
```

上記コードで利用している3つの組み込み定数「vbOKOnly」「vbOKCancel」「vbInformation」には、それぞれ「0」「1」「64」の値が割り当てられています。そのため、以下のコードでも同じように動きます。

```
MsgBox "Hello!", 0
MsgBox "Hello!", 1 + 64   '計算結果である「65」でも可
```

数値での指定はわかりにくいのでお勧めしませんが、こんな仕組みでオプション項目を管理しているのだ、ということは確認できますね。

Section 64 実践 変数でコードを整理する

練習用ファイル　変数でコードを整理.xlsm

ここで学ぶのは
- 変数の利用
- データの転記
- コメントの書き方

変数を使うことで、使わない場合に比べるとコードを簡潔に記述できるだけでなく、後から見返したときに、「どんな処理をしているのか、したいのか」がわかりやすくなります。実際に、伝票形式のシートの内容を表形式のセル範囲へ転記するマクロを、変数を使って整理してみましょう。

1 変数を使わずにデータを転記する

今回は、伝票形式でデータを入力する「入力伝票」シートの内容を、表形式でデータを保存する「明細」シートへと転記する処理を作成します。まずは変数を使わずにコードを書いた場合です。

● 変数を使わない場合のマクロ

```
Sub 伝票を転記()
    '「名前」を転記
    Worksheets("明細").Cells(Rows.Count, "C").End(xlUp).Offset(1). _
        Value = Worksheets("入力伝票").Range("C3").Value
    '「日時」を転記
    Worksheets("明細").Cells(Rows.Count, "D").End(xlUp).Offset(1). _
        Value = Worksheets("入力伝票").Range("F3").Value
    '「備品」を転記
    Worksheets("明細").Cells(Rows.Count, "E").End(xlUp).Offset(1). _
        Value = Worksheets("入力伝票").Range("C5").Value
    '「個数」を転記
    Worksheets("明細").Cells(Rows.Count, "F").End(xlUp).Offset(1). _
        Value = Worksheets("入力伝票").Range("C6").Value
End Sub
```

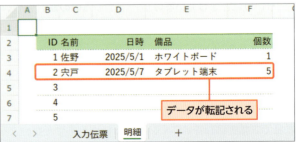

2 転記処理を変数を使って整理する

変数を使い、「入力伝票」シートを変数inputSht、「明細」シートを変数meisaiSht、「明細」シート上の新規データの入力行の行番号を変数targetRowで扱えるようにしてコードを整理しています。

まず、2つのシートをそれぞれオブジェクト変数に代入し、新規データの入力行も変数に代入します。あとは、3つの変数を使って4つのデータを転記しています。

転記部分のコードが大分スッキリとし、変数名を読むことで、「どんなことをしたいのか」までが伝わりやすくなっていますね。このように変数を使うと、コードの記述を簡略化し、さらに処理の流れを読み取りやすくできます。

● 変数を使用するマクロ

```vba
Sub 伝票を転記_2()
    Dim inputSht As Worksheet, meisaiSht As Worksheet
    Dim targetRow As Long
    '2つのシートを変数で扱えるようにセット
    Set inputSht = Worksheets("入力伝票")
    Set meisaiSht = Worksheets("明細")
    '新規データを入力する行番号を変数に代入
    targetRow = meisaiSht.Cells(Rows.Count, "C").End(xlUp).Offset(1).Row
    '「名前」を転記
    meisaiSht.Cells(targetRow, "C").Value = inputSht.Range("C3").Value
    '「日時」を転記
    meisaiSht.Cells(targetRow, "D").Value = inputSht.Range("F3").Value
    '「備品」を転記
    meisaiSht.Cells(targetRow, "E").Value = inputSht.Range("C5").Value
    '「個数」を転記
    meisaiSht.Cells(targetRow, "F").Value = inputSht.Range("C6").Value
End Sub
```

 Hint 変数名と同じように大切なのがコメント

変数名を工夫すると「このコードで何をしているのか」がわかりやすくなることをご紹介しましたが、それと同じくらい大切なのがコメントです。

「どういうことをしているのか」「何をしたいのか」「どういう意味なのか」ということをコード内にコメントとして書き込んでおくことで、何をしているのか、何をしたいのかが明確になります。

書籍などのサンプルコードでは、本文中でコードの解説ができるために、あまりコメントは書かれません（文字数を抑えたいという事情もあります）。しかし、実際にマクロを作成する際には、是非、積極的にコメントを書いてください。

Column 日本語の変数名

VBAでは変数名に日本語も使えます。ひらがな・カタカナ・漢字まで全て利用できます。英単語やローマ字の変数名がわかりにくいという方であれば、日本語で変数名を付けるのも、1つの選択肢でしょう。

● 日本語の変数名を使ったマクロ

```
Sub 日本語の変数名()
    Dim 担当者名 As String
    Dim 価格 As Long, 数量 As Long
    Dim 合計セル As Range
    
    '変数「合計セル」に入力先のセルをセットする
    Set 合計セル = Range("A1")
    
    '変数「担当者名」「価格」「数量」に値を代入する
    担当者名 = "古川 順平"
    価格 = 2000
    数量 = 5
    
    '「合計セル」の値を設定する
    合計セル.Value = 価格 * 数量
    合計セル.Next.Value = "担当:" & 担当者名
End Sub
```

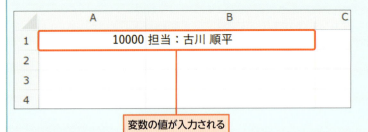

変数の値が入力される

コードの入力中に、日本語入力モードに切り替えなくてはならないという手間はありますが、自分にとってわかりやすいのであれば手間をかけるだけの価値はあります。

また、日本語で変数を宣言する際にも、自分なりのルールを決めておくのがお勧めです。例えば、「英単語ベースの変数とは混在させない」などのルールを決めておくと、「あれ？これは変数なのかな？」というような、判断がすぐにつかない場面を避けることができるでしょう。

第 **10** 章

関数を使った処理

　この章では、マクロ内で利用できる「VBA関数」をご紹介します。VBA関数は、ワークシート関数とよく似た仕組みで、さまざまなマクロ内で行う「よくある計算」を行う際にとても便利な仕組みです。どのようなVBA関数が用意されていて、具体的にはどのように利用するのかを学習していきましょう。

Section 65　▶　関数を利用してさまざまな処理を実行する

Section 66　▶　ワークシート関数をマクロで利用する

Section 67　▶　実践 関数を使って表記を統一する

Section 65 関数を利用してさまざまな処理を実行する

練習用ファイル 関数の利用.xlsm

マクロではExcelの機能を操作するメソッドに加えて、VBA独自に用意された各種の「関数」も利用できます。特に文字列を操作したり、日付や時刻のシリアル値を計算する場面において非常に重宝します。VBA関数にどのようなものが用意されているのか、使い方はどうするのかを見ていきましょう。

ここで学ぶのは
- 文字列を扱う関数
- 日付や時間を扱う関数
- 計算処理に使う関数

1 関数の基本的な使い方

解説

VBAに用意されている**関数（VBA関数）**は、ワークシート関数と同様に、**関数名の後ろにカッコを付け、その中に必要な値を引数として指定**します。すると、引数に応じた計算結果を戻り値として取得することができます。

● 関数の基本的な使い方

関数(引数1 [, 引数2 ...])↵

引数に指定した文字列の文字数である「5」を取得

Len("Hello")

「1」に書式「000」を適用した「001」を取得

Format(1, "000")

2 文字列を扱う際に便利な関数

解説

Len関数は、引数に指定した文字列の文字数を戻り値とします。

Len関数

Len("VBA")　'戻り値は「3」

● 文字数を取得 (Len関数)

書式	**Len**(文字列)
説明	引数に指定した文字列の文字数を返します。

解説

InStr関数は、1つ目の引数の文字列内に、2つ目の文字列がある位置を戻り値とします。同じ文字列が複数ある場合は、最初に出てきたものが対象になります。
InStrRev関数も同様ですが、文字列の末尾から調べ始めます。

InStr/InStrRev関数

```
InStr("192.168.0.1", ".")      '戻り値は「4」
InStrRev("192.168.0.1", ".")   '戻り値は「10」
```

● 検査文字列の場所を取得 (InStr関数/InStrRev関数)

書式	**InStr(文字列, 検査文字列)** **InStrRev(文字列, 検査文字列)**
説明	引数に指定した文字列のうち、検査文字列が何文字目にあるかを返します。検査文字列が存在しない場合は「0」を返します。InStr関数は前から、InStrRev関数は後ろから調べます。

解説

Right関数、Left関数は、1つ目の引数の文字列から、2つ目の引数で指定した文字数の文字列を戻り値とします。Rightは右から、Leftは左からです。

Right/Left関数

```
Right("Excel VBA", 3)  '戻り値は「VBA」
Left("Excel VBA", 3)   '戻り値は「Exc」
```

● 指定した文字数だけ抜き出す (Right関数/Left関数)

書式	**Right(文字列, 文字数)** **Left(文字列, 文字数)**
説明	引数に指定した文字列のうち、文字数分を抜き出します。Rightは右(末尾)から、Leftは左(先頭)から抜き出します。

解説

Mid関数は、1つ目の引数内の文字列のうち、2つ目の引数の位置から、3つ目の引数の文字数分だけの文字列を戻り値とします。

Mid関数

```
Mid("Excel VBA", 3, 2)  '戻り値は「ce」
```

● 指定位置から指定文字数だけ抜き出す (Mid関数)

書式	**Mid(文字列, 開始位置, 文字数)**
説明	引数に指定した文字列のうち、開始位置に指定したところから文字数分を抜き出します。

💡 **Hint** ▶ **検査文字列が含まれているかを確認する**

InStr関数とInStrRev関数では、検査文字列が見つからなかった場合には「0」を返します。そのため、「戻り値が0かどうか」で、「検査文字列が含まれているかどうか」を判定できます。

Trim/LTrim/RTrim関数

```
Trim(" Excel VBA ")    '戻り値は「Excel VBA」
LTrim(" Excel VBA ")   '戻り値は「Excel VBA 」
RTrim(" Excel VBA ")   '戻り値は「 Excel VBA」
```

● 左右の空白を取り除く(Trim関数/LTrim関数/RTrim関数)

書式	**Trim**(文字列) **LTrim**(文字列) **RTrim**(文字列)
説明	引数に指定した文字列の左右の空白を取り除きます。LTrimは左側、RTrimは右側、Trimは左右の空白を取り除きます。

解説

Trim関数、LTrim関数、RTrim関数は、文字列左右の余分な空白を取り除いた文字列を戻り値とします。Ltrimは左側、RTrimは右側、Trimは左右両方の空白を取り除きます。

Replace関数

```
Replace("Excel VBA", "Excel", "エクセル")
                         '戻り値は「エクセル VBA」
Replace("1_2_3", "_", "-")  '戻り値は「1-2-3」
```

● 文字列の置換(Replace関数)

書式	**Replace**(文字列, 対象文字列, 置換後文字列)
説明	引数に指定した文字列のうち、対象文字列を置換後文字列に置換します。

解説

Replace関数は、置換を行う関数です。1つ目の引数の文字列内から、2つ目の引数内の文字列を探し、3つ目の引数の文字列に置換した結果を戻り値とします。

StrConv関数

```
StrConv("えくせる", vbKatakana)  '戻り値は「エクセル」
StrConv("vba", vbUpperCase)     '戻り値は「VBA」
StrConv("えくセルvba", vbKatakana + vbUpperCase)
                                '戻り値は「エクセルVBA」
```

● 大文字・小文字などの変換(StrConv関数)

書式	**StrConv**(文字列, 変換形式)
説明	引数に指定した文字列を変換形式に合わせて変換した結果を返します。形式は組み込み定数で指定します。

● StrConv関数で利用できる定数(抜粋)

定数	値	形式
vbUpperCase	1	大文字
vbLowerCase	2	小文字
vbProperCase	3	先頭を大文字
vbWide	4	全角文字

定数	値	形式
vbNarrow	8	半角文字
vbKatakana	16	カタカナ
vbHiragana	32	ひらがな

解説

StrConv関数は、ひらがな・カタカナ・大文字・小文字の変換を行う関数です。1つ目の引数に指定した文字列を、2つ目の引数で指定した形式に変換した文字列を戻り値とします。変換の形式は、定数で指定します。

解説

Format関数は、値に書式を適用した結果を得る関数です。1つ目の引数に指定した値に、2つ目の引数に指定した書式を適用した結果の値を戻り値とします。書式の指定は、書式文字列で行います。

書式文字列は、「0」「yyyy」などのプレースホルダー文字列（値を当てはめる位置を指定する文字列）を使い、表示したい形式を指定していきます。

Format関数

```
Format(18, "000")              ' 戻り値は「018」
Format(12000, "#,###")         ' 戻り値は「12,000」
Format(#12/1/2025#, "ggge-m-d")
                               ' 戻り値は「令和7-12-1」
```

● 書式の変換（Format関数）

書式	Format(値, 書式文字列)
説明	引数に指定した値に、書式文字列を適用した結果を文字列で返します。

● Format関数に指定する書式文字列（抜粋）

0	数値	#,###	3桁区切り	@	文字列
yy	西暦	yyyy	西暦	m	月
d	日	ggge	和暦	gge	和暦短縮

3 日付や時間を扱う際に便利な関数

解説

Date関数、Time関数、Now関数はそれぞれ、マクロ実行時の「日付」「時刻」「日時」を戻り値とします。この3つの関数は引数を持たないため、関数名の後ろにカッコを付ける必要はありません。

Date/Time/Now関数

```
Date  ' 実行時の日付に対応したシリアル値
Time  ' 実行時の時刻に対応したシリアル値
Now   ' 実行時の日付、時刻に対応したシリアル値
```

● 実行時の日付や時刻を取得（Date関数/Time関数/Now関数）

書式	Date Time Now
説明	それぞれ「実行時の日付」「実行時の時刻」「実行時の日付と時刻」のシリアル値を返します。

解説

DateValue関数、TimeValue関数は、文字列からシリアル値に変換します。DateValueは日付と見なせる文字列を、TimeValueには時刻と見なせる文字列を引数として指定します。

DateValue/TimeValue関数

```
DateValue("2025年5月1日")   ' 「2025年5月1日」のシリアル値
TimeValue("12時30分")        ' 「12時30分」のシリアル値
```

● 文字列をシリアル値に変換（DataValue関数/TimeValue関数）

書式	DateValue(日付と見なせる文字列) TimeValue(時刻と見なせる文字列)
説明	引数に指定した文字列をシリアル値に変換します。DateValueは「日付と見なせる文字列」、TimeValueは「時刻と見なせる文字列」を指定します。

解説

DateSerial関数、TimeSerial関数は、「年月日」「時分秒」の値を1つずつカンマで区切って渡すことで、日付もしくは時刻のシリアル値を取得できます。

Memo 日付や時刻をシリアル値で指定

「#5/10/2022#」のように、日付は#で囲って指定します。#で囲んだ日付は、Excelの内部ではシリアル値として扱われます。同様に時刻も#で囲って指定します。例えば「#21:30:15#」(21時30分15秒)と指定した場合は、「#9:30:15 PM#」と自動的に変換されます。

DateSerial/TimeSerial関数

```
DateSerial(2025, 10, 5)    '「2025年10月5日」のシリアル値
TimeSerial(14, 25, 30)     '「14時25分30秒」のシリアル値
```

● シリアル値の取得 (DateSerial関数/TimeSerial関数)

書式	DateSerial(年, 月, 日) TimeSerial(時, 分, 秒)
説明	引数に指定した「年月日」「時分秒」に対応したシリアル値を取得します。

Year/Month/Day/Hour/Minute/Second関数

```
Year(#5/10/2025#)        '戻り値は「2025」
Month(#5/10/2025#)       '戻り値は「5」
Day(#5/10/2025#)         '戻り値は「10」
Hour(#9:30:15 PM#)       '戻り値は「21」
Minute(#9:30:15 PM#)     '戻り値は「30」
Second(#9:30:15 PM#)     '戻り値は「15」
```

● シリアル値から要素を取り出す (Year関数/Month関数/Day関数など)

書式	Year(「年」を取り出したい日付シリアル値) Month(「月」を取り出したい日付シリアル値) Day(「日」を取り出したい日付シリアル値) Hour(「時」を取り出したい時刻シリアル値) Minute(「分」を取り出したい時刻シリアル値) Second(「秒」を取り出したい時刻シリアル値)
説明	引数に指定したシリアル値から「年」「月」「日」などの要素を返します。

Hint VBAのシリアル値

VBAでは、日付値はシリアル値(日付シリアル値)として管理されます。「1899/12/31 0:00:00」を「1.0」とし、以降、「1日」が経過するごとに「1」を加算するというルールです。
「1」は「1899年12月31日」であり、「2」は次の日である「1900年1月1日」です。「1.5」は「1」から半日分だけ進んだ「1899年12月31日のお昼の12時」と見なされます。
「2025年1月1日」はシリアル値では「45658」です。値を覚える必要はありませんが、「日付はシリアル値というルールで管理されている」ということは頭に入れておきましょう。

4 日付の計算に便利な関数

DateAdd関数は、シリアル値ベースで日付や時刻の計算を行う関数です。1つ目の引数に計算単位を文字列で指定し、2つ目の引数に加算値、3つ目の引数に計算の元となる日付や時刻のシリアル値を指定します。1つ目の引数に「d」を指定すれば「日」に加算、「m」を指定すれば「月」に加算となります。また、計算の結果、月末や年末を越えた場合には、翌年や翌月へと繰り上がって計算を行ってくれます。

「何日前」を取得する

DateAdd関数の加算値にマイナスの値を指定すると、「10日前」「2か月前」などのシリアル値も取得可能です。

DateAdd関数

```
DateAdd("d", 15, #12/20/2025#)    '15日後の「2026/1/4」
DateAdd("m", 4, #12/20/2025#)     '4か月後の「2026/4/20」
DateAdd("m", -14, #12/20/2025#)   '14か月前の「2024/10/20」
```

● 日数や時刻の計算（DateAdd関数）

書式	**DateAdd(計算単位, 加算値, 日時のシリアル値)**
説明	指定した日時のシリアル値から、加算値分が経過した日時のシリアル値を取得することができます。加算値にマイナスの値を指定すると、「何日前」などのシリアル値を取得できます。計算形式は、年や月を表す文字列を指定します。

● 計算単位の文字列

yyyy	年	h	時間
m	月	n	分
d	日	s	秒

Hint DateSerial関数で月初日/月末日を取得する

月初日や月末日を計算したい場合には、DateSerial関数が便利です。月初日（月初めの1日）のシリアル値を取得するには、年・月・日の3つの引数のうち、「日」部分を「1」に固定し、残りの引数に月初日を求めたい「年，月」を指定します。

```
Range("C3").Value = DateSerial(2025, 1, 1)
```

月末日のシリアル値を得たい場合には、「日」部分に「0」を指定します。すると、「前月の月末日」の日付と見なされます。

```
Range("C4").Value = DateSerial(2025, 1, 0)
```

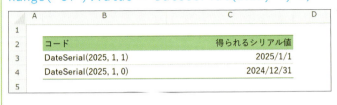

5 セルに入力されている値のデータ型を判定する関数

解説

セルに入力されている値のデータ型に応じて何らかの処理を行いたい場合には、まず、データ型を調べる必要があります。
TypeName関数は、引数に指定した対象のデータ型を文字列で取得することができます。対象が文字列であれば「String」を、数値であれば「Double」や「Long」などを戻りとします。

TypeName関数

```
TypeName("VBA")        '戻り値は「String」
TypeName(123)          '戻り値は「Double」
TypeName(#5/6/2025#)   '戻り値は「Date」
```

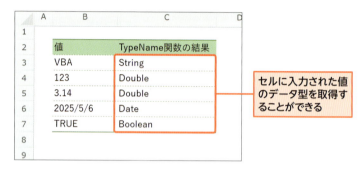

セルに入力された値のデータ型を取得することができる

● データ型の判定（TypeName関数）

書式	TypeName(判定したい値)
説明	引数に判定する値を指定します。

Memo 数値はDouble型と判定される

シート上に入力された数値は、基本的に、整数・少数に関わらず「Double」として扱われます。

解説

「数値であるかどうか」や「日付であるかどうか」を判定するには、それぞれ、IsNumeric関数とIsDate関数が利用できます。
2つの関数は共に、引数が、数値/日付である場合は「True」を、そうでない場合は「False」を戻り値とします。

IsNumeric/IsDate関数

```
IsNumeric(100)          '戻り値は「True」
IsNumeric("VBA")        '戻り値は「False」
IsDate("2025/5/6")      '戻り値は「True」
IsDate(100)             '戻り値は「False」
```

● 数値/日付の判定（IsNumeric関数/IsDate関数）

書式	IsNumeric(判定したい値) IsDate(判定したい値)
説明	引数に判定する値を指定します。指定した値が数値（日付）の場合は「True」、そうでない場合は「False」を返します。

Hint 文字列でも「数値」「日付」として扱えるなら「True」を返す

IsNumericやIsDateは、厳密には「引数が数値や日付であるか」ではなく、「引数が数値や日付として扱えるか」を判定する関数です。例えば「IsNumeric("100")」は「True」を返します。この「100」は文字列なのですが、VBA的には「数値として扱えるからOK」という判定をくだします。

6 切り捨てや四捨五入に利用できる関数

解説

切り捨て計算をしたい場合は、Int関数を利用します。Int関数は、引数に指定した数値の、小数点以下を切り捨てた値を戻り値とします。
端数や小数を出したくない計算全体をInt関数の引数に指定すると、常に整数値を返す計算結果を得られます。

Int関数

```
Int(3.14)           '戻り値は「3」
Int(1520 * 0.08)    '戻り値は「121」
```

● 小数点以下を切り捨てる (Int関数)

書式	**Int**(切り捨てしたい値)
説明	引数に切り捨てを行う数値を指定します。

解説

四捨五入で計算をしたい場合はRound関数を利用します。Round関数は、引数を1つだけ指定した場合、引数の小数第1位を四捨五入した値を戻り値とします。
2つ目の引数を指定した場合は、「小数点以下、何桁まで残すか」という指定となります。
「1」を指定すれば戻り値は小数点以下1桁、「2」を指定すれば小数点以下2桁で四捨五入計算されます。

Round関数

```
Round(3.14)         '戻り値は「3」
Round(3.5)          '戻り値は「4」
Round(3.14, 1)      '戻り値は「3.1」
Round(3.25, 1)      '戻り値は「3.2」※銀行丸めのため
```

● 四捨五入を行う (Round関数)

書式	**Round**(四捨五入したい値[, 四捨五入の位置])
説明	引数に四捨五入を行う値を指定します。2つ目の引数には、四捨五入を行う桁数を指定します。2つ目の引数を指定しない場合は、少数第1位で四捨五入を行います。

> **Hint** VBAのRound関数は「銀行丸め」で計算される
>
> VBAのRound関数は、四捨五入の際に、いわゆる「銀行丸め」形式で計算を行います。これは「端数がちょうど0.5なら切り捨てと切り上げのうち結果が偶数となる方へ計算する」形式です。
> そのため「Round(3.5)」は「4」となり、「Round(4.5)」も「4」となります。この計算方式は、ワークシート関数のROUND関数とは異なる点に注意しましょう。マクロ上での計算もワークシート関数と同じようにしたいのであれば、次ページで紹介するWorksheetFunctionの仕組みを利用し、マクロ内でROUNDワークシート関数を使います。
>
> ```
> WorksheetFunction.Round(3.5, 0)    '4
> WorksheetFunction.Round(4.5, 0)    '5
> ```
>
> 四捨五入はよく行う計算ですが、自分の環境下に合った計算方式を選ぶようにしましょう。

Section 66 ワークシート関数をマクロで利用する

練習用ファイル 📁 ワークシート関数の利用.xlsm

ここで学ぶのは
- WorksheetFunction
- ワークシート関数
- SUM/VLOOKUP

手作業のExcel操作に慣れている方は、VBA関数よりもワークシート上で利用できる「ワークシート関数」の方が手に馴染んでいるということも多いでしょう。実は、ワークシート関数はマクロのコードからも利用できます。その方法を学習していきましょう。

1 マクロからワークシート関数を利用する

解説

マクロのコードからワークシート関数を利用するには、「WorksheetFunction.ワークシート関数名(引数)」の形式でコードを記述します。指定できる引数は、シート上でワークシート関数を使う場合と同じです。ただし、セルやセル範囲を指定する際には、「"A1"」「"A1:C10"」のような文字列の形でなく、「Range("A1")」「Range("A1:C10")」など、「対象セル（Rangeオブジェクト）」を指定する形で指定します。
なお、右のサンプルでは、それぞれ次のような結果が表示されています。

❶ SUMワークシート関数（1+2+3）の結果が表示される
❷ SUMワークシート関数（セル範囲B4:B6の値を合計）の結果が表示される
❸ VLOOKUPワークシート関数（IDが「A-3」の商品を抽出）の結果が表示される

● ワークシート関数を利用する
```
Sub ワークシート関数の利用()
    Range("B2").Value = _
        WorksheetFunction.Sum(1, 2, 3)   ❶
    Range("B7").Value = _
        WorksheetFunction.Sum(Range("B4:B6"))   ❷
    Range("E9").Value = _
        WorksheetFunction.VLookup( _   ❸
            Range("D9").Value, _
            Range("D2").CurrentRegion, _
            2, _
            False _
        )
End Sub
```

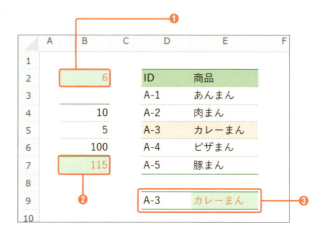

● WorksheetFunction経由でワークシート関数を利用する

WorksheetFunction.ワークシート関数名(引数1[, 引数2 ...])

2 AGGREGATEとROUNDワークシート関数

解説

AGGREGATEワークシート関数は、1つ目の引数に指定した計算方法を、2つ目の引数に指定したオプションに従って、3つ目の範囲を集計する関数です。

オプションに「5」を指定すると「非表示セルを無視して計算」できます。フィルター機能ととても相性がよく、「抽出データのみから集計したい」ときによく使われます。サンプルでもこの仕組みを使い、抽出したデータのみの合計を算出しています。

合計する列を選択した状態で実行してください。

● AGGREGATEワークシート関数を利用する

```
Sub AGGREGATEでスポット集計()
    Dim spotTotal As Long
    spotTotal = WorksheetFunction. _
        Aggregate(9, 5, Selection)
    MsgBox "抽出範囲合計：" & spotTotal
End Sub
```

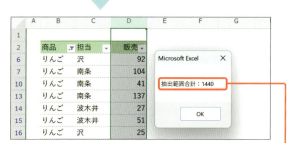

抽出されているデータの集計結果が表示される

Memo シート上とコード上では表記が異なる

シート上でのワークシート関数の名前は「SUM」などのように全て大文字ですが、マクロのコード上では「Sum」のように、先頭が大文字で、あとは区切り位置以外は小文字で表記されます。

解説

四捨五入を行うRound関数は、VBA関数にもワークシート関数にも用意されています。しかし、その計算方法は微妙に異なります。VBA関数の方は、「銀行丸め」方式（207ページ参照）で計算を行うためです。

四捨五入計算をVBAで行う場合には、自社ではどちらを採用しているかを見極めたうえで、使用する方式を選ぶようにしましょう。

● ROUNDワークシート関数を利用する

```
Sub ROUNDで四捨五入()
    Dim vbaRound As Long, wsRound As Long
    vbaRound = Round(4.5, 0)
    wsRound = WorksheetFunction.Round(4.5, 0)
    MsgBox"VBA関数での結果：" & _
        vbaRound & vbCrLf & _
        "ROUNDワークシート関数での結果：" & wsRound
End Sub
```

VBA関数とワークシート関数の結果がそれぞれ表示される

3 スピル形式のワークシート関数の結果を利用する

解説

VBAからスピル形式のワークシート関数を利用するにはVariant型の変数を用意し、WorksheetFunction経由で結果を受け取ります。

結果は配列となっているため、「変数(1,1)」「変数(2,1)」などの形で個々の値を取り出せます。行番号・列番号を指定して任意のセルを扱うCellsプロパティをイメージすると扱いやすいでしょう。

また、結果の数は、配列の大きさを戻り値とするUBound関数で取得できます。

● スピル形式のワークシート関数の結果を利用する

```
Sub UNIQUEでリスト作成()
  Dim list As Variant
  list = _
    WorksheetFunction.Unique(Range("B3:B20"))
  Debug.Print "リスト数:", UBound(list)
  Debug.Print list(1, 1)
  Debug.Print list(2, 1)
  Debug.Print list(3, 1)
End Sub
```

UNIQUE関数でユニークな値のリストを取得し、個別に取り出せた

● スピル形式のワークシート関数を利用するときのパターン

書式	`Dim 変数 As Variant` `変数 = WorksheetFunction.スピル関数(引数)`
説明	Variant型の変数を用意し、その変数にWorksheetFunction経由で関数の結果を受け取ります。

4 スピル形式のワークシート関数の結果をセルへ書き出す

解説

VBAからスピル形式のワークシート関数を利用し、その結果をセルへと書き出す場合には、まず、Variant型の変数で関数の結果を受け取ります。

受け取った結果は配列の形となっているので、配列と同じ行数・列数のセル範囲を用意し、そのValueプロパティへと変数を代入すれば、セルに結果が書き出されます。

配列と同じ大きさのセル範囲を用意するには、「Ubound(変数)」で配列の1つ目の要素数を取得し、「Ubound(変数, 2)」で配列の2つ目の要素数を取得します。そのそれぞれをセル範囲の行数と列数に指定しましょう。

サンプルでは書き出しの起点をセルE3とし、Resizeプロパティで配列と同じ行数・列数分だけ拡張したセル範囲を取得し、書き出しています。

● セルにスピル形式のワークシート関数の結果のみを入力する

```vba
Sub Filterで抽出()
    Dim apples As Variant
    'FILTER関数で抽出し、SORT関数で降順並べ替え
    apples = WorksheetFunction.Filter( _
             Range("B3:C20"), _
             [B3:B20="りんご"] _
             )
    apples = WorksheetFunction._
        Sort(apples, 2, -1)
    'セルE3を起点としたセル範囲に結果を書き出す
    Range("E2").Value =_
        Format(Date, "m月d日の記録")
    Range("E3").Resize( _
               UBound(apples),_
               UBound(apples, 2) _
               ).Value = apples
End Sub
```

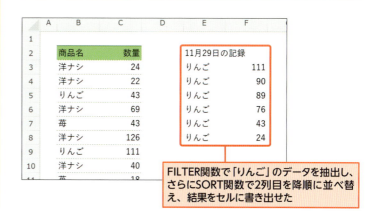

FILTER関数で「りんご」のデータを抽出し、さらにSORT関数で2列目を降順に並べ替え、結果をセルに書き出せた

Hint 角カッコを使った簡易構文

本文中ではFILTERワークシート関数を利用する際に、角カッコを使った式を記述しています。角カッコは、「引数に指定した文字列式を、Excelのセル参照などを利用した式と解釈して値を返す」メソッドである、Application.Evaluateメソッドの簡易構文です。「Application.Evaluate("B3:B20=""りんご""")」と書くかわりに、本文中のように「[B3:B20="りんご"]」と記述できます。

あまり利用しない仕組みですが、一部のスピル関数内での「配列(セル範囲)単位での比較式」をVBAで記述する際に利用するとコードをシンプルに記述できます。

Section 67 【実践】関数を使って表記を統一する

練習用ファイル：関数を利用して作表.xlsm

ここで学ぶのは
- VBA関数
- WorksheetFunction
- 表記の統一

集計や分析を行いたいデータ内に「半角・全角」「ひらがな・カタカナ」「同じ対象なのに異なる表記」などの表記のゆれが混在していると、正しく集計や分析が行えません。そこで、マクロを使って表記のゆれを一括で修正する仕組みを作ってみましょう。

1 関数を利用して表内の表記を統一する

解説

データの集計や分析を行う際にやっかいな**「表記のゆれ」をマクロを使って統一する仕組み**を作成してみましょう。

修正前のデータは、「商品ID」列では、半角・全角、大文字・小文字が混在しています。「商品名列」も、半角・全角、大文字・小文字、ひらがな・カタカナに加え、「赤」の表記がまちまちです。

これらの表記を、各種関数を使って統一します。大文字・小文字などの変換は **StrConv関数**で、「カタカナのみ全角」にする変換は **PHONETICワークシート関数** (WorksheetFunction.Phonetic) で、「『アカ』を『赤』に統一」する変換は **Replace関数**を使います。また、これらの変換を、For Each Next ステートメント（234ページ参照）を使って、指定セル範囲の全てのセルに対して適用することで、一気に複数セルの表記を統一しています。

●関数を利用して表記を統一する

```vb
Sub 表内の表記を修正()
    Dim rng As Range
    'セル範囲B3:B6に対してループ処理
    For Each rng In Range("B3:B6")
        'セルの値を半角・大文字に修正
        rng.Value = StrConv( _
            rng.Value, vbNarrow + vbUpperCase)
    Next
    'セル範囲C3:C6に対してループ処理
    For Each rng In Range("C3:C6")
        'セルの値をひとまず半角・大文字・カタカナに修正
        rng.Value = StrConv( _
            rng.Value, vbNarrow + _
            vbUpperCase + vbKatakana)
        'カタカナのみ全角に修正
        rng.Value = _
            WorksheetFunction.Phonetic(rng)
        '「アカ」を「赤」に修正
        rng.Value = _
            Replace(rng.Value, "アカ", "赤")
    Next
End Sub
```

→ セル範囲B3:B6の値を一括修正

→ セル範囲C3:C6の値を一括修正

実行前　　　　　　　　　　実行後

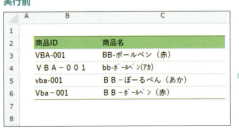

表記が統一される

2 段階的に変換処理を適用する仕組みを作る

解説

「商品名」列の修正は、3つの関数を順番に利用することで表記を統一しています。
まず、StrConv関数の2番目の引数に「半角」「大文字」「カタカナ」を指定する定数を加算して指定し、「半角・大文字・カタカナ」の状態に変換します（この時点でフリガナ情報は失われます）。
次に、WorksheetFunction.Phonetic関数を利用します。この関数は本来、「指定セルのフリガナを取得」するものですが、フリガナ情報のない場合は、アルファベットや漢字はそのままに、カタカナなどはフリガナ設定に従った形式で返す、という特徴があります。既定のフリガナ設定は「全角カタカナ」であるため、結果として、「半角カタカナ部分のみを全角カタカナに変換」する結果となります。
最後に、Replace関数で「アカ」を「赤」に変換します。
3段階の修正も、マクロを使えば一発で済みますね。さらにこの処理を、For Each Nextステートメントを使って指定セル範囲内のセル全てに適用すれば、複雑な手順を踏む変換も、一度作成してしまえば何回でも適用できます。

初期状態

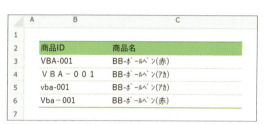

● StrConv関数で半角・大文字・カタカナに変換

```
rng.Value = StrConv( _
    rng.Value, vbNarrow + vbUpperCase + _
    vbKatakana)
```

● WoksheetFunction.Phonetic関数でカタカナを全角カタカナに

```
rng.Value = WorksheetFunction.Phonetic(rng)
```

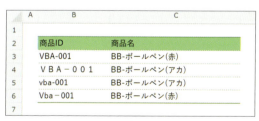

● Replace関数で「アカ」を「赤」に

```
rng.Value = Replace(rng.Value, "アカ", "赤")
```

Column　イミディエイトウィンドウでテストを行う

変数や関数を利用するようになってくると、コードの途中で変数の値を確認したり、関数の動きをテストしてみたくなります。こんなときに便利なのが**イミディエイトウィンドウ**です。
イミディエイトウィンドウは、VBE画面で［表示］→［イミディエイトウィンドウ］、もしくは Ctrl + G キーで表示されるウィンドウです。コード中に、「Debug.Print」に続き、出力したい値をカンマ区切りで列記すると、その値がイミディエイトウィンドウに出力されます。

```
Debug.Print "hello", "vba"
```

マクロの途中で「Debug.Print」を記述すれば、その時点での変数の値を出力したり、セルの値を出力したりといったことも可能です。
また、値を出力するだけでなく、直接ちょっとしたコードを記述して実行することも可能です。例えば、

```
? replace("ExcelVBA", "Excel", "エクセル")
```

と入力して Enter キーを押すと、コードが実行され、Replace関数によって表記の変更が行われます。ちなみに、コード先頭の「?」は、イミディエイトウィンドウ内では「Debug.Print」の簡易構文として機能します。

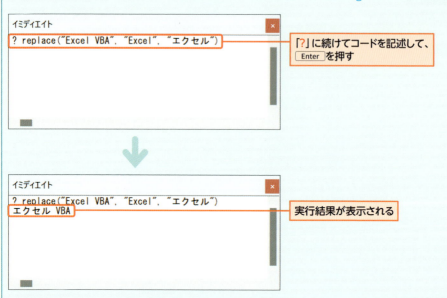

この仕組みを使うと、変数や関数の結果を出力したり、ちょっとしたコードのテストも可能となります。非常に手軽で便利なので、是非お試しを。

第11章

条件に合わせて処理を変更する

　この章では、「条件分岐」の仕組みをご紹介していきます。条件分岐の仕組みが使えるようになると、今まで手作業で行ってきた「どのマクロを使うのか」などの判断まで自動化できるようになります。より高度な作業までマクロにまかせたい方にとっては、頼りになる仕組みとなるでしょう。

Section 68	▶	条件分岐で処理の流れを変更する
Section 69	▶	〇か×かを判定する条件式
Section 70	▶	If ステートメントで処理の流れを分岐する
Section 71	▶	Select Case ステートメントで処理の流れを分岐する
Section 72	▶	実践 条件分岐で入力をチェックする

Section 68 条件分岐で処理の流れを変更する

ここで学ぶのは
- 条件分岐
- 条件式
- 条件分岐用のステートメント

マクロの内容は、基本的にコードの上から下へと順番に実行されます。この流れを場合に応じて分岐させたり、停止させたりできる仕組みが「条件分岐」です。条件分岐の仕組みを使えば、複数用意しておいた流れの中から、適した流れを選択し、実行できるようになります。

1 条件分岐は何のために利用するか？

条件分岐の仕組みは、通常、上から下へと一連の処理を実行するプログラムに、「流れの分岐」を付ける仕組みです。言い換えると、**「あらかじめ何パターンか処理の流れを用意しておき、そのうちのどの流れを実行するのかを自動選択できる仕組み」**と言えます。

条件分岐の仕組みを使うことで、「セルの値に応じて転記先を変える」「変数の値によって計算方法を変える」「実行時の曜日によって出荷数を変える」など、プログラムの流れをフレキシブルに変更できるようになります。
通常のマクロが「一連の処理の自動化」だけであるのに対し、条件分岐の仕組みが加わると、**「どの処理を実行するかの判断の自動化」**までを行えるようになります。

条件分岐のないマクロの処理の流れ

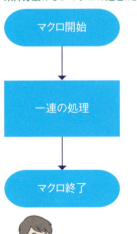

条件分岐のあるマクロの処理の流れ

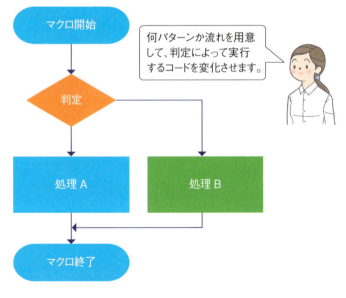

 Point 条件分岐はあらかじめ処理の流れを用意しておき、判定によって実行するコードを変化させる。

2 条件式と判定用のステートメント

条件分岐を行うには、まず、**「どうなった場合に流れを変えるのか」を判定する仕組み**が必要です。この仕組みを<u>条件式</u>と言います。条件式の作り方、書き方に関しては、「Section69 ○か×かを判定する条件式」で学習します（218ページ参照）。

続いて、**「条件式の結果に応じて、具体的にどの流れを実行するのかを指定する仕組み」**が必要です。この仕組みが<u>Ifステートメント</u>です。Ifステートメントに関しては、「Section70 Ifステートメントで処理の流れを分岐する」で学習します（220ページ参照）。また、Ifステートメントとは異なる条件分岐用のステートメントとして<u>Select Caseステートメント</u>も用意されています。こちらは「Section71 Select Caseステートメントで処理の流れを分岐する」で学習します（224ページ参照）。

● 条件式とは？

- 条件分岐をするための判断（判定）を行う式（218ページ参照）
- TrueかFalseかの真偽値で判定（219ページ参照）
- 主に比較演算子を使って判定（218ページ参照）
- 判定を行える関数もある（206ページ参照）

● 条件式と組み合わせて流れを変えるIfステートメント

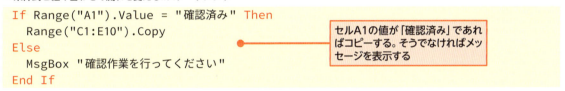

● 幾つかのケースに応じて流れを変えるSelect Caseステートメント

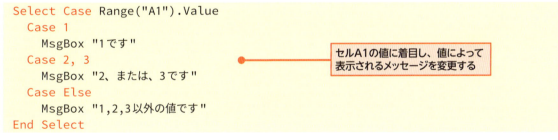

> **Hint** 流れの一部分だけ分岐させ、残りは元の流れに戻ることも可能

条件分岐の仕組みは処理の流れを分岐させますが、「一度分岐したら、完全に別々の流れになる」というわけではありません。大きな流れのうち、一部分だけ流れを分けることも可能です。むしろ、そういう場合がほとんどです。
例えば、「あるシートから別のシートに商品の価格を転記する」処理の場合、大まかな転記の流れは変わりませんが、「セール期間中であれば転記前に2割引きの価格を計算する流れに分岐し、それから転記する流れに戻る」なども可能です。

Section 69 〇か×かを判定する条件式

練習用ファイル 📁 条件式の使い方.xlsm

ここで学ぶのは
▶ 条件式
▶ 比較演算子
▶ And/Or演算子

条件分岐の仕組みのカギとなるのが「〇か×か」を判定する仕組みである「条件式」です。VBAではどのようにして判定を行うのか、その実際の記述方法はどのようにすればよいのかを学習していきましょう。

1 条件式とは？

条件分岐は、**コードの中で「〇か×か」という「判定」を行い、その結果によって実行する処理を変更する仕組み**です。そこで、まずは判定を行う方法を見ていきましょう。

判定を行う式を、条件式や条件判定式と呼びます。VBAで条件式を記述するときは、「＝（イコール）」などの比較演算子を利用するのが一般的です。

条件式は、判定の結果として「True」か「False」を戻り値とします。戻り値が「Trueであれば〇」「Falseであれば×」です。このように「True」か「False」で表される値を真偽値と呼びます。

セルA1の値は「こんにちは」である。〇か×か？

条件式
`Range("A1").Value = "こんにちは"`

> **Point** 「〇か×か」という問いかけは、「条件式」の仕組みを使って判定する。

条件式に使う演算子を特に、「比較演算子」と呼びます。VBAでは「＝」「＞」「＜」の三種類を組み合わせて条件式を作成していきます。

「等しくない」ことを表す場合、専用の演算子は存在しないので、大なり、小なりの不等号を組み合わせ「<>」と記述します。「5 <> 2」は「5と2は等しくないかどうか」という意味となり、結果は「等しくない」ので「True」となります。「＝」は「値の代入」に利用する代入演算子でもありますが、コードの流れによって、代入か比較かが判断されます。条件式と判断されれば比較演算子として機能するようになります。

● 比較演算子 (抜粋)

判定の種類	演算子	使用例	結果
等しい	=	5 = 2	False
等しくない	<>	5 <> 2	True
より小さい	<	5 < 2	False
以下	<=	5 <= 2	False
より大きい	>	5 > 2	True
以上	>=	5 >= 2	True

2 「True」か「False」で判定する

解説

条件式を書く場合、比較演算子の左辺と右辺の値は、「5」や「"VBA"」などの値だけでなく、「2 * 5」「Range("A1").Value」といった計算式やプロパティの値を取得する式、はたまた変数なども指定可能です。
サンプルでは、各々の条件式の結果が、「True」「False」の真偽値で返されているのが確認できますね。

注意 シート上では大文字になる

真偽値はワークシート上に書き込むと「TRUE」「FALSE」と全て大文字で入力されます。コード上で真偽値を扱う際には「True」「False」となります。

● 条件式の結果を確認する

```
Sub 条件式の作成()
    Range("C3").Value = 5 = 3
    Range("C4").Value = 5 > 3
    Range("C5").Value = 5 < 3
    Range("C6").Value = 10 <= 2 * 5
    Range("C7").Value = 10 >= 3 * 3
    Range("C8").Value = _
    Range("B2").Value = "条件式"
End Sub
```

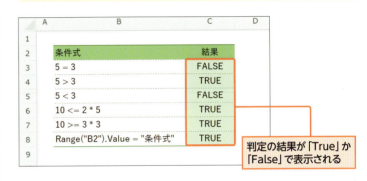

判定の結果が「True」か「False」で表示される

3 「And」と「Or」で少し複雑な条件式を作成する

解説

幾つかの条件式を組み合わせて判定したい場合には、And演算子とOr演算子を利用します。
個々の条件式をAnd演算子で繋ぐと、その条件式は**「繋いだ条件式を共に満たす場合はTrue、そうでない場合はFlase」**を返します。
Or演算子で繋ぐと、**「繋いだ条件式のいずれかを満たす場合はTrue、そうでない場合はFlase」**を返します。
よく使うのは、And演算子を使って「特定の範囲に収まっているかどうか」を判定する式です。変数tmpを用意し、
`tmp >= 0 And tmp <= 10`
と条件式を記述した場合は、「変数tmpが0～10の間に収まっている場合はTrue」という条件式となります。

● AndとOrを利用して判定する

```
Sub AndとOrの利用()
    Range("C3").Value = 10 > 5 And 10 < 8
    Range("C4").Value = 10 > 5 Or 10 < 8
    Dim tmp As Long
    tmp = 5
    Range("C5").Value = tmp >= 0 And tmp <= 10
End Sub
```

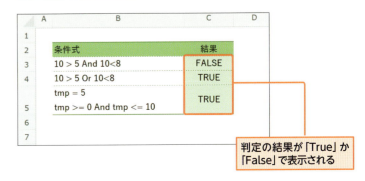

判定の結果が「True」か「False」で表示される

Section 70 Ifステートメントで処理の流れを分岐する

練習用ファイル　Ifステートメント.xlsm

ここで学ぶのは
- Ifステートメント
- Else句
- ElseIf句

Ifステートメントと条件式を組み合わせると、プログラムの流れを分岐できます。書き方によって、2パターンに分岐させたり、それ以上に分岐させたりと、さまざまに流れをコントロール可能です。

1 Ifステートメントで条件式の結果によって分岐する

解説

Ifステートメントは、条件式と組み合わせてプログラムの流れを変更する仕組みです。「If」から始まり、「End If」までが一連の処理（ステートメント）となります。
「If」の後ろに半角スペースを入力して、判定用の条件式を記述します。さらに半角スペースを入力して、「Then」を記述して改行します。以降「End If」と記述された行までの間に記述されたコードは、**条件式による判定が「True」のときだけ**実行されます。
サンプルでは、「セルB3の値が50以上かどうか」という条件式（`Range("B3").Value >= 50`）の判定が「True」だった場合のみ、MsgBox関数でメッセージダイアログを表示します。

Memo 右辺と左辺に対象を指定する

And演算子やOr演算子を使った条件式を作る際には、同じ対象に対する条件式でも、個々の条件式の左辺に対象を指定する必要があります。よくあるミスが、「`tmp >= 0 And <= 10`」という条件式の右辺のみを繰り返す書き方です。注意しましょう。

● Ifステートメントを利用した条件分岐

```
Sub Ifステートメントで条件分岐()
    If Range("B3").Value >= 50 Then
        MsgBox "50点以上！合格です！"
    End If
End Sub
```

条件式がTrueの場合だけコードを実行する

条件式が「True」の場合

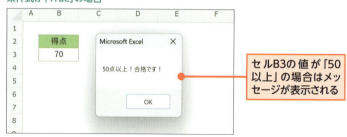

セルB3の値が「50以上」の場合はメッセージが表示される

条件式が「False」の場合

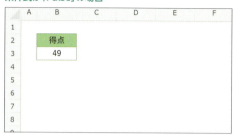

● Ifステートメントで条件分岐

```
If 条件式 Then
    条件式がTrueの場合に実行したいコード
End If
```

2 Elseを使って条件式がFalseの場合の処理を追加する

解説

IfステートメントにElse句（Elseディレクティブ）を加えると、**条件式がTrueだった場合に実行するコード**と、**Falseだった場合に実行するコード**の2種類の処理の流れに分岐できます。

Trueだった場合に実行される箇所は、「Then」〜「Else」の間に挟まれた部分です。Falseだった場合に実行される箇所は、「Else」〜「End If」の間に挟まれた部分となります。

● Elseを利用した条件分岐

```
Sub Elseを加えて条件分岐()
    If Range("B3").Value >= 50 Then
        MsgBox "50点以上！合格です！"
    Else
        MsgBox "残念！50点に届かず！"
    End If
End Sub
```

条件式がTrueの場合に実行されるコード
条件式がFalseの場合に実行されるコード

条件式が「True」の場合

セルB3の値が「50以上」の場合用のメッセージが表示される

条件式が「False」の場合

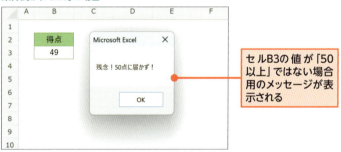

セルB3の値が「50以上」ではない場合用のメッセージが表示される

 Memo　1行で記述することも可能

「Then」〜「End If」までの間には、複数行のコードを記述できますが、実行したいコードが1行のみの場合には、「Then」の後ろに半角スペースを入力して、続けて実行したいコードを記述することも可能です。

If 条件式 Then 実行したいコード

この形式の場合は「End If」は不要です。記述がシンプルになりますね。ただ、「条件式がTrueの場合に実行したい処理は何なのか」が見つけにくくなるので、そのあたりも勘案して、利用するかどうかを決めてください。

● Ifステートメントに条件式が「False」の場合の処理を追加

```
If_条件式_Then↵
    条件式がTrueの場合に実行したいコード↵
Else↵
    条件式がFalseの場合に実行したいコード↵
End_If↵
```

 Point 条件式が「True」の場合と「False」の場合、それぞれの処理を記述することができる。

3 ElseIfでさらに条件式を追加して分岐させる

解説

IfステートメントにElseIf句（ElseIfディレクティブ）を加えると、分岐数を増やすことができます。

「If Then」～「End If」の間に、「ElseIf 条件式 Then」と記述すると、その区間（コードブロック）に記述したコードは、**ElseIf句で指定した条件式が「True」のときに実行**されます。このElseIf句による新たな条件式に対応するコードブロックは、複数追加可能です。

また、全ての条件式の結果が「False」だった場合に実行したい処理がある場合には、IfステートメントのElseIf句を配置します。
サンプルでは、「セルF2の値が『あり』かどうか」「セルF3の値が『期間中』かどうか」という2種類の条件式で判定を行い、それぞれのケースで実行したいコードを指定しています。さらに、2つの条件式が共に「False」だった場合の処理を、Else句を使って指定しています。

● ElseIfで条件分岐の数を増やす

```
Sub ElseIfを加えて条件分岐()
    '条件式に使う変数を用意する
    Dim useCoupon As Boolean, isSale As Boolean
    Dim discountPrice As Long
    '条件式を変数に代入する
    useCoupon = Range("F2").Value = "あり"
    isSale = Range("F3").Value = "期間中"
    '変数を使って条件式を指定する
    If useCoupon = True Then
        discountPrice = 50000              ← 1つ目の条件式がTrueの場合
    ElseIf isSale = True Then
        discountPrice = _
            Int(Range("C3").Value * 0.2)   ← 2つ目の条件式がTrueの場合
    Else
        discountPrice = 0                  ← どちらもFalseの場合
    End If
    Range("C4").Value = discountPrice * -1
End Sub
```

1つ目の条件式が「True」の場合

「If」部分のコードの結果が表示される

実行前

この値で条件式を判定する

2つ目の条件式が「True」の場合

「ElseIf」部分のコードの結果が表示される

両方とも「False」だった場合

「Else」部分のコードの結果が表示される

解説

Ifステートメントに ElseIf 句を組み合わせると、複数の条件式を使った処理の分岐を行えますが、その際に重要になるのが条件式の順番です。

条件式は、上から書いてあるものから順番に評価され、True になるものがあった場合、その条件式に応じたコードブロックの内容のみが実行され、以降の条件式は判定結果が True であっても実行されません。

左ページのサンプルで言えば、「クーポン『あり』」「セールス『期間中』」と、2つの条件式が共に True であっても、先に書いた条件式である「クーポン『あり』」のコードブロックのみが実行され、「セールス『期間中』」用の処理は実行されません。

条件式を書く順番によって、判定の優先順位が決まってくる、というわけですね。

● ElseIfで条件式を追加

```
If 条件式1 Then
    条件式1がTrueの場合に実行したいコード
ElseIf 条件式2 Then
    条件式2がTrueの場合に実行したいコード
Else
    全て条件式がFalseの場合に実行したいコード
End If
```

ElseIf を使う際のポイント
! 複数の条件式を使って処理を分岐できる。
! 複数の条件式は上から順番に評価される。
! 条件式のいずれかが True の場合、その条件式に応じたコードブロックの内容「だけ」が実行される。

 Hint　コードが長くなる条件式は変数で扱うとわかりやすくなる

長い条件式は、Ifステートメント内にそのまま記述するとコードが見にくくなってしまうという問題があります。このようなケースでは、条件式の結果をいったん Boolean 型の変数に格納し、Ifステートメントの条件式部分で利用すると、コードがスッキリします。Boolean 型は、True や False（真偽値）を扱うためのデータ型です。

```
Dim useCoupon As Boolean
useCoupon = Range("F2").Value = "あり"
If useCoupon = True Then
```

この際、変数名を「何を判定しているのか」が想像できるようなものにしておくと、後から見直したときに、どんな判定を行っているのがわかりやすくなります。

なお、上記コードの「`If useCoupon = True Then`」の部分は、「True か False かの条件式の結果が True であるか」を判定する条件式となっていますので、やや冗長です。この部分は以下のように記述することも可能です。

```
If useCoupon Then
```

こちらのように記述すると余計な判定をする回数が減りますが、意味の読み取りやすさという点では上記より劣ります。どちらの方式を使うかは、好みに合わせて決めてください。

Section 71 Select Caseステートメントで処理の流れを分岐する

練習用ファイル 📁 Select Caseステートメント.xlsm

「曜日別に処理を分けたい」「期間別に処理を分けたい」など、1つの要素に着目し、その値によって幾つかに処理を分岐したいといった場合に便利なのが「Select Caseステートメント」です。要素の指定方法と、ケース別の処理の書き方を学習していきましょう。

ここで学ぶのは
▶ Select Caseステートメント
▶ ケースに応じて条件分岐
▶ いろいろなケースの指定

1 ケース別に処理の流れを分岐する

解説

Select Caseステートメントでは、**特定の値に着目し、その値に応じてケース別に処理を分岐**できます。

まず、「Select Case」の後ろに着目する値を記述します。その後、「End Select」までの間では「Case ケースの値」の形式で、着目する値に応じたケースごとに実行するコードブロックを作成できます。このコードブロックは、複数作成可能です。

また、全てのケースに当てはまらない場合に実行したい処理は、「Case Else」コードブロックを用意し、そこに記述します。

● Select Caseで分岐する

```
Sub SelectCaseで条件分岐()
    Select Case WeekdayName( _
        Weekday(Range("B3").Value))
        Case "水曜日", "土曜日"
            MsgBox "燃えるゴミの日です"
        Case "金曜日"
            MsgBox "カン・ペットボトルの日です"
        Case Else
            MsgBox "ゴミ捨ての日ではありません"
    End Select
End Sub
```

注目する値
値ごとのコード
どの値にも当てはまらない場合のコード

「水曜日または土曜日」のケース

「セルB3のシリアル値から得られる曜日文字列」に着目

「金曜日」のケース

ケースに応じたメッセージが表示される

「当てはまらない場合」のケース

● Select Caseステートメントで条件分岐

```
Select Case 着目したい値
    Case 値1
        値1のケースに実行したいコード
    Case 値2
        値2のケースに実行したいコード
    Case Else
        全てのケースに当てはまらない場合のコード
End Select
```

※Case Elseコードブロックは省略可能

解説

Select Caseステートメントで複数ケースを指定した際、ケースに当てはまるかどうかの検証は、上から順に行われます。そして、**当てはまった最初のケースのコードブロックの内容のみが実行されます。**
以降のケースにも当てはまる場合でも、実行されるのは最初に当てはまったケースのみです。

2 ケースのいろいろな指定方法

● ケースの指定方法

```vba
Sub いろいろなCase()
    '注目する値を変数に代入する
    Dim score As Long
    score = 3
    'ケースを指定する
    Select Case score
        Case 1
            MsgBox "1です"
        Case 2, 3
            MsgBox "2、または、3です"
        Case 4 To 10
            MsgBox "4～10の範囲"
        Case Is > 10
            MsgBox "10より上の値"
        Case Else
            MsgBox "上記ケースに当てはまらない値"
    End Select
End Sub
```

解説

Case句で値を指定する際には、カンマやToキーワードなどを利用することで、対象となる値を指定可能です。
複数の値を対象としたい場合は、**カンマ区切り**で列記します。
特定範囲を対象としたい場合は、**Toキーワード**で開始値と終了値を指定します。
さらに、「**Is 比較演算子 値**」の形式で記述すると、「○○以下」「○○以上」といった形での指定も可能です。
サンプルでは、変数「score」の値に着目し、5パターンのケースに処理を分岐しています。

● Case句で利用できる指定方法

指定方法	例	解説
単一の値	Case 1	単一の値のみ指定
複数の値	Case 2, 3	複数の値をカンマ区切りで列記
範囲	Case 4 To 10	範囲の開始値と終了値をToで指定
比較演算子の利用	Case Is > 10	「Is 比較演算子 値」で指定。例は「10より上」のケースとなる

Section 72 実践 条件分岐で入力をチェックする

練習用ファイル 📁 条件分岐で必要事項のチェック.xlsm

伝票形式の帳票に必要な値が入力されているかどうかのチェックを行うマクロを作成してみましょう。入力が必要なセルをターゲットにして、値の入力の有無をチェックします。あわせて、一連の値が全て入力されているかどうかをチェックするコツを見てみましょう。

ここで学ぶのは
- 条件分岐
- WorksheetFunction
- Exit Subステートメント

1 指定セルの値をチェックして処理を分岐する

解説

セルに値が入力されているかどうかは、「Valueプロパティが『""』かどうか」で判定できます。サンプルでは「氏名」を入力するセルC2の値をチェックし、未入力である場合にはセルC2を選択してメッセージを表示し、**Exit Sub**ステートメントで、その時点でマクロの処理を終えます。

セルC2に値が入力されている場合は、セル範囲B5:D5の3つのセルについて判定します。「全て未入力」「いずれかが未入力」「それ以外（全て入力されている）」の3パターンで処理を分岐します。

「全て未入力」は、WorksheetFunctionの仕組みを使い、空白セルの個数を返す**COUNTBLANK**ワークシート関数で判定しています。全て未入力の場合も、メッセージを表示してマクロの処理を終えます。

「いずれかが未入力」は、空白でないセルの個数を返す**COUNTA**ワークシート関数で判定しています。いずれかが未入力の場合は、**SpecialCells**メソッド（172ページ参照）を利用し、範囲内の空白セルを選択したうえでメッセージを表示し、マクロの処理を終えます。

そして、上記の判定を全てクリアしてきたときにだけ、最後の1行のコードが実行され、全て入力されている場合のメッセージを表示します。

● セルに必要な値が入力されているかどうかをチェック

```
Sub 伝票のチェック()
  Dim checkRng As Range
  '申請者が未入力であればメッセージ表示
  Set checkRng = Range("C2")
  If checkRng.Value = "" Then
    checkRng.Select
    MsgBox "申請者が未入力です"
    Exit Sub
  End If
  '明細にデータが入力されているかをチェック
  Set checkRng = Range("B5:D5")
  If WorksheetFunction. _
    CountBlank(checkRng) = 3 Then
    checkRng.Select
    MsgBox "明細が未入力です"
    Exit Sub
  End If
  '明細データにヌケがないかチェック
  If WorksheetFunction. _
    CountA(checkRng) < 3 Then
    checkRng. _
      SpecialCells(xlCellTypeBlanks).Select
    MsgBox "明細に未入力項目があります"
    Exit Sub
  End If
  MsgBox "必要なデータは全て入力されています"
End Sub
```

2 処理の流れを確認する

解説

マクロを実行して、処理の流れを確認してみましょう。セルの状態を変更しながら、それぞれメッセージが切り替わることを確認してください。

「申請者」が未入力の場合

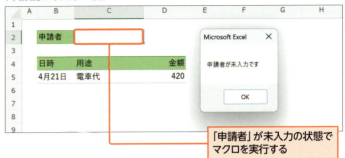

「申請者」が未入力の状態でマクロを実行する

「明細」が全て未入力の場合

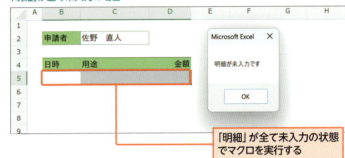

「明細」が全て未入力の状態でマクロを実行する

Key word: Exit Sub ステートメント

Exit Subステートメントが実行されると、その時点でマクロを終了します。Ifステートメントと Exit Subを組み合わせることで、**特定の条件の場合は、その場でマクロを終了する**、といったことも可能になります。

「明細」が一部未入力の場合

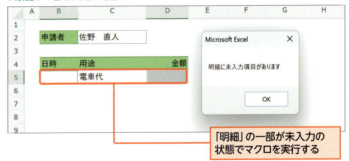

「明細」の一部が未入力の状態でマクロを実行する

全て入力されている場合

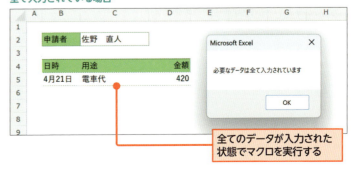

全てのデータが入力された状態でマクロを実行する

Column 条件分岐を入れ子にする

分岐した流れの中で、さらに処理の流れを枝分かれさせたい場合には、Ifステートメントを入れ子にして利用することも可能です。

入れ子のIfステートメント

```
If␣条件式1␣Then↵
    条件式1がTrueの場合に実行したいコード↵
    If␣条件式2␣Then↵
        条件式2がTrueの場合に実行したいコード↵
    End␣If↵
    条件式1がFalseの場合に実行したいコード↵
End␣If↵
```

ちょっと流れが複雑になるので、しっかりとインデント（字下げ）で分岐している流れの区別がつくようにしていきましょう。

また、入れ子の階層が深くなりすぎるとコードの流れが非常にわかりにくくなります。その場合には、Exit Subステートメントを組み合わせ、「この条件であれば、このマクロはここまでで終了」という終了条件を幾つか並べ、段階を踏んで実行するような形にした方がシンプルになる場合もあります。

Exit Subと組み合わせる

```
任意の処理
If␣条件式1␣Then↵
    Exit␣Sub↵
End␣If↵
条件式1がTrueでない場合に続行する処理↵
If␣条件式2␣Then↵
    Exit␣Sub↵
End␣If↵
条件式1、2がTrueでない場合に続行する処理↵
```

この形式の条件式は「マクロの終了条件」となりますね。「○○だったら終了、違う場合は続行」という形式のマクロを作成したい場合には、うまく取り入れてみてください。

第**12**章

処理を繰り返し
実行する

　この章では、「繰り返し処理」の仕組みをご紹介します。決まった作業を100回でも
1000回でも自動で行えるようになる繰り返し処理は、マクロの「花形」と言ってよい
仕組みです。業務効率が劇的にアップします。特に「単純だけど時間がかかる作業」の
自動化においてはとても強力な味方となってくれるでしょう。ぜひ、マスターしていき
ましょう。

Section 73	▶	ループ処理で同じ処理を繰り返し実行する
Section 74	▶	決まった回数や決まった範囲を繰り返す
Section 75	▶	リストアップした項目全てに対して繰り返す
Section 76	▶	条件を満たしている間は処理を繰り返す
Section 77	▶	ループ処理を途中で終了する
Section 78	▶	検索処理とループ処理を組み合わせる
Section 79	▶	実践 リストを作って一括置換する

Section 73 ループ処理で同じ処理を繰り返し実行する

練習用ファイル 📁 ループ処理.xlsm

ここで学ぶのは
▶ ループ処理
▶ For Nextステートメント
▶ Do Loopステートメント

Excelのマクロの仕組みの中で、最も役に立つと言って差し支えないのが、「ループ処理」です。ループ処理とは、一連の操作を何度も何度も繰り返して実行できる仕組みです。マクロの便利さが一気にレベルアップする仕組みですので、是非、使いこなせるようになりましょう。

1 ループ処理は何のために利用するか？

ループ処理（繰り返し処理）は、**通常は上から下へと一連の処理を実行するプログラムに、「繰り返し」の流れを付ける仕組み**です。ループ処理の仕組みを使うことで、「1つのセルの値をチェックする」処理を「1000個のセルの値をチェックする」処理にしたり、「1つのシートを転記する」処理を「ブック全体のシートを転記する」処理にしたり、「1つのブックから集計する」処理を「全てのブックから集計する」「特定フォルダー内の全てのブックから集計する」処理にしたりと、一気に1つのマクロで操作できる対象を広げられます。

手作業では1日かかるような仕事も、ループ処理の仕組みを使ったマクロであれば一瞬で終わってしまう、なんてことも夢ではない非常に強力な仕組みなのです。

ループ処理は、効率化や時間短縮を狙うマクロにおいてカギとなる仕組みです。プロパティやメソッドを利用する機能の自動化とは少々仕組みが異なり、戸惑うかもしれませんが、是非、マスターして活用できるようになりましょう。

複数対象を操作する際、ループ処理を使わないマクロの流れ

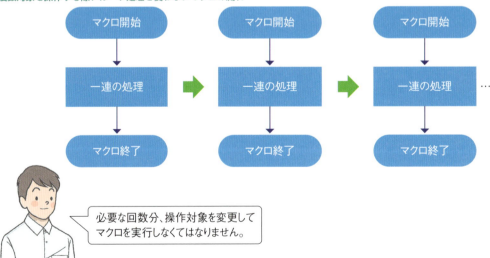

必要な回数分、操作対象を変更してマクロを実行しなくてはなりません。

ループ処理を使うマクロの流れ

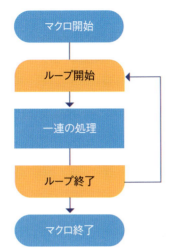

マクロの中に、「何回繰り返すか」「どのグループ全体を繰り返すのか」「いつまで繰り返すか」などを指定し、1回マクロを実行するだけで全ての対象を操作できるようにします。

2 ループ処理を行うための仕組み

VBAにはループ処理を行うための仕組みが幾つか用意されています。ひとくちに「処理を繰り返したい」と言っても、どのように繰り返したいのかに分けて、それぞれに応じた構文が用意されているというわけですね。
ざっと分けると、**「決められた回数繰り返したい」**のであれば、For Nextステートメントが合います。**「決められたグループ内のメンバー全てに繰り返したい」**のであれば、For Each Nextステートメントが合います。さらに、**「ある条件を決めて、その条件を満たす間は繰り返したい」**のであれば、Do Loopステートメントが合うでしょう。それぞれのステートメントの構文とポイントは、随時解説していきます。

● For Nextステートメント（10回繰り返す）

```
For i = 1 To 10
    Cells(i, "A").Value = i & "回目の処理"
Next
```

・「10回繰り返したい」「5行目から10行目まで繰り返したい」
・開始値と終了値を決め、その間の回数だけ繰り返す
・「カウンタ変数」で何回目の処理かが把握できる

● For Each Nextステートメント（シート全体に繰り返す）

```
For Each sh in Worksheets
    sh.Range("A1").Value = "Hello"
Next
```

・「選択セル全体に繰り返したい」「全シートに繰り返したい」
・操作対象のグループを決め、そのメンバー全てに繰り返す
・操作対象のグループは、自分で値やオブジェクトのリストを作成できる
・「メンバー変数」で操作対象を把握できる

● Do Loopステートメント（空白になるまで繰り返す）

```
Do While ActiveCell.Value<> ""
    ActiveCell.Next.Value = "○"
    ActiveCell.Offset(1).Select
Loop
```

・「空白セルになるまでは繰り返したい」「1000に達するまでは繰り返したい」
・ループを終わらせる終了条件を決め、それを満たすまでは繰り返す

Section 74 決まった回数や決まった範囲を繰り返す

練習用ファイル 📁 ForNextでループ処理.xlsm

「ある処理を10回繰り返したい」「表の5行目から100行目まで繰り返したい」など、決まった回数や決まった範囲の処理を繰り返したい場合には、「For Nextステートメント」を利用します。どのような仕組みで回数や範囲を指定するのかを学習していきましょう。

ここで学ぶのは
- ループ処理
- For Nextステートメント
- カウンタ変数

1 指定した回数だけ処理を繰り返す

解説

For Nextステートメントでループ処理を作成する場合、まず、ループの回数（範囲数）を把握するための**カウンタ変数**を1つ用意します。続いて、「**For カウンタ変数 = 開始値 To 終了値**」の形式で、**開始値と終了値を指定して繰り返し回数を決定**します。カウンタ変数が「i」のとき、次のコードは開始値「1」から終了値「10」までの間の回数、つまり、10回処理を繰り返す指定となります。

`For i = 1 To 10`

これ以降、「Next」までの間のコードが指定回数分だけ繰り返されます。

なお、「何回目の処理なのか」の値は、カウンタ変数を通じて取得可能です。1回目の処理ではカウンタ変数の値は「1」、2回目の処理では「2」、10回目であれば「10」と「1」ずつカウントアップされます。**カウンタ変数の値を繰り返し実行するコードで利用**すると、同じ処理でもループの回数ごとに変化が付けられます。

サンプルでは「アクティブセルに値を入力し、1つ下のセルを選択する」という処理を、開始値「1」、終了値「5」、つまり5回繰り返して実行しています。

また、入力する内容は、カウンタ変数「i」の値を使って、何回目の処理で入力された値なのかをわかるようにしています。

● 5回繰り返す

```
Sub ForNextで繰り返す()
    Dim i As Long
    Range("C3").Select
    For i = 1 To 5
        ActiveCell.Value = "処理回数：" & i
        ActiveCell.Offset(1).Select
    Next
End Sub
```

- `Dim i As Long` → カウンタ変数を用意する
- `ActiveCell...` → 繰り返して実行したいコード

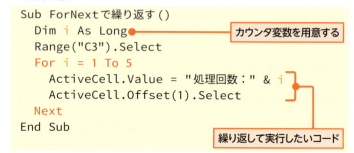

実行前 / 実行後 → セルへの入力処理が5回繰り返される

● For Nextステートメントでループ処理

```
Dim␣カウンタ変数
For␣カウンタ変数␣=␣開始値␣To␣終了値↵
    繰り返し実行したいコード↵
Next↵
```

2 指定した行・列に対して処理を繰り返す

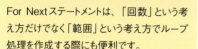

For Nextステートメントは、「回数」という考え方だけでなく「範囲」という考え方でループ処理を作成する際にも便利です。

例えば、開始値を「5」、終了値を「100」とすれば、「5～100の範囲のループ処理」となります。特にExcelは、行番号や列番号を使って操作するセルを指定できますので、**カウンタ変数の値を行番号や列番号として利用**すると、「特定の範囲のセルに対する操作」を一気に自動化できます。

サンプルでは、開始値「3」、終了値「7」のループ処理を作成しています。ループ処理内では、カウンタ変数の値をCellsの行番号指定に利用し、結果として「C列の3行目～7行目のセルへの操作を繰り返し行う」という処理になっています。

● 3行目から7行目まで繰り返す

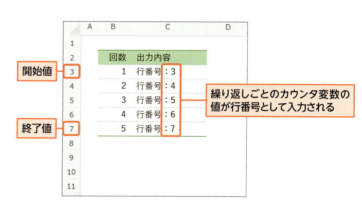

 カウンタ変数を用意して、繰り返しの「開始値」と「終了値」をFor Nextステートメント内で指定する。

Hint　カウンタ変数の名前の付け方

For Nextステートメントを利用する際には、必ず「カウンタ変数」を用意しなくてはいけません。このカウンタ変数の名前は、自由に付けられますが、ある程度の命名ルールがあるとコードが見やすくなります。

VBAに限らず、プログラムの世界では伝統的に「i」や「j」というカウンタ変数名がよく使われます。英単語「index」の頭文字で「i」という説がありますが、起源は定かではありません。ただ、あまりにポピュラーなので「『i』を見たらカウンタ変数と判断できる」というくらい広まっている名付けルールですので、迷ったら「i」もしくは「j」と名付けておくのがよいでしょう。

また、行番号や列番号などにカウンタ変数を利用する場合には、その用途がわかるように「rowIndex」「rowIdx」「colmnIndex」「colIdx」などと名付けておくのでもよいでしょう。

Section 75 リストアップした項目全てに対して繰り返す

練習用ファイル 📁 ForEachNextでループ処理.xlsm

ここで学ぶのは
▶ ループ処理
▶ For Each Nextステートメント
▶ メンバー変数

「指定セル範囲全てに処理を行いたい」「シート全てに処理を行いたい」「リストアップした項目全てに処理を行いたい」という場合には、「For Each Nextステートメント」を利用します。どのような仕組みで対象グループを指定し、個々のメンバーを扱っていくのかを学習していきましょう。

1 セル範囲に対して処理を繰り返す

解説

For Each Nextステートメントでループ処理を作成する場合、まず、グループを指定するための変数（本書では**メンバー変数**と呼びます）を1つ用意します。

続いて、「For Each メンバー変数 In 対象グループ」の形式で、**扱いたいグループを指定**します。扱いたいグループとは、セル範囲（Rangeオブジェクト）であったり、シート全体（Worksheetsコレクション）であったりと、さまざまなものが考えられます。

これ以降、「Next」を記述した行までの間のコードでは、**メンバー変数にグループ内の個々のオブジェクトが順番に代入されながら処理を実行**していきます。そして、全てのメンバーに対して処理を行った時点で、ループ処理を終了します。

グループ内の個々のメンバーがRangeなどのオブジェクトであれば、メンバー変数を通じて、個々のオブジェクトに対する操作ができます。文字列や数値などの値であれば、メンバー変数を通じて個々の値を利用できます。

サンプルでは、ループの対象グループに「セル範囲B2:D9」を指定し、範囲内のセルに対する操作をメンバー変数「rng」を利用して行い、「都、道、府、県」のうち適した値を付け加えています。

● 指定したセル範囲全てに繰り返す

```
Sub セル範囲をループ()
    Dim rng As Range         ← メンバー変数を用意する
    For Each rng In Range("B2:D9")
        Select Case rng.Value
            Case "北海道", "北海"
                rng.Value = "北海道"
            Case "東京"
                rng.Value = "東京都"
            Case "京都", "大阪"
                rng.Value = rng.Value & "府"
            Case Else
                rng.Value = rng.Value & "県"
        End Select
    Next
End Sub
```

↑ グループに対して繰り返して実行したいコード

範囲内のセルの値の表記を統一する

> **Memo** メンバー変数の
データ型
>
> メンバー変数のデータ型は、どんなグループを指定するかに応じて変わります。

● For Each Nextステートメントでループ処理

```
Dim メンバー変数
For Each メンバー変数 in 対象グループ
    個々のメンバーに対するコード
Next
```

2 全てのセル、シート、ブックに対するループ処理

解説

For Each Nextステートメントでは、「指定セル範囲全体」「シート全体」「開いているブック全体」などを扱う機会が多くあります。この3パターンのコードの記述方法を覚えておくと、より手軽に利用できるようになります。
セル範囲に対してループ処理を行う場合は、**対象グループにセル範囲を指定**します。すると、メンバー変数経由で、個々のセルを操作可能です。
シート全体にループ処理を行う場合は、**対象グループにWorksheetsコレクションを指定**します。すると、メンバー変数経由で、個々のシートを操作可能です。
開いているブック全体にループ処理を行う場合は、**対象グループにWorkbooksコレクションを指定**します。すると、メンバー変数経由で、個々のブックを操作可能です。

● 指定したセル範囲内の全てのセルに対するループ処理の例

```
Dim rng As Range
For Each rng In Range("A1:D10")
    Debug.Print rng.Address
Next
```
対象グループにセル範囲を指定する

● 対象グループにシート全体を指定する

```
Dim sh As Worksheet
For Each sh In ActiveWorkbook.Worksheets
    Debug.Print sh.Name
Next
```
対象グループにWorksheetsコレクションを指定する

● 開いている全てのブックに対するループ処理の例

```
Dim bk As Workbook
For Each bk In Workbooks
    Debug.Print bk.Name
Next
```
対照グループにWorkbooksコレクションを指定する

 Hint メンバー変数の名前の付け方

メンバー変数の変数名は自由に付けられますが、ある程度ルールを決めておくと、コードがわかりやすくなります。特に扱う機会の多いセル、シート、ブックの場合は、候補として「rng」「sh」「bk」があります。それぞれ「Range」「Worksheet」「Workbook」のオブジェクト名を、ごく短く省略したものです。どれもよく使われる変数名であり、見ただけで、どのオブジェクトを扱っているかが読み取れます。変数名に迷った場合は、とりあえずこれらの名前を付けておきましょう。
また、コードの流れによっては、「targetRng」「dataSheet」「dataBook」など、より役割が伝わる変数名を付けるのもよいでしょう。なお、メンバー変数のデータ型は、それぞれ扱うオブジェクトに応じて宣言しましょう。セルであれば「Range」、シートは「Worksheet」、ブックは「Workbook」で宣言します。

3 行や列の全体に対して処理を繰り返す

解説

「特定の表のセル範囲を行単位でループ処理したい」という場合には、「セル範囲.Rows」という形式で対象グループを指定します。するとメンバー変数には、1つひとつのセルが格納されるのではなく、セル範囲内の1行ずつのセル範囲が格納された状態となり、指定セル範囲内の特定の行全体に対する操作となります。

また、同じく、列単位でループ処理をしたい場合には、「セル範囲.Columns」で対象グループを指定します。この場合、メンバー変数には、セル範囲内の1列ずつのセル範囲が格納されます。

● 行全体に対して処理を繰り返す

```
Sub 行全体のループ
    Dim rng As Range
    For Each rng In Range("B2:D7").Rows
        Debug.Print "rngのセル範囲：" & rng.Address
    Next
End Sub
```

Rowsで対象グループを指定する

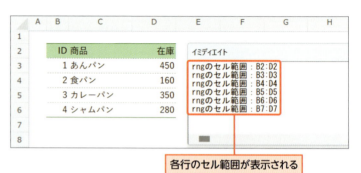

各行のセル範囲が表示される

 Point 行全体に対して繰り返しを行う場合は「セル範囲.Row」をグループに指定する。

Hint 行ごとに取得したセルの、さらに個々のセルを扱うには

行ごとに取得したセル範囲から、さらに個々のセルを扱いたい場合には、相対的なセル指定の仕組みが利用できます。

例えば、行単位のデータを格納したメンバー変数「rng」に続けて「rng.Cells(1)」を記述すれば、「データ内の1つ目のセル」、つまり「変数rngのセル範囲内の1列目のセル」を操作対象として指定できます。

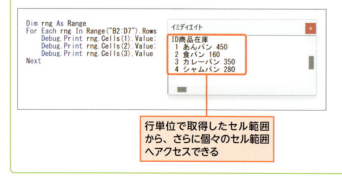

行単位で取得したセル範囲から、さらに個々のセル範囲へアクセスできる

4 リストアップした項目に対して処理を繰り返す

解説

Array関数を利用すると、**自分で作成した任意のリストをもとにしたループ処理**が手軽に作成できます。
方法は、メンバー変数をVariant型（188ページ参照）で用意して、対象グループを指定する際に「Array(メンバー1，メンバー2,…)」の形式でループ処理の対象としたい値をカンマ区切りで列記します。すると、ループ処理内では、メンバー変数にグループ内の個々のメンバーの値が代入されます。あとは、個々の値を生かした処理を作成します。

● Array関数で作成したリストにループ処理を行う

```
Sub Arrayで自作リストをループ()
    Dim productName As Variant
    For Each productName In _
        Array("りんご", "蜜柑", "レモン")
        Debug.Print productName
    Next
End Sub
```

- メンバー変数をVariant型で用意する
- Array関数でリストを作ってグループに指定する

リストの項目が表示される

解説

サンプルでは、Array関数を使って「りんご」「蜜柑」「レモン」の3つの値のリストを作成し、対象グループに指定しています。
ループ処理では、メンバー変数「productName」に代入された個々の値をもとに、フィルター機能でフィルターをかけ、対応する転記先のシートへと結果をコピーしています。
自作リストを使うことで、一連の処理を、非常にシンプルにまとめることができます。

● リストの値を抽出条件の指定に利用する

```
Sub 自作リストをもとにフィルターしコピー()
    Dim productName As Variant
    For Each productName In _
        Array("りんご", "蜜柑", "レモン")
        With Range("B2").CurrentRegion
            .AutoFilter 1, productName
            .Copy Worksheets(productName).Range("B2")
        End With
    Next
End Sub
```

- リストを抽出条件に指定する

リストの値で抽出してシートに転記する

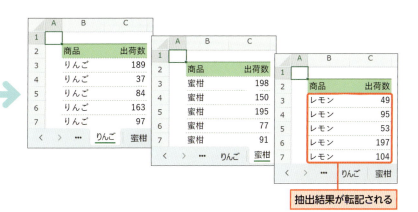

抽出結果が転記される

Section 76 条件を満たしている間は処理を繰り返す

練習用ファイル 📁 DoLoopでループ処理.xlsm

ここで学ぶのは
- Do Loopステートメント
- Whileキーワード
- Untilキーワード

「セルに値が入力されている間は繰り返したい」「終了のマークが出てくるまで繰り返したい」など、特定の終了条件を設定し、その条件を満たしている間（あるいは満たすまでの間）処理を繰り返すには、「Do Loopステートメント」を利用します。どのように終了条件を指定するのかを学習していきましょう。

1 条件を満たしている間は処理を繰り返す

解説

Do Loopステートメントでループ処理を作成する場合、「Do」と「Loop」の間に繰り返したい処理を記述します。そして、Doの後ろに、「While 条件式」の形式で、ループ処理の**終了条件（継続条件）** を記述します。すると、条件式の結果がTrueである限り、「Do」から「Loop」の間に記述された処理が繰り返し実行されます。

なお、繰り返したいコードには、**終了条件の対象や値を更新する処理**を忘れずに記述してください。

サンプルでは、セルD3を起点に下方向のセルへとループ処理を行っています。継続条件は「値が『未』である間」に指定しているので、「未」の入力されている4行分だけ処理を繰り返し、5行目の時点で条件式の結果が「False」になるため、その時点で処理を終了します。

● 条件を満たしている間は繰り返す

```
Sub DoLoopでループ処理()
  Dim rng As Range
  Dim appleCnt As Long, mikanCnt As Long
  Set rng = Range("D3")
  Do While rng.Value = "未"   ← 終了/継続条件
    Select Case rng.Offset(0, -2).Value
      Case "りんご"
        appleCnt = _
          appleCnt + rng.Offset(0, -1).Value
      Case "蜜柑"
        mikanCnt = _
          mikanCnt + rng.Offset(0, -1).Value
    End Select
    rng.Value = "済"
    Set rng = rng.Offset(1)   ← 条件の対象や値を更新する処理
  Loop
  Range("G2").Value = _
    Range("G2").Value + appleCnt
  Range("G3").Value = _
    Range("G3").Value + mikanCnt
End Sub
```

実行前

「未」の間は処理を繰り返す

実行後

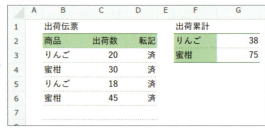

Key word｜Until キーワード

「While」のかわりに「Until」を利用すると、「条件式がTrueになる『まで』繰り返す（Falseの間は繰り返す）」という指定となります。

● Do Loopステートメントループ処理

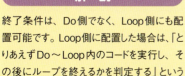

※条件式は、Do側、Loop側のいずれかに記述します。

2 最低でも1回は処理を行うようにする

解説

終了条件は、Do側でなく、Loop側にも配置可能です。Loop側に配置した場合は、「とりあえずDo～Loop内のコードを実行し、その後にループを終えるかを判定する」という意味となります。つまり、**最低でも1回はループ処理内のコードが実行**されます。

それに対してDo側に配置した場合は、ループ処理内のコードを実行する前に終了条件を判定します。そのため、開始時点で終了条件を満たしていれば、ループ処理内のコードは実行されません。

● 最低1回は処理を実行する

```
Sub 最低1回は処理を実行()
    Dim num As Long
    num = 100 '終了条件を満たす値を代入
    Do
        num = num + 33
        Debug.Print "numの値：" & num
    Loop While num < 100
    Debug.Print "numの値が100を超えました"
End Sub
```

終了/継続条件

Loop側に記述した場合

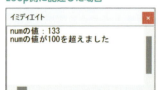

Do側に記述した場合

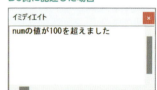

 Point Loop側に終了条件を記述すると、ループ処理内のコードが最低1回は実行される。

Hint｜無限ループに注意する

Do Loopステートメントは、「終了条件を満たすまでは繰り返し続ける」仕組みとなっています。そのため、終了条件を満たさなければ永遠にループ処理を続け、Excelはフリーズしたような状態となり、操作不能となってしまいます。このようなトラブルを**無限ループ**と呼びます。

Do Loopステートメントは便利ですが、無限ループが非常に起きやすい仕組みでもあります。終了条件を指定した際には、必ずセットで、ループ処理内に終了条件を満たすようになるためのコードを記述するのを忘れないようにしましょう。

Section 77 ループ処理を途中で終了する

練習用ファイル　ループ処理を途中で抜ける.xlsm

ループ処理での繰り返しを途中で取りやめたい場合には、「Exit Forステートメント」や「Exit Doステートメント」を利用します。ループ処理の中で、イレギュラーな事態に対応したい場合にも便利な仕組みです。

ここで学ぶのは
- Exit Forステートメント
- Exit Doステートメント
- GoToステートメント

1 ループ処理を途中で終了する

解説

For NextステートメントやFor Each Nextステートメントのループ処理中に、途中で繰り返しを終了したい場合には、**Exit Forステートメント**を利用します。Exit Forステートメントが実行された時点で、**残りのループ処理は全て行われずに中断**されます。
また、Do Loopステートメントを終了する場合には、**Exit Doステートメント**を使用します。サンプルでは、行番号「3～50」の間をループ処理していますが、途中、C列の値が入力されていない行があった場合、メッセージを表示して繰り返しを終了しています。

● Forループを途中で終了する

```
Sub 途中でループを抜ける()
    Dim rowIndex As Long
    Dim totalGuests As Long, totalAmount As Long
    For rowIndex = 3 To 50
        If Cells(rowIndex, "C").Value = "" Then
            Application.GoTo _
                Cells(rowIndex, "C"), True
            MsgBox "プランが入力されていません" & _
                vbCrLf & "行番号：" & rowIndex
            Exit For                    ← ループ処理を終了
        End If
        totalGuests = totalGuests + _
            Cells(rowIndex, "E").Value
        totalAmount = totalAmount + _
            Cells(rowIndex, "F").Value
    Next
End Sub
```

実行前

行番号が「3～50」の間は処理を繰り返す

実行後

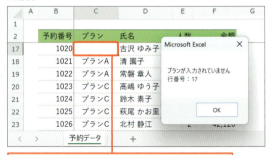

未入力のセルがある場合はループ処理を終了する

240

2 入れ子の内側のループ処理だけを終了する

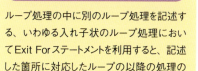

解説

ループ処理の中に別のループ処理を記述する、いわゆる入れ子状のループ処理においてExit Forステートメントを利用すると、記述した箇所に対応したループの以降の処理のみを飛ばします。

サンプルでは、行番号を扱うループの中に、列番号を扱うループを入れ子状態にしています。このとき、内側の列番号を扱うループ内でExit Forステートメントを実行すると、それ以降の列番号を扱う処理は飛ばされ、次の行番号のループ処理へと移ります。

● 内側のループ処理だけを終了する

```
Sub 入れ子ループの場合()
  Dim rowIdx As Long, colIdx As Long
  Dim rng As Range
  For rowIdx = 2 To 5
    For colIdx = 2 To 5
      Set rng = Cells(rowIdx, colIdx)
      If rng.Value = "" Then
        Exit For
      End If
      rng.Value = rng.Value & "枚"
    Next
  Next
End Sub
```

- 外側(行方向)のループ処理
- 内側(列方向)のループ処理
- 内側のループ処理を終了

実行前

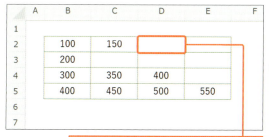

実行後

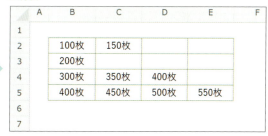

セルが空白な場合は列方向のループ処理を終了し、次の行のループ処理を行う

> **Hint** GoToステートメントで行ラベルへジャンプする

入れ子の内側のループ処理を終了する際に、外側のループ処理も一緒に終了する方法を考えてみましょう。一番シンプルなのは、Exit Forステートメントのかわりに、**Exit Sub**ステートメントを利用し、マクロ自体を終わらせてしまう方法です(226ページ参照)。加えて、指定した「行ラベル」に処理をジャンプする**GoToステートメント**を使う方法が考えられます。

任意の行で「ラベル名:」の形式で記述すると、その行が「行ラベル」として扱われます。さらに、GoToステートメントの引数にラベル名を指定することで、コードの流れをジャンプさせられます。

例えば、次のコードを内側のループ処理の中に記述します。

`GoTo LOOP_END`

そして外側ループ処理の下に次のコードを記述します。

`LOOP_END:`

こうすることで、GoToステートメントが実行されると、内側のループ処理が終了されて、「LOOP_END:」の行まで処理がジャンプします。少しイレギュラーな仕組みですが、興味のある方は調べてみてください。

Section 78 検索処理とループ処理を組み合わせる

練習用ファイル　Findメソッド.xlsm

マクロから「検索」機能を利用するには「Findメソッド」を実行します。このFindメソッドと繰り返し処理を組み合わせることで、検索結果に該当する全てのデータに対して処理を行うことが可能になります。その手法を学習していきましょう。

ここで学ぶのは
- Findメソッド
- Find Nextメソッド
- 全ての検索対象を操作

1 Findメソッドで検索を行う

解説

「検索」機能をマクロから利用するには、まず、**検索結果のセルを受け取るRange型の変数**を1つ用意します。次に、**検索したいセル範囲を指定し、Findメソッドを実行**します。
このとき、Findメソッドは検索結果のセル（Rangeオブジェクト）を戻り値とするので、Setステートメントを使って、「Set 変数 = セル範囲.Find(検索条件)」の形式で変数に受け取ります。
見つからなかった場合は、「Nothing」という「オブジェクトがないことを表す値」が戻り値となります。「Nothing」を条件式に指定すれば、検索対象が見つからなかった場合の処理を作ることができます。
サンプルでは、セル範囲「B3:B8」内を検索し、「プランA」という値のセルを検索しています。さらに、検索の結果見つかったセルを変数「findRng」経由で操作し、Selectメソッドで選択し、Addressプロパティでセル番地を表示しています。

● Findメソッドで検索を行う

```
Sub Findメソッドで検索()
    Dim findRng As Range
    Set findRng = Range("B3:B8").Find("プランA")
    If findRng Is Nothing Then
        MsgBox "検索対象は見つかりませんでした"
    Else
        findRng.Select
        MsgBox "見つかったセル：" & findRng.Address
    End If
End Sub
```

検索結果を受け取る変数
検索結果を変数に代入する

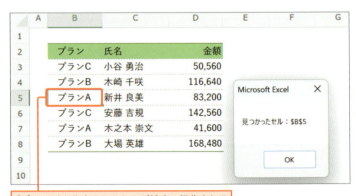

「プランA」と入力されたセルが検索・操作される

Memo　Findメソッドの引数

Findメソッドの引数は9つもあります。これは、「検索」機能の豊富なオプション設定に対応しているためです。しかし、必須の引数は1つ目の「What」のみです。これは、「検索」ダイアログの「検索する文字列」ボックス内に指定する検索文字列に相当する引数です。

その他の引数は、指定しない場合は、前回の検索設定（「検索」ダイアログの設定）を引き継ぎます。

「What」以外で特に重要な引数は、「全体一致で検索するか、部分一致で検索するか」の設定である「LookAt」です。「xlWhole（完全一致）」を指定した場合は、値が完全に引数Whatに合致するセルのみが検索され、「xlPart（部分一致）」を指定した場合は、値の一部が引数Whatに合致するセルも検索対象に含まれます。

● Findメソッドで検索されたセルに対して処理を行う

```
Set 変数 = セル範囲.Find(検索値[, 各種設定])
If 変数 Is Nothing Then
    検索セルが見つからなかった場合の処理
Else
    検索セルが見つかった場合の処理
End If
```

● 検索（Findメソッド）

書式	Find(What[, 各種設定])	
引数	1　What	検索する値
	2　After	検索開始の基準セル
	3　LookIn	検索対象。xlValues（値）、xlFormulas（数式）、xlNotes（メモ）
	4　LookAt	検索方法。xlWhole（完全一致）、xlPart（部分一致）
	5　SearchOrder	検索方向。xlByRows（行方向）、xlByColumns（列方向）
	6　SearchDirection	優先方向。xlNext（上から下）、xlPrevious（下から上）
	7　MatchCase	大文字・小文字の区別。True（行う）、False（行わない）
	8　MatchByte	全角・半角の区別。True（行う）、False（行わない）
	9　SearchFormat	書式検索設定。True（行う）、False（行わない）
説明	必須の引数は「What」のみです。指定しなかった引数は、前回の設定（「検索」ダイアログの設定）が引き継がれます。	

「検索」ダイアログの設定と対応する引数（抜粋）

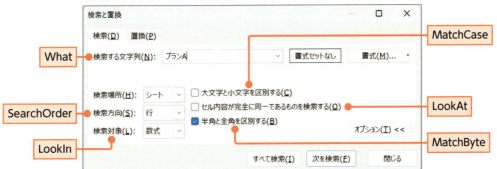

2 検索対象のセルを全て見つける

解説

セル範囲B3:B8には、幾つかの「プランA」という値を持つセルがあります。単にFindメソッドで検索した場合、そのうちの最初に見つかったセルのみが検索結果となります。それ以降の全てのセルに対しても同様の操作を行いたい場合には、「次を検索」機能に相当する、FindNextメソッドを利用します。FindNextメソッドは、**前回の検索条件と同じ条件で、「次の検索対象セル」を検索**します。FindNextメソッドの戻り値を受け取り、操作する処理を繰り返せば、全ての検索対象セルを操作できます。

その際に、ループ処理の終了条件として「最初に見つかった検索対象セルと、「次に検索」機能で見つかった対象セルが、指定セル範囲内を1周して戻ってきて、同じセルになったとき」とします。

この考え方のもとにマクロを作成すると、右のサンプルのようになります。

❶検索結果を受け取る変数を用意する。
❷検索範囲の変数を用意する。
❸変数に検索範囲を代入する。
❹Findメソッドで検索を行い、結果を変数findRngに代入する。
❺検索対象が見つからない場合はマクロを終了する。
❻「最初の検索結果」用の変数firstRngに、変数findRngの値を代入する。
❼検索結果のセルを操作する。
❽FindNextメソッドで「次を検索」し、結果を変数findRngに代入する。
❾firstRngとfindRngのアドレスが一致するまで処理を繰り返す。

● 検索したセル全てに対して処理を行う

```
Sub 全て検索()
    Dim findRng As Range, firstRng As Range   ❶
    Dim targetRng As Range                     ❷
    Set targetRng = Range("B3:B8")             ❸
    Set findRng = targetRng.Find("プランA")    ❹
    If findRng Is Nothing Then
        MsgBox "検索対象は見つかりませんでした"
        Exit Sub                               ❺
    End If
    Set firstRng = findRng                     ❻
    Do
        findRng.Interior.ThemeColor = _
            xlThemeColorAccent4                ❼
        Set findRng = targetRng.FindNext(findRng) ❽
    Loop Until firstRng.Address = findRng.Address
    MsgBox "全ての検索対象に処理を行いました"
End Sub                                        ❾
```

検索範囲内にある「プランA」と入力された全てのセルに対して処理が行われる

● 次を検索 (Findメソッド)

書式	**FindNext(After)**
引数	1 **After** 検索の基準セル
説明	指定した基準セル以降から「次を検索」を行います。通常は前回の検索結果のセルを指定します。

 Hint 「Nothing」は「Is」で比較する

Findメソッドは、検索対象セルが見つからなかった場合は「Nothing」を戻り値とします。そこで、「Nothingかどうか」を判定すれば、検索対象セルが見つかったかどうかが判定できます。このとき、検索結果とNothingの比較は「＝演算子」ではなく「Is演算子」で行います。

検索結果 Is Nothing 'Trueであれば検索結果「なし」

Is演算子は、「オブジェクト同士の比較」に利用する比較演算子です。検索結果はRangeオブジェクトかNothingなので、Is演算子を利用して比較するわけですね。ちなみに「見つからなかったか」ではなく「見つかったか」という条件式にしたい場合には、「Not演算子」を組み合わせて、

Not 検索結果 Is Nothing 'Trueであれば検索結果「あり」

と条件式を記述します。Findメソッドの結果をNot演算子を使った条件式で判定するのは、非常にポピュラーな書き方なので、見かけたら「検索結果があるかどうかの判定を行っているのだな」と判断するようにしましょう。

Section 79 実践 リストを作って一括置換する

練習用ファイル 📁 ループ処理で一括置換.xlsm

ここで学ぶのは
- For Each Nextステートメント
- Replaceメソッド
- 置換リストの作り方

何パターンかの「置換」操作を繰り返して実行することで「表記の統一」を行うことが可能です。コード内やセル上に置換用のリストを用意しておいてマクロで一括置換してしまえば、手作業で行うよりも手軽に漏れなく表記の統一が行えます。具体的な方法を見てみましょう。

1 置換用のリストを使って表記を統一する

解説

シート上に作成しておいた置換用のリストをもとに、連続して置換処理を行うマクロを作成してみましょう。

「置換」機能をマクロから実行するには、セル範囲を指定してReplaceメソッドを利用します。

まず、「NBSP」記号を「""」に置換して取り除きます。

次に、置換対象のセル範囲に対してループ処理を行い、StrConv関数で表記を全角に統一します。

最後に、セル範囲B3:C8に作成しておいた、置換用のリストに対してループ処理を行い、複数パターンの置換処理を行えば完成です。

置換のパターンをストックしていけば、「いつもの表記間違い」を素早く、もれなく統一できる便利なツールとなります。

● リストを使って一括置換する

```
Sub セルのリストから一括置換()
  Dim rng As Range, targetRng As Range
  '置換を行うセル範囲をセット
  Set targetRng = Range("E3:F6")
  'NBSPを取り除く
  targetRng.Replace _                        ← NBSPを置換
    What:=ChrW(160), _
    Replacement:="", LookAt:=xlPart
  '全角に統一
  For Each rng In targetRng                  ← 全角に統一
    rng.Value = StrConv(rng.Value, vbWide)
  Next
  'セル上に作成しておいたリストに沿って置換
  For Each rng In Range("B3:C8").Rows
    targetRng.Replace _
      What:=rng.Cells(1).Value, _
      Replacement:=rng.Cells(2).Value, _
      LookAt:=xlPart, _
      MatchByte:=True
  Next                                       ← シート上のリストを使って置換
End Sub
```

 Hint NBSP（ノンブレークスペース）の削除

NBSPとは、主にブラウザー上にコンテンツを表示するHTML内で利用される特殊な記号です。画面には表示されませんが「ここで改行しないでほしい」という意味合いとなります。NBSPを残しておくと集計がうまくいかないなどの不都合が生じるので、削除するようにしましょう。

2 置換用のリストの作り方

解説

セル範囲B3:C8に作成した置換用のリストは、1列目が置換前の文字列、2列目が置換後の文字列となっています。
このリストの1列目と2列目の値を、Replaceメソッドの引数Whatと引数Replacementの値に利用することで、リストに従って「置換」機能を実行しています。
また、Replaceメソッドを実行する際には、引数LookAtに「xlPart」を指定し、「部分一致」設定で置換処理を行うようにしています。

Memo 全角スペースを半角スペースに置換

サンプルの置換リストの4番目は、何も記述していないように見えますが、実は「全角スペース」と「半角スペース」が入力されています。
置換を行う際には、ReplaceメソッドのMatchByteに「True」を指定することで、「全角スペースを半角スペースに統一」しているというわけですね。「文字は全角にしたいけど、スペースは半角にしたい」というときに覚えておくと便利なテクニックです。

置換用のリスト

	A	B	C
1			
2		置換前	置換後
3		（株）	(株)
4		(株)	(株)
5		株式会社	(株)
6			
7		渡邊	渡辺
8		邉	辺

実行前

D	E	F	G
取引先		担当者	
株式会社　ブイビーエー		渡邊	
（株）　ブイビーエー		渡邉	
㈱ ﾌﾞｲﾋﾞｰｴｰ		渡辺	
株式会社　ブイビーエー		渡邊	

実行後

D	E	F	G
取引先		担当者	
(株) ブイビーエー		渡辺	
(株) ブイビーエー		渡辺	
(株) ブイビーエー		渡辺	
(株) ブイビーエー		渡辺	

リストに合わせて置換される

● 置換（Replaceメソッド）

書式	対象セル範囲.Replace What, Replacement [, 各種設定]		
引数	1	What	置換対象とする値
	2	Replacement	置換後の値
	3	LookAt	検索方法。xlWhole(完全一致)、xlPart(部分一致)
	4	SearchOrder	行列方向。xlByRows(行方向)、xlByColumns(列方向)
	5	MatchCase	大文字・小文字の区別。True(行う)、False(行わない)
	6	MatchByte	全角・半角の区別。True(行う)、False(行わない)
説明	引数Whatに置換前の文字列、Replacementに置換後の文字列を指定します。指定しなかった引数は、前回の設定（「置換」ダイアログの設定）が引き継がれます。		

Column 時間のかかるループ処理にはDoEventsを挟んでおく

時間のかかるループ処理を実行すると、処理を終えるまでの間はExcelが固まったように動かなくなり、操作ができない状態が続きます。これは仕方のないことですが、途中で処理を中断したい場合や進捗を確認したい場合には少々困ります。

ひょっとしたら、条件式などの設定ミスで無限ループに陥ってしまっているのかもしれません。そこで、こんな場合には、ループ処理の間にDoEvents関数を書いておきましょう。

● ループ処理にDoEventsを挟んでおく

```
Sub DoEventsを挟んでおく()
  Dim i As Long
  For i = 1 To Rows.Count
    Cells(i, 1).Value = i + i + 1
    DoEvents
  Next
End Sub
```

コード中のDoEvents関数が実行されると、「一時的にExcelに制御を返す」ような状態となり、マクロ実行中にも関わらず、そのままExcelやVBEを操作できます。少々危険な状態なのですが、無限ループでフリーズしてしまうよりはよいでしょう。この状態でマクロを中断したい場合は、VBE上のリセットボタンをクリックします。

リセットボタン

DoEvents関数を利用すると、Excelに制御を返すためにマクロの実行速度自体はかなり遅くなります。実行速度と安全性のバランスを考えて、「1000回ループするたびにDoEvents関数を実行する」などの仕組みを作っておいてもいいですね。

● 1000回ループするとDoEventsを実行する

```
For i = 1 To Rows.Count
  Cells(i,1).Value = i + i + 1
  If i Mod 1000 = 0 Then DoEvents    '1000で除算し剰余がゼロならDoEventsを実行
Next
```

上記のコードでは、カウンタ変数（i）の値をMod演算子を使って1000で除算し、剰余が「0」の場合（1000で割り切れる場合）はDoEvents関数を実行しています。

ループ処理でExcelがフリーズするのが不安、という方は一度お試しください。

第**13**章

エラーが発生した際の対処方法

　この章では、マクロ作成時につきものの「エラー」への対処方法をご紹介します。エラーが発生するとマクロの作成そのものが怖くなってしまいがちですが、冷静に、どんなときに、どういった原因でエラーが出るのか、そして、どう対処すればよいのかを知っておくことで、上手くエラーと付き合い、マクロ作成の味方にしていきましょう。

Section 80 ▶ エラーが発生した際の対処方法を身につける

Section 81 ▶ エラーの種類と対処方法

Section 82 ▶ ステップ実行でエラーの箇所を特定する

Section 83 ▶ 実行中の変数の値などを確認する

Section 84 ▶ リファレンスを使って情報を調べる

Section 80 エラーが発生した際の対処方法を身につける

ここで学ぶのは
- エラー
- エラーの対処方法
- エラーダイアログ

マクロの作成を進めていくと、必ずと言っていいほどエラーにぶつかります。エラーが発生すると、がっかりしてマクロを作成する意欲を失ってしまうかもしれません。しかし大丈夫です。エラーは敵ではありません。むしろ味方にしてマクロ作成のお手伝いをしてもらいましょう。

1 エラー発生時の対処方法

エラーが発生すると、**エラーダイアログ**が表示され、何かしらのミスがあったことを知らせてくれます。
エラーの種類によって、表示されるエラーダイアログは異なります。

エラー発生時の対処は、基本的に右の図のような手順で行います。
まず、**エラーダイアログが表示されるので、内容を確認して閉じます。**
エラーの種類によっては、ダイアログを閉じた後にエラー発生箇所がハイライトされ、コードウィンドウ左端のインジケータ部分に矢印が表示された、「実行待機状態」へと移行します。このまま修正もできますが、とりあえず実行待機状態を解除したい場合には、**VBEのツールバー内からリセットボタンをクリック**しましょう。
その後、**エラーメッセージを参考にしながら間違った部分を修正**します。

VBEによって表示されるエラーダイアログ

この場合は、文字列を連結する「&」を記述したが、その後に連結する文字列を入力せずに Enter キーを押してしまったためにエラーとなっている

エラー発生時の基本的な対処方法

1 エラーメッセージが表示されたら、

2 エラーメッセージを読み、

3 [OK] を押します。

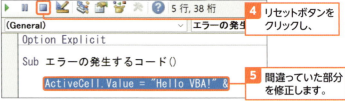

4 リセットボタンをクリックし、

5 間違っていた部分を修正します。

2 オプション設定でダイアログ表示をオフにする

解説

スペルミスや書き間違いなどの構文ミスをした際、デフォルトの設定ではエラーダイアログが表示されます。

ミスを知らせてくれるのは助かるのですが、いちいちダイアログを消さないと、修正作業に移れません。少々面倒ですね。そこで、こんな場合には、オプション設定でエラーダイアログを表示させないようにもできます。

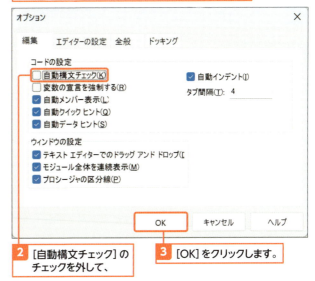

① VBE画面で[ツール]→[オプション]をクリックし、

② [自動構文チェック]のチェックを外して、

③ [OK]をクリックします。

Memo ミスの箇所が赤く表示される

この設定で構文ミスをした場合、エラーダイアログは表示されませんが、**構文ミスを発見した箇所は、赤く表示される**ため、ミスがあったこと自体はわかります。いちいちダイアログを消去しなくて済むので、素早く修正に移れます。

間違いのあるコードを入力して Enter キーを押すと、

コードが赤くなり、ミスがあることを教えてくれる

Hint アンドゥ機能で元に戻す

学習を始めたばかりの頃では、タイプミスをしたり、不要な箇所で Enter キーを押して改行してしまったり、サンプルのコードをコピーしてきたらエラーまみれになったりと、思わぬ操作でエラーが発生します。その際、どう修正したらいいのかわからない場合もあるでしょう。

そんなときは、 Ctrl + Z キーを押して**アンドゥ機能**を使いましょう。アンドゥ機能は「1手順分、操作を元に戻す」機能です。つまりは、エラーが出る前の状態へと戻してくれます。まずはエラーの出ない状態に戻し、そこから落ち着いてコードの追加・修正を行っていきましょう。

Section 81 エラーの種類と対処方法

練習用ファイル 📁 エラーの種類と対処方法.xlsm

ここで学ぶのは
▶ コンパイルエラー
▶ 実行時エラー
▶ 論理エラー

ひとくちに「エラー」と言っても、いろいろなタイミングでいろいろなエラーが発生します。まずは、どのような種類のエラーがあるかを把握し、それぞれへの対処方法を見ていきましょう。

1 エラーの種類と発生タイミング

多くの場合、エラーは以下に示す4種類のタイミングで発生します。まず、コードの記述中に表示されるのが**構文エラー**です。これは単純な入力ミスの場合がほとんどです。

次に、マクロを実行しようとしたタイミングで表示される**コンパイルエラー**です。マクロを実行する際には、「コンパイル」と呼ばれる作業が行われ、全体的に変数やオブジェクトの名前が間違っていないかなどの整合性がチェックされます。この際に見つかったエラーがコンパイルエラーです。

続いて、構文的にマクロが問題ないと判断され、実際に1行ずつコードを実行していく際に起きるのが**実行時エラー**です。つまりは「やってみたら駄目でした」と知らせるタイプのエラーです。

最後の**論理エラー**は、厳密にはエラーではありません。マクロもエラーなく実行されますが「思っていたものと違う」結果に陥ってしまう状態を指します。

以下、それぞれのエラーへの対処方法を具体的に見ていきましょう。

● **エラー発生の4つのタイミング**

種類	概要
構文エラー	コード記述中に表示されるエラー、主にスペルミス、カッコなどの閉じ忘れ、文法ミスなど
コンパイルエラー	マクロを実行しようとしたタイミングで表示されるエラー、主に未宣言の変数の使用など
実行時エラー	マクロの実行途中で表示されるエラー、対象オブジェクト指定ミスや、プロパティ・メソッドの利用方法のミスなど
論理エラー	エラー表示されないエラー、プログラム的にはエラーなく実行できるものの、意図と違う動作となってしまう現象。厳密にはエラーというよりは、何かを勘違いしたまま「間違った」コードを記述してしまっている状態

❗ 構文エラーとコンパイルエラーは、マクロ実行前に修正可能
❗ 実行時エラーは、マクロを一時停止して修正可能
❗ 論理エラーは自分で間違っている箇所を探すしかないやっかいなエラー

 Point エラーの発生タイミングや種類に応じて、それぞれに適した方法やツールを使って修正していく。

2 構文エラーとコンパイルエラーへの対処方法

解説

構文エラーが発生した場合には、エラーダイアログが表示され、該当コードが赤く表示されます。
[OK]ボタンをクリックしてエラーダイアログを閉じてから、**コードの該当箇所を修正**しましょう。

マクロを実行しようとしたタイミングでコンパイルエラーが発生した場合、エラー発生箇所と思われるコードが選択状態となり、エラーダイアログが表示されます。[OK]ボタンをクリックしてダイアログを閉じると、マクロの先頭行が黄色くハイライトされた「実行待機状態」となります。

まずは、**実行待機状態を解除して、エラー発生箇所を修正**していきます。修正を終えたら、再びマクロを実行していきましょう。

> **注意　構文エラーもコンパイルエラーと表示される**
>
> 構文エラー発生時のダイアログにも「コンパイルエラー」と表示されます。

> **Memo　バグとデバッグ**
>
> プログラミングの世界では、エラーの発生箇所のコードやエラーが出る状態をバグと呼びます。そして、バグを修正する作業をデバッグと呼びます。

構文エラーは「ダイアログを消して修正」

単純な構文エラーは、[OK]ボタンをクリックしてエラーダイアログを閉じて、コードを修正する

コンパイルエラーは「ダイアログを消してリセットして修正」

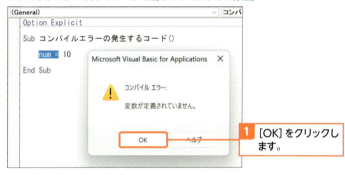

1 [OK]をクリックします。

2 リセットボタンをクリックします。

3 間違っていた部分を修正します。

> **Hint　ダイアログに表示されるメッセージを参考にしよう**

エラーダイアログには、VBEが判断したエラーの原因メッセージが表示されます。そのものズバリな場合もあれば、メッセージが曖昧すぎてよくわからない場合もあるのですが、エラーの対処のヒントとなるのは確かです。ざっと目を通して、修正作業の参考にしていきましょう。

3 実行時エラーへの対処方法

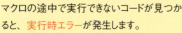

解説

マクロの途中で実行できないコードが見つかると、**実行時エラー**が発生します。

実行時エラーの原因を知らせるダイアログで［デバッグ］ボタンをクリックするとダイアログが閉じて、**エラーの発生箇所がハイライト表示**されます。この時点で、マクロのはハイライト箇所の上の行のコードまでは実行されています。

すぐにエラーの原因がわかる場合には、**一時停止状態のままコードを修正し、継続ボタンをクリック**しましょう。すると、マクロの続きが実行されます。

原因がわからない場合には、いったんマクロの実行をストップさせてから、改めて原因を吟味し、修正できたら再びマクロを実行します。

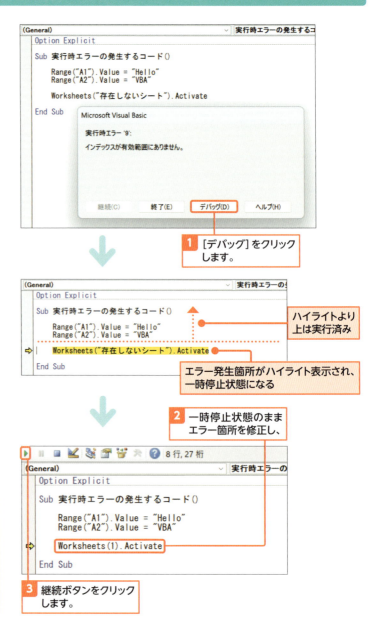

1 ［デバッグ］をクリックします。

ハイライトより上は実行済み

エラー発生箇所がハイライト表示され、一時停止状態になる

2 一時停止状態のままエラー箇所を修正し、

3 継続ボタンをクリックします。

Memo 実行時エラーの注意点

実行時エラーの注意点としては、エラー発生箇所より上の行の処理は実行済みという点です。特に、一旦停止してデバッグ作業を行い、マクロを再実行する際には、必要に応じて、既に実行済みの箇所を元の状態に戻してから再実行するなどの作業を忘れずに行いましょう。

Hint 一時停止中はさまざまな状態を調べるチャンス

一時停止状態は、エラー発生時の状況を調べるチャンスです。Excel画面に戻ってシートの状態を確かめたり、ローカルウィンドウ（258ページ参照）を使って変数の状態を確認しましょう。そのうえで、エラー発生の原因を絞り込んでいきましょう。

4 論理エラーへの対処方法

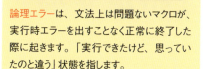

解説

論理エラーは、文法上は問題ないマクロが、実行時エラーを出すことなく正常に終了した際に起きます。「実行できたけど、思っていたのと違う」状態を指します。

サンプルでは、3つの値をセルに入力しています。エラーは出ませんが、結果を見ると意図していた箇所とはどう見てもズレています。このような状態を「論理エラー」と呼びます。

論理エラーは、他のエラーと違ってVBEがチェックできません。自分でチェックし、エラーの原因を突き止めなくてはなりません。

● 論理エラーの例

```
Sub 論理エラーの発生するコード()
    Range("C6").Value = 3
    Range("D6").Value = "りんご"
    Range("E6").Value = 50
End Sub
```

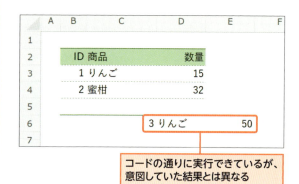

コードの通りに実行できているが、意図していた結果とは異なる

論理エラーの対処方法
- ❗「ステップ実行」機能で1行ずつのコードの結果を確かめる。
- ❗ローカルウィンドウで変数の状態を確かめる。
- ❗イミディエイトウィンドウに経過を出力して監視する。
- ❗コメント機能を使って問題のあるコードをコメントアウトして実行してみる。

…etc

 Point 論理エラーは自動的に判断はできないので、自分なりのルールやツールを使って調べていく。

💡 **Hint　エラーを怖がりすぎないようにしよう**

学習を始めたばかりの頃は、エラーメッセージが出るたびに、なんだか怒られているような気がして学習意欲を失ってしまいがちです。そのためにVBAの学習が進まなくなるのはもったいないです。あまり気にしすぎないようにしましょう。

逆に、「どこかが間違っていることを知らせてくれているんだ。原因のわからない論理エラーが起きるよりはマシだな。ありがとう！」くらいのポジティブな気持ちで接しましょう。エラーは敵ではなく、味方なのです。

Section 82

ステップ実行で
エラーの箇所を特定する

練習用ファイル 📁 ステップ実行.xlsm

ここで学ぶのは
▶ ステップ実行
▶ デバッグ
▶ 論理エラーの対処方法

VBEにはマクロの内容を1行ずつ実行する「ステップ実行」機能が用意されています。ステップ実行機能を利用すると、論理エラー発生時などに、コードのどの部分が問題なのかを絞り込んで確認できます。その使い方を学習していきましょう。

1 ステップ実行で論理エラーに対処する

解説

まずは、マクロと結果画面をご覧ください。表形式のデータにフィルターをかけ、結果を転記するものです。ですが、結果を見ると、データが転記されていません。どこかが間違っているようですが、どこなのかがわかりません。そこで、このマクロを**ステップ実行**し、論理エラーの原因を突き止めてみましょう。

● 転記を行うマクロ
```
Sub ステップ実行()
    Dim dataTable As Range
    Set dataTable = Worksheets(1).Range("B2:F54")
    dataTable.AutoFilter 2, "プランA"
    dataTable.AutoFilter 4, ">=80000"
    dataTable.Copy Worksheets(2).Range("B2")
    dataTable.AutoFilter
End Sub
```

実行前

表形式のデータを転記する

実行後

意図したように転記されない

2 ステップ実行で1行ずつ確認していく

解説

実行待機状態中は、F8キーを押すたびに、1行ずつコードを実行します。コード内でExcelを操作していれば、その操作結果も反映されます。

そこで、**コードを1行ずつ実行しながら画面を確認することで、問題のあるコードがどこなのかを絞り込む**ことができます。問題のコードが見つかったら、マクロの実行を停止し、デバッグを行いましょう。

今回のサンプルでは、「金額」列に対してフィルターをかけ、「金額が80,000以上のデータを抽出する」箇所で論理エラーが発生しています。「金額」列は「5」列目であるのに、列指定を「4」としていたために意図したように抽出されていませんでした。

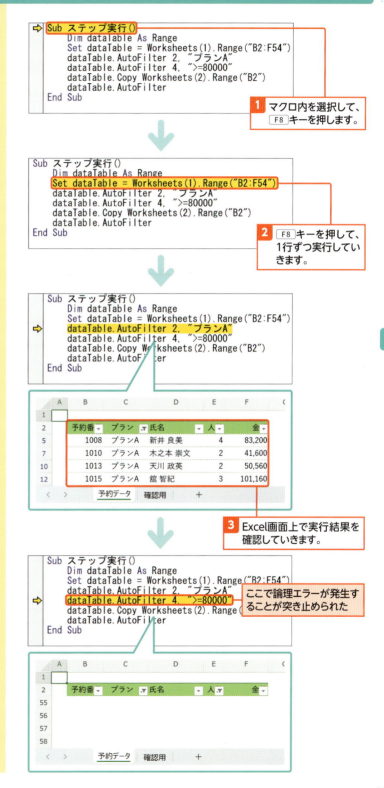

Section 83 実行中の変数の値などを確認する

練習用ファイル　実行中に確認.xlsm

ここで学ぶのは
- ブレークポイント
- ローカルウィンドウ
- イミディエイトウィンドウ

デバッグを行う際には、マクロの実行途中で、変数の値や注目しておきたいセルの値がどうなっているのかを知りたい場合があります。そんなときに便利なのが「ブレークポイント」をはじめとしたVBEの仕組みです。その使い方を学習していきましょう。

1 ブレークポイントで実行を一時停止する

解説

コードウィンドウ左端のインジケーター部分をマウスでクリックすると、**ブレークポイント**が設定できます。この状態でマクロを実行すると、**ブレークポイントの箇所で一時停止状態**となります。
一時停止状態の際に**ローカルウィンドウ**を使うと、その時点での変数の値などを確認できます。

```
Option Explicit

Sub 実行途中で値を確認()

    Dim tantou As String, odDate As Date
    Dim odName As String, odPrice As Long
    Dim odCount As Long, odSubTotal As Long

    '伝票シートのデータを変数に格納
    With Worksheets("伝票")
        tantou = .Range("C2").Value
        odDate = .Range("F2").Value
        odName = .Range("C5").Value
        odPrice = .Range("D5").Value
        odCount = .Range("E5").Value
        odSubTotal = .Range("F5").Value
    End With
```

1 マウスでクリックします。

```
Option Explicit

Sub 実行途中で値を確認()

    Dim tantou As String, odDate As Date
    Dim odName As String, odPrice As Long
    Dim odCount As Long, odSubTotal As Long

    '伝票シートのデータを変数に格納
    With Worksheets("伝票")
        tantou = .Range("C2").Value
        odDate = .Range("F2").Value
        odName = .Range("C5").Value
●       odPrice = .Range("D5").Value
        odCount = .Range("E5").Value
        odSubTotal = .Range("F5").Value
    End With
```

2 ブレークポイントが設定されたら、マクロを実行します。

Memo ブレークポイントの解除

ブレークポイントが設定された行のインジケーターを再度クリックするとブレークポイントを解除できます。

```
Option Explicit

Sub 実行途中で値を確認()

    Dim tantou As String, odDate As Date
    Dim odName As String, odPrice As Long
    Dim odCount As Long, odSubTotal As Long

    '伝票シートのデータを変数に格納
    With Worksheets("伝票")
        tantou = .Range("C2").Value
        odDate = .Range("F2").Value
        odName = .Range("C5").Value
        odPrice = .Range("D5").Value
        odCount = .Range("E5").Value
        odSubTotal = .Range("F5").Value
    End With
```

ブレークポイントの箇所で一時停止状態になる

解説

VBE画面で[表示]→[ローカルウィンドウ]をクリックして表示されるローカルウィンドウには、**一時停止状態時点での変数の値**が一覧表示されます。変数に意図した通りの値が代入されているかどうかをチェックし、デバッグ作業に生かしていきましょう。

ローカルウィンドウで変数の値を確認する

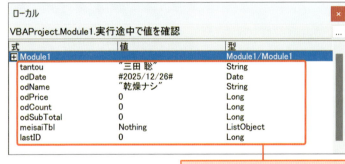

一時停止時の変数の値を確認できる

2 イミディエイトウィンドウにログを表示する

解説

「Debug.Print」に続けて変数名などを記述すると、**イミディエイトウィンドウ**に**その時点での値**が出力されます。

いわば、実行途中の状態を記録しておくログのような役割を果たし、変数やセルの値がどうなっているのかを知るのに大変便利な機能です。

イミディエイトウィンドウが表示されていない場合は、VBE画面で[表示]→[イミディエイトウィンドウ]か、ショートカットキーの Ctrl + G で表示してください。

● Debug.Printによるログ出力

```
Debug.Print "担当:", tantou      '変数「tantou」を確認
Debug.Print "受注日:", odDate    '変数「odDate」を確認
```

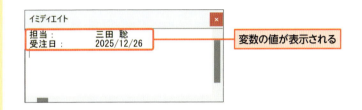

変数の値が表示される

● Debug.Printで出力する

```
Debug.Print 式1 [, 式2...]
```

Hint ウォッチウィンドウをデバッグに活用する

VBE画面で[表示]→[ウォッチウィンドウ]をクリックすると表示される**ウォッチウィンドウ**も、デバッグの際に活用できます。ウォッチウィンドウに監視したい変数や式を登録しておくと、その値を一覧表示します。また、監視対象の値が変更した時点で一時停止状態にするなどの細かな設定も可能です。本書では紙面の関係上ご紹介しませんが、興味のある方は調べてみてください。

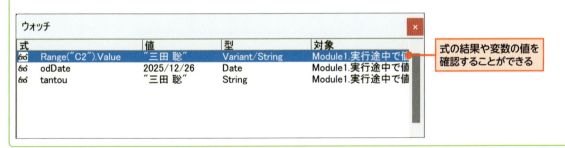

式の結果や変数の値を確認することができる

Section 84 リファレンスを使って情報を調べる

練習用ファイル 📁 リファレンスで調べる.xlsm

マクロで使用できるオブジェクトやプロパティ、メソッドなどは、覚えきれないほどたくさんあります。それらについて調べるにはどうすればよいのでしょうか。Webでの検索のコツや、マイクロソフト社が用意しているリファレンスの調べ方をご紹介します。

ここで学ぶのは
- 検索で調べる
- リファレンスで調べる
- 組み込み定数の一覧

1 やりたいことに「VBA」を付けて検索する

解説

自分で操作したいマクロの機能を調べるのに最もシンプルな方法は、Googleなどの検索エンジンで検索してみることでしょう。
検索ワードには「並べ替え VBA」「転記 VBA」など、**「自分のやりたいことや機能」と「VBA」というキーワードを組み合わせて指定**します。すると、たいていはその機能をマクロで実現する方法を紹介してくださっているWebページがヒットするでしょう。その中から、自分にとってわかりやすいものを参考にコードを記述していきましょう。

1 「並べ替え VBA」などで検索します。

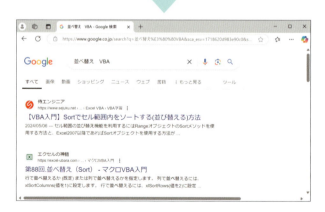

Memo オブジェクトを意識して見ていく

VBAでは、たいていは関連する設定（プロパティ）や命令（メソッド）が1つのオブジェクトにまとめられています。そのため、関連する項目を操作したい場合に、同じオブジェクトの別のプロパティやメソッドを調べればいいことがほとんどです。

意識しておくと応用が利くポイント
❗ どのオブジェクトを使っているのか。
❗ プロパティやメソッドの引数には何があるのか。
❗ オプションを指定する定数には何があるのか。

2 単語をリファレンスで検索する

解説

「マクロの記録」機能などで記録したコードやサンプルコード上でわからない部分があるときには、公式のリファレンスを利用して調べることも可能です。

リファレンスは独特の書き方で、日本語翻訳が怪しい箇所もありますが、具体的なコードの書き方や解説が記載されており、かなり役に立ちます。積極的に利用していきましょう。

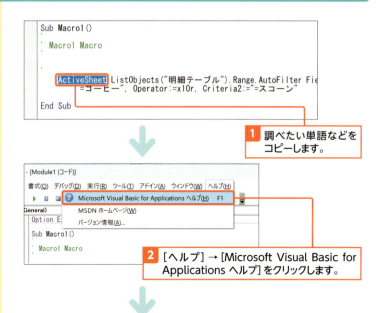

1 調べたい単語などをコピーします。

2 [ヘルプ] → [Microsoft Visual Basic for Applications ヘルプ] をクリックします。

3 コピーしておいた単語をペーストして、

4 [すべてのドキュメントで "ActiveSheet" を検索] をクリックします。

5 該当するものをクリックします。

3 オブジェクトに用意されているプロパティなどを調べる

解説

オブジェクト名がわかっている場合、「このオブジェクトでは他にどんなことができるのかな」という使い方を調べるには、リファレンスページを表示し、左側のサイドメニューから[ExcelVBAリファレンス]→[オブジェクトモデル]と辿ります。
すると、オブジェクト名の一覧が表示されるので、調べたいオブジェクトの項目をクリックすると、概要・プロパティやメソッドの一覧などのオブジェクトの情報が表示されます。

Memo 日本語訳は怪しいので注意する

マイクロソフトのリファレンスサイトは便利なのですが、少々日本語への翻訳が怪しいところがあります。これは、一括して機械翻訳しているためだと思われます。翻訳の精度やきめ細かさが上がってくれば解消するとは思いますが、「何か変だな？」と思う箇所があれば、「たぶん翻訳のせいだな」と見当をつけ、書籍や他のサイト、あるいは、「オブジェクトブラウザー」機能（161ページ参照）でチェックを行うのがよいでしょう。

1 VBE画面で[ヘルプ]→[Microsoft Visual Basic for Applicationsヘルプ]をクリックして、

2 [Excel VBAリファレンス]をクリックします。

3 [オブジェクトモデル]をクリックします。

4 調べたいオブジェクトをクリックします。

4 引数や組み込み定数を調べる

解説

プロパティ名やメソッド名でリファレンスを検索すると、**利用できる引数や各引数に設定できる組み込み定数一覧（列挙の種類）** も調べることができます。

引数に組み込み定数を利用する場合、「データ型」の欄が対応する組み込み定数（列挙）の一覧のページへリンクされているため、そのままどんな値を指定できるのかも調べることができます。

引数の確認

各プロパティやメソッドの「構文」欄を見ると、指定できる引数を確認できる

組み込み定数の確認

1 「データ型」欄のリンクをクリックします。

指定できる組み込み定数の一覧が確認できる

Memo リファレンス系の書籍があると便利

Excelの機能は多岐にわたるため、目的の機能に対応したコードを探すのも大変です。Webページ検索も「おしいけど自分のやりたいことと微妙に違う」と、時間ばかりがかかってしまうこともしばしばです。そこで、関連機能が体系的にまとめられているリファレンス系の書籍が1冊手元にあると大変便利です。オブジェクト・プロパティ・メソッド・組み込み定数などの仕組みを把握できたら、まずはざっとリファレンス系書籍で調べ、それでもわからない場合は、検索やヘルプ機能を使って補完していくのが効率よい学習方法となるでしょう。

Column 一時停止中にイミディエイトウィンドウで確認する

イミディエイトウィンドウは、値の出力や、ちょっとしたコードの実行ができる便利な機能ですが、デバッグ中にちょっとした確認や操作を行いたい場合にも活用できます。

例えば、実行時エラーが発生した際、その時点での変数の値を確認したいとします。そんなときには、イミディエイトウィンドウに、

? 変数名

と入力して Enter キーを押すことで、その時点での変数の値を確認できます。

ブレークポイントを追加して、処理を一時停止させる

「? 変数名」と入力して Enter キーを押すと、その時点の変数の値が表示される

複数の変数の値を確認したい場合には、カンマで区切って変数名を列記します。

? 変数名1, 変数名2, ...

選択セル範囲や変数に格納しているセル範囲に対して処理を行っているマクロの場合、変数のAddressプロパティを表示することで、現在処理対象としているセル範囲を把握することも可能です。

? セル範囲を扱う変数.Address

とても手軽に、いろいろな情報を確認できる手法ですので、デバッグ作業の際には一度お試しください。

第**14**章

ユーザーと対話しながら進める処理

　この章では、ユーザーと「対話」しながらマクロを実行する方法をご紹介します。マクロ実行中に「次の段階の処理まで実行していいですか」「どのセルを処理対象にしますか」「どのブックのデータを使いますか」など、必要な情報を都度指定してもらう仕組みを知ることで、よりフレキシブルに利用できるマクロが作成できます。

Section 85	▶ 確認メッセージを表示する
Section 86	▶ 選択したボタンを判定して実行する処理を変更する
Section 87	▶ 実行中に値の入力や操作対象の選択を行う
Section 88	▶ ブックを開いたタイミングで処理を実行する
Section 89	▶ セルの値が変更されたタイミングで処理を実行する
Section 90	▶ 実践 問い合わせをしてから集計する

Section 85 確認メッセージを表示する

練習用ファイル 📁 メッセージダイアログの表示.xlsm

ここで学ぶのは
▶ MsgBox関数
▶ メッセージダイアログ
▶ 確認メッセージの表示

単に作業を自動化するだけではなく、操作をしているユーザーと意思疎通をしながら動くマクロを作成してみましょう。まずは、ユーザーに確認事項や状況を伝えるための「メッセージダイアログ」の表示方法から学習していきましょう。

1 メッセージダイアログを表示する

解説

MsgBox関数を使うと、引数Promptに指定した文字列をダイアログに表示できます。
また、引数Buttonsに組み込み定数を指定することで、表示するアイコンやボタンの種類も指定可能です。

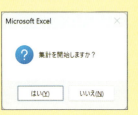

● メッセージダイアログを表示する
```
Sub メッセージを表示()
    MsgBox "処理を開始します"
End Sub
```

メッセージダイアログが表示される

● メッセージダイアログの表示 (MsgBox関数)

書式	MsgBox Prompt[, Buttons][, Title]		
引数	1	Prompt	表示内容。表示する文字列を指定
	2	Buttons	ボタンの種類(省略可)。表示するボタンの種類を定数で指定
	3	Title	タイトル(省略可)。タイトル部分に表示する文字列を指定
説明	引数Promptにダイアログ内に表示するメッセージを指定します。引数Buttonを指定するとアイコンやボタンの種類を指定可能です。		

メッセージを表示
```
MsgBox "Hello VBA!"
```

「注意」アイコンでメッセージを表示
```
MsgBox "Hello VBA!", _
    vbExclamation
```

2 ボタンとアイコンの種類を指定する

解説

引数Buttonsには、**ボタンの種類とアイコンの種類の2種類の項目**を、組み込み定数を使って指定します。

このとき、ボタンの種類とアイコンの種類を共に設定したい場合には、互いの組み込み定数を「**組み込み定数1 ＋ 組み込み定数2**」のように加算する形式で指定します。また、組み込み定数にはそれぞれ「値」が設定されています。値で定数を指定することもできます。

Memo And演算子で引数を繋ぐ

引き数同士を加算するのがしっくりこない方は、And演算子で2つの引数を繋ぎ、論理演算の形で指定してもOKです。
vbQuestion And vbYesNoは、「問い合わせアイコンと、はい/いいえボタン」の組み合わせの指定となります。

● ボタンとアイコンを指定して表示する

```
Sub ボタンやアイコンの設定()
    MsgBox "集計を開始します", _
        vbYesNoCancel + vbExclamation
    MsgBox "集計を開始しますか？", _
        vbQuestion + vbYesNo
End Sub
```

「はい」「いいえ」「キャンセル」ボタンと「注意」アイコンの組み合わせ

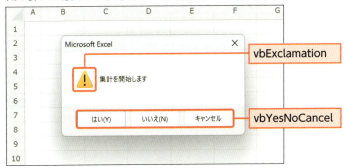

「はい」「いいえ」ボタンと「問い合わせ」アイコンの組み合わせ

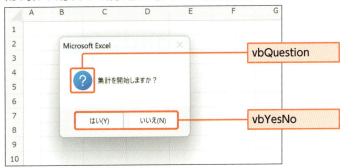

● ボタンの種類を指定する組み込み定数（抜粋）

名前	値	説明
表示ボタンの組み合わせに関する項目		
vbOKOnly	0	「OK」ボタン（既定値）
vbOKCancel	1	「OK」「キャンセル」ボタン
vbAbortRetryIgnore	2	「中止」「再試行」「無視」ボタン
vbYesNoCancel	3	「はい」「いいえ」「キャンセル」ボタン
vbYesNo	4	「はい」「いいえ」ボタン
vbRetryCancel	5	「再試行」「キャンセル」ボタン
表示アイコンに関する項目		
vbCritical	16	警告アイコン
vbQuestion	32	問い合わせアイコン
vbExclamation	48	注意アイコン
vbInformation	64	情報アイコン

Section 86 選択したボタンを判定して実行する処理を変更する

練習用ファイル 📁 選択したボタンを判定.xlsm

ここで学ぶのは
▶ ボタンの判定
▶ 組み込み定数
▶ 条件分岐

複数のボタンを持ったメッセージダイアログを表示した場合、ユーザーがどのボタンを押したのかを判定し、その結果で処理を切り替える仕組みを作成してみましょう。ポイントは、ボタンの種類に応じた定数と条件分岐の組み合わせです。

1 押されたボタンに合わせて処理を変更する

解説

MsgBox関数は、クリックしたボタンに対応する組み込み定数を戻り値とします。
戻り値の定数をLong型の変数で受け取り、各ボタンに対応する組み込み定数の値と比較することで、どのボタンをクリックしたかが判断できます。
条件分岐の仕組みと組み合わせれば、クリックされたボタンに応じて処理の流れを分岐することも可能です。
サンプルでは、「はい」「いいえ」のボタンを持つメッセージダイアログを表示し、「いいえ」ボタンの場合には処理を中断し、そうでない場合（「はい」ボタンの場合）には処理を続行するように分岐しています。

Memo 戻り値を受け取る場合はカッコで囲む

MsgBox関数の戻り値を変数に受け取る場合は、引数全体をカッコで囲みます。

● ボタンを判定して処理を変更する
```
Sub 選択ボタンを判定()
    Dim result As Long
    result = MsgBox("処理を実行しますか?", vbYesNo)
    If result = vbNo Then
        MsgBox "処理の実行を中止します"
        Exit Sub
    Else
        MsgBox "処理を開始します"
    End If
End Sub
```

「はい」ボタンをクリックした場合

「いいえ」ボタンをクリックした場合

● MsgBox関数の結果を変数に受け取る

Long型の変数 = MsgBox (表示内容 , ボタンの種類)

2 組み込み定数と比較して判定する

解説

MsgBox関数の戻り値は、いったん変数で受け取らなくても、そのまま各種定数と比較することも可能です。
その場合も、MsgBox関数の引数全体をカッコで囲みましょう。

● 組み込み定数と比較して判定する

```
Sub 変数を経由しない場合()
    Select Case MsgBox( _
      "処理を開始しますか?", vbYesNoCancel)
        Case vbYes
            '[はい]を押した場合の処理
            Debug.Print "[はい]を押しました"
        Case vbNo
            '[いいえ]を押した場合の処理
            Debug.Print "[いいえ]を押しました"
        Case vbCancel
            '[キャンセル]を押した場合の処理
            Debug.Print "[キャンセル]を押しました"
    End Select
End Sub
```

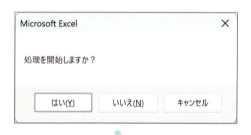

Memo 表示中は処理が停止する

MsgBox関数によってメッセージダイアログ表示がされている間は、以降に記述されたコードは実行されずに一時停止した状態となります。ボタンをクリックするなどの操作でメッセージダイアログが消去されると、続きのコードが実行されます。

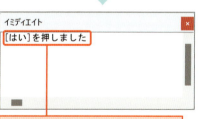

クリックしたボタンに応じたメッセージがイミディエイトウィンドウに表示される

● クリックしたボタンに対応する組み込み定数

名前	値	説明
vbOK	1	「OK」ボタン
vbCancel	2	「キャンセル」ボタン
vbAbort	3	「中止」ボタン
vbRetry	4	「再試行」ボタン
vbIgnore	5	「無視」ボタン
vbYes	6	「はい」ボタン
vbNo	7	「いいえ」ボタン

Section 87 実行中に値の入力や操作対象の選択を行う

練習用ファイル 📁 いろいろな入力と選択.xlsm

ここで学ぶのは
▶ インプットボックス
▶ セル範囲を選択
▶ ブック/フォルダーを選択

マクロ実行時に、処理に必要な値やセル範囲、はたまたデータを読み込みたいブックや扱いたいフォルダーまで、いろいろなものをユーザーに指定してもらいたい場合があります。そんなときに便利な仕組みを幾つかピックアップしてご紹介します。

1 インプットボックスで値を入力する

解説

InputBox関数を使うと、値入力用のインプットボックスを表示し、ユーザーに値を入力してもらえます。
InputBox関数は入力された値を戻り値とします。それを文字列型の変数で受け取れば、その後のコードでは、**変数を通じて入力してもらった値を利用**できます。
サンプルでは、入力してもらった値を、保護がかかっているシートの「氏名」のセル（セルC2）に入力しています。このとき、シートの保護状態をマクロで一時的に解除し、氏名の入力後に再び元通りに保護をかけ直します。

Keyword Protectメソッド／UnProtectメソッド

シートの保護を行うには、シートを指定してProtectメソッドを利用します。保護を解除する場合はUnProtectメソッドを利用します。保護パスワードを指定する場合には、引数Passwordにパスワードの文字列を指定します。

● インプットボックスで値を入力する

```
Sub 氏名の入力()
    Dim newName As String
    newName = InputBox("氏名を入力してください")
    ActiveSheet.Unprotect Password:="pass"
    Range("C2").Value = newName
    ActiveSheet.Protect Password:="pass"
End Sub
```

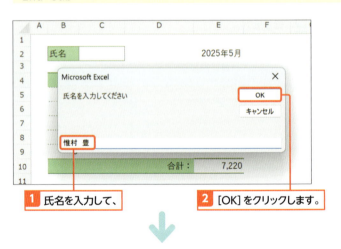

1 氏名を入力して、 2 [OK]をクリックします。

氏名が入力される

インプットボックスで値を入力（InputBox関数）

書式	InputBox(Prompt[, Title][, Default])			
引数	1	Prompt	表示内容。表示する文字列
	2	Title	タイトル（省略可）。タイトル部分に表示する文字列
	3	Default	デフォルト値（省略可）。あらかじめ表示しておく文字列
説明		引数Promptにダイアログ内に表示するメッセージを指定します。引数Defaultには、あらかじめ入力欄に表示しておくメッセージを指定できます。	

タイトルやデフォルト値を指定

● タイトルやデフォルト値を指定して表示する

```
Sub 氏名の入力_2()
  Dim newName As String
  newName = InputBox( _
    Prompt:="氏名を入力してください", _
    Title:="新規氏名登録", _
    Default:="<氏名をここに入力>")
  ActiveSheet.Unprotect Password:="pass"
  Range("C2").Value = newName
  ActiveSheet.Protect Password:="pass"
End Sub
```

解説

引数Titleと引数Defaultに文字列を指定すると、それぞれ**インプットボックスのタイトル部分**と、**デフォルト値（あらかじめ入力されている値）**を指定できます。

デフォルト値を指定した場合、インプットボックスはデフォルト値を選択した状態で表示され、そのまま新しい値が上書きできるようになっています。

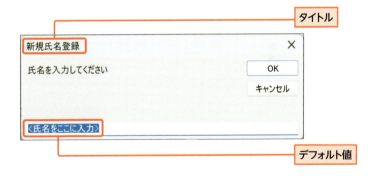

タイトル
デフォルト値

Hint　キャンセルした場合の処理

「キャンセル」ボタンをクリックしたり、「閉じる」ボタンをクリックした場合には、引数を受け取る文字列型の変数には「""」（空白文字列）が入っています。そこで、「変数が空白文字列かどうか」でキャンセルしたかどうかを判定できます。

```
newName = InputBox("氏名を入力してください")
If newName = "" Then
```

2 セル範囲を選択してもらう

解説

Application.InputBoxメソッドを利用すると、マクロの実行中にセル範囲を選択してもらえるインプットボックスが表示できます。
選択セル範囲を受け取るRange型の変数を用意し、「Set 変数 = Application.Inputbox（表示内容, タイプ）」の形式でコードを記述します。するとインプットボックスが表示され、その状態でセル範囲をドラッグするなどして選択すると、**自動的にインプットボックス内の入力欄にセル番地が入力**されます。
[OK]ボタンをクリックすると変数に選択したセル範囲がセットされるので、あとは変数を通じて選択セル範囲を操作しましょう。
サンプルでは、インプットボックスを使って選択したセル範囲に対してループ処理を行い、「値が文字列であれば列全体を左揃え、数値であれば列全体を右揃え」という書式設定を行っています。

注意 InputBox関数とは異なる

名前は同じですが、InputBox関数とは異なる仕組みのものなので注意しましょう。

● セル範囲を選択してもらう

```
Sub セル範囲を選択()
  Dim selectedRng As Range, rng As Range
  Set selectedRng = Application.InputBox( _
    Prompt:="書式の基準セル範囲を選んでください", _
    Type:=8 _
  )
  For Each rng In selectedRng
    Select Case TypeName(rng.Value)
      Case "String"
        rng.EntireColumn. _
          HorizontalAlignment = xlLeft
      Case "Double"
        rng.EntireColumn. _
          HorizontalAlignment = xlRight
    End Select
  Next
End Sub
```

- インプットボックスの表示
- 書式の設定

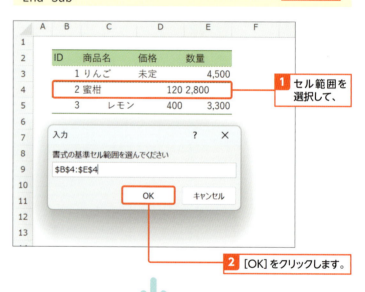

1 セル範囲を選択して、

2 [OK]をクリックします。

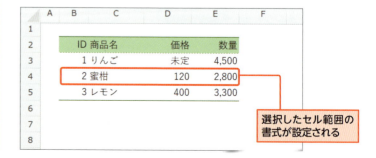

選択したセル範囲の書式が設定される

解説

Application.InputBoxメソッドは、InputBox関数と非常によく似た使い方をしますが、別の仕組みです。引数も同じ名前で、同じ設定に利用できる引数も用意されていますが、最大の違いは、8つ目の引数Typeです。引数Typeに対応する「数値」を指定すると、その数値に応じた内容が入力・選択できるようになります。

なぜか組み込み定数が用意されてないので、指定を行う場合は、直接「8」などの数値で指定しましょう。

● インプットボックスでセル範囲を選択（Application.InputBoxメソッド）

書式	`Application.InputBox(Prompt[, Title][, Default][, Type:=数値])`		
引数	1	`Prompt`	表示内容。表示する文字列
	2	`Title`	タイトル（省略可）。タイトル部分に表示する文字列
	3	`Default`	デフォルト値（省略可）。あらかじめ表示しておく文字列
	8	`Type`	入力内容を数値で指定（省略可）
説明		引数Promptにダイアログ内に表示するメッセージを指定します。引数Typeを数値で指定すると、対応した内容が入力・選択できるようになります。引数Typeは8つ目の引数と少々後ろの方に位置するので、名前付き引数形式（76ページ参照）で指定するとよいでしょう。	

※引数は抜粋して掲載しています。

● 引数Typeに指定できる数値

値	指定できる内容
0	数式
1	数値
2	文字列
4	真偽値（TrueまたはFalse）
8	セル参照（Rangeオブジェクト）
16	#N/Aなどのエラー値
64	値の配列

● Application.InputBoxメソッドでセル範囲を選択

```
Dim 変数 As Range
Set 変数 = Application.InputBox( _
    表示内容, Type:=8)
```

Hint　キャンセルされた場合は「エラーが出るかどうか」で判断する

Application.InputBoxメソッドで「セル選択をキャンセルしたかどうか」を判定するのは、少々難しくなります。その方法として、「エラーが発生した場合はキャンセルと見なして処理を終了する」というものが考えられます。

ここに掲載したマクロでは、セルの選択をキャンセルとすると実行時エラーが発生します。そこで、エラーチェック用のコードを用意しておき、エラー発生時にマクロを終了します。実際の動きは、サンプルブックをご覧ください。また、興味のある方は、「エラー処理」などのキーワードで関連書籍やリファレンスを調べてみてください。

3 ダイアログでブックを選択してもらう

解説

Applicationオブジェクトに用意されているGetOpenFilenameメソッドを利用すると、ファイル選択ダイアログを表示し、**選択したファイルのパスを戻り値として取得**できます。

あとは、パス情報をそのまま表示したり、WorkbooksのOpenメソッドの引数に利用して対象ブックを開いたりと、さまざまな処理に応用できます。

サンプルでは、変数に受け取った選択ファイルのパス情報を、セルC2に入力しています。

● ブックを選択してもらう

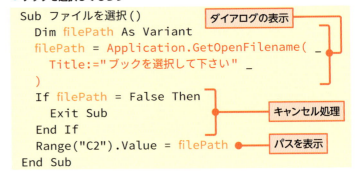

```
Sub ファイルを選択()
    Dim filePath As Variant
    filePath = Application.GetOpenFilename( _
        Title:="ブックを選択して下さい" _
    )
    If filePath = False Then
        Exit Sub
    End If
    Range("C2").Value = filePath
End Sub
```

- ダイアログの表示
- キャンセル処理
- パスを表示

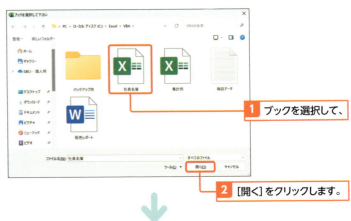

1. ブックを選択して、
2. [開く]をクリックします。

選択したブックのパスが表示される

● ブックを選択するダイアログの表示（GetOpenFilenameメソッド）

書式	`Application.GetOpenFilename(` `    [FileFilter][, FilterIndex][, Title])`		
引数	1	**FileFilter**	フィルター（省略可）。表示するファイルの種類を制限する文字列
	2	**FilterIndex**	優先フィルター（省略可）。優先表示するファイルの種類
	3	**Title**	タイトル（省略可）。ダイアログ上部に表示するタイトル文字列
説明		引数FileFilterを指定することで、ファイル選択ダイアログに表示するファイルの種類（拡張子）を制限することができます。	

解説

引数 FileFilter を利用すると、ダイアログ内に表示するファイルの種類を制限できます。引数に指定するフィルター文字列は、「表示テキスト(*.拡張子), *.拡張子」の形式で指定します。
複数のファイル形式を指定したい場合は、2箇所の拡張子指定部分に、共に「;(セミコロン)」で区切って列記します。

表示するファイルの種類を制限する

● Excelブックだけを表示する

```
Dim filePath As Variant
filePath = Application.GetOpenFilename( _
    Title:="ブックを選択して下さい", _
    FileFilter:= _
        "Excelブック(*.xlsx;*.xlsm),*.xlsx;*.xlsm" _
    )
```

引数 FileFilter を指定しない場合

フォルダーと全てのファイルが表示される

引数 FileFilter を指定する場合

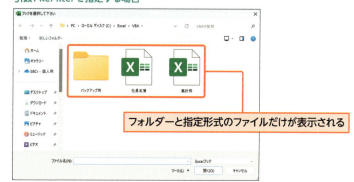

フォルダーと指定形式のファイルだけが表示される

Hint 複数のファイルを選択することも可能

GetOpenFilename メソッドには、「MultiSelect」という引数も用意されています。これに「True」を指定すると、ファイルの複数選択ができるダイアログとして表示されます。

```
filePath = Application.GetOpenFilename(MultiSelect:=True)
```

複数選択した場合には、選択ファイルのパスを配列の形で返します。For Each Next ステートメントなどで個々の値を取り出せば、個別のファイル名を取り出せます。
なお、ダイアログ上で複数ファイルを選択するには、Ctrl キーを押しながらファイルをクリックします。

4 ダイアログでフォルダーを選択してもらう

解説

マクロの実行中にフォルダーを選択してもらうには、**FileDialog**オブジェクトを利用します。FileDialogオブジェクトは、さまざまな形式のダイアログを管理します。
「`Application.FileDialog(msoFileDialogFolderPicker)`」と記述して**フォルダー選択ダイアログを操作対象に指定**したうえで、各種プロパティを設定した後に**Show**メソッドで表示します。
ダイアログの表示後、選択されたフォルダーは**SelectedItems**プロパティに格納されるので、そこからパス情報を取り出し、以降の処理に利用していきます。
サンプルでは、フォルダー選択ダイアログを表示し、選択したフォルダーのパス情報を変数「folderPath」に取り出し、セルC2へと書き込んでいます。

Memo キャンセルの判定

Showメソッドでダイアログを表示した際、フォルダーを選択すると「-1」、キャンセルすると「0」を戻り値として取得することができます。この値でキャンセルしたかどうかを判定できます。

● フォルダーを選択してもらう

```
Sub フォルダーを選択()
  Dim folderPath As String
  With Application.FileDialog( _
    msoFileDialogFolderPicker)
    .Title = "フォルダーを選択してください"
    If .Show = 0 Then Exit Sub
    folderPath = .SelectedItems(1)
  End With
  Range("C2").Value = folderPath
End Sub
```

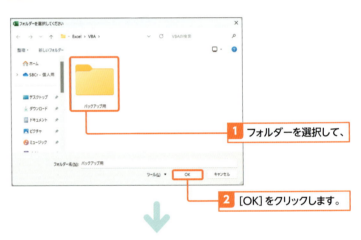

1 フォルダーを選択して、

2 [OK]をクリックします。

選択したフォルダーのパスが表示される

● フォルダーを選択するダイアログの指定 (FileDialogプロパティ)

書式	`Application.FileDialog(msoFileDialogFolderPicker)`
説明	FileDialogプロパティの引数にmsoFileDialogFolderPickerを指定します。

● FileDialogオブジェクトのプロパティ/メソッド (抜粋)

Title プロパティ	ダイアログのタイトル
SelectedItems プロパティ	選択したフォルダーの情報
Show メソッド	ダイアログを表示する

特定のフォルダー内のファイル一覧を取得する

● フォルダー内のファイル一覧を取得

```
Dim tmpFile As String
tmpFile = Dir("C:¥Excel¥VBA¥*.*")   ← 最初のファイルのパスを取得
Do While tmpFile <> ""
    Debug.Print tmpFile
    tmpFile = Dir()                 ← 次のファイルのパスを取得
Loop
```

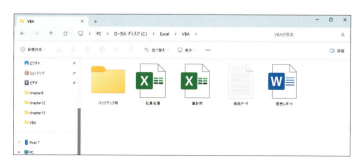

フォルダー内のファイル一覧が表示される

解説

Dir関数とループ処理を組み合わせると、**特定フォルダー内の全てのファイルのパスを取得**できます。

Dir関数の引数にファイルのパスを指定すると、その条件に合う「最初のファイル」のパスを戻り値として取得できます。続けて引数を何も指定せずに実行すると、今度は「次のファイル」のパスを戻り値とします。実行を続けて、対象ファイルがなくなると「""(空白文字列)」を戻り値とします。

パス文字列は「ドライブ名:¥フォルダー名¥ファイル名.拡張子名」で作成しますが、Dir関数ではファイル名部分と拡張子名部分に「*(アスタリスク)」を指定することで、「任意のファイル名/拡張子名」という設定でファイルを取得可能です。

例えば、「*.xlsx」は「任意の名前で拡張子がxlsxのファイル」という意味となり、「*.*」は「全てのファイル」という意味となります。

サンプルでは、ダイアログで選択したフォルダーのパス情報を変数「folderPath」にセットして、パス文字列の作成に利用しています。ここでは「C:¥Excel¥VBA」フォルダー内の全ての種類のファイルを対象にループ処理でパスを取得しています。結果として「C:¥Excel¥VBA」フォルダー内の全てのファイルのパスを取得しています。

● ファイルパスの取得 (Dir関数)

書式	Dir([PathName][, Attributes])	
引数	1 PathName	パス文字列(省略可)
	2 Attributes	属性(省略可)
説明	パス文字列は、ワイルドカードを使って指定可能です。省略時は前回と同条件の「次のファイルのパス」を返します。属性は組み込み定数で指定します。	

● Attributesに指定する組み込み定数 (抜粋)

定数	値	説明
vbNormal	0	属性のないファイル (既定値)
vbReadOnly	1	属性のないファイルと読み取り専用のファイル
vbHidden	2	属性のないファイルと隠しファイル
vbSystem	4	属性のないファイルとシステムファイル (macOSでは使用不可)
vbDirectory	16	属性のないファイルとディレクトリまたはフォルダー

C:¥Excelフォルダー内の「最初のファイル」
```
Dir("C:¥Excel¥*.*")
```

前回と同条件での「次のファイル」
```
Dir()
```

Section 88 ブックを開いたタイミングで処理を実行する

練習用ファイル 📁 ブックを開いたときにマクロを実行.xlsm

日報形式で入力を行うブックの場合、ブックを開いた際に自動的にその日の日付が入力・確定される仕組みがあると大変便利です。このように、ブックを開いたタイミングで何らかの処理を実行するには、「イベント処理」の仕組みを利用します。

ここで学ぶのは
- ▶ イベント処理
- ▶ Openイベント
- ▶ ThisWorkbookモジュール

1 ブックを開いたときに日付を入力する

解説

イベント処理の仕組みを使うと、Excel画面上などで任意の操作をしたタイミングでマクロを実行できます。補足できる操作(イベント)はオブジェクトごとにあらかじめ決まっており、決まったマクロ名で、決まった場所に記述することで、イベントが起きたタイミングで実行されるようになります。このようなマクロを、イベントプロシージャと呼びます。例えば、「ブックを開いたタイミング」で任意の処理を実行するには、WorkbookオブジェクトのOpenイベントを利用します。具体的には、ThisWorkbookモジュール内に、「Workbook_Open」というマクロ名でイベントプロシージャを作成すると、その内容がブックを開いたタイミングで実行されます。
サンプルでは、Openイベントを利用して、マクロ実行時の日付と、担当者名をシートに入力しています。

● ブックを開いたときに日付を入力する

```
※ThisWorkbookモジュールに記述
Private Sub Workbook_Open()
    With Worksheets("日報")
        Range("C2").Value = Date
        Range("C3").Value = "田上　正二郎"
    End With
End Sub
```

- この名前でマクロを作成する
- 実行したいコード

ブックを開いたタイミングで、日付と担当者が入力される

● Openイベントでマクロを自動実行

```
※ThisWorkbookモジュールに記述
Private Sub Workbook_Open()
    実行したいコード
End Sub
```

● Workbookオブジェクトのイベント

Open	開いたとき	Deactivate	アクティブでなくなったとき
BeforeClose	閉じようとしたとき	BeforeSave	セーブしようとしたとき
Activate	アクティブになったとき	BeforePrint	印刷しようとしたとき

2 イベントプロシージャの記述方法

解説

ブック関係のイベントプロシージャは、ThisWorkbookモジュールに記述します。VBE画面左上のプロジェクトエクスプローラー内の「ThisWorkbook」をダブルクリックすると、ThisWorkbookモジュールが表示されます。

この状態で、コードウィンドウ上部の2つのドロップダウンのうちの左側、「オブジェクト」ドロップダウンから「Workbook」を選択します。ここで、右側の「プロシージャ」ドロップダウンを見てみましょう。ドロップダウンには、ずらずらとリストが表示されますが、これは全てWorkbookオブジェクトに用意されているイベントです。**イベントを選択すると、自動的にそのイベントに対応したイベントプロシージャのひな形が入力されます。**ここでOpenイベントを選択すると、自動的に「Workbook_Open」イベントプロシージャのひな形が入力されます。

ひな形が入力されたら、あとはその中に実行したい処理を記述します。これで、**そのイベントに対応したタイミングで任意の処理が実行**されるようになります。

なお、イベントプロシージャは、通常のマクロのように「マクロ」ダイアログから実行することはできません。

Memo イベントプロシージャの削除

イベントプロシージャを削除するには、通常のマクロと同様に、全体を選択したうえで Delete キーを押します。

1 Excel画面で[開発]→[Visual Basic]をクリックして、

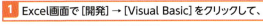

2 ThisWorkbookをダブルクリックします。

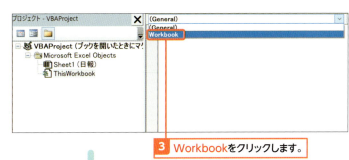

3 Workbookをクリックします。

イベントプロシージャのひな形が入力される

4 Openをクリックします。

5 実行したいコードを入力します。

Section 89

セルの値が変更されたタイミングで処理を実行する

練習用ファイル 📁 セルの値を変更したときにマクロを実行.xlsm

ここで学ぶのは
- イベント処理
- Changeイベント
- Sheetモジュール

Worksheetオブジェクトには、シート上のデータなどに変化があったときに実行される「Changeイベント」が用意されています。これを利用すれば、セルに入力されている値が変更されたタイミングで処理を実行することが可能になります。このようなイベントプロシージャを作ってみましょう。

1 任意のセルの値が変更されたら処理を行う

● セルの値が変更されたら抽出を行う

※Sheet1などのモジュールに記述

```vb
Private Sub Worksheet_Change(ByVal Target As Range)
    If Application.Intersect(Target, Range("C2:C3")) Is Nothing Then
        Exit Sub
    End If
    Range("B5").CurrentRegion.ClearContents
    With Worksheets("予約データ").Range("B2").CurrentRegion
        .AutoFilter 3, Range("C2").Value
        .AutoFilter 2, ">=" & Range("C3").Value, xlAnd, _
            "<" & Range("C3").Value + 3
        Application.Union(.Columns(2), .Columns(4), .Columns(6)).Copy
        Range("B5").PasteSpecial xlPasteValues
        .AutoFilter
    End With
    Target.Select
End Sub
```

→ 変更されたのがセルC2:C3以外のセルだったら処理を終了

→ セルC2とC3の値をもとにフィルターと転記を行う

解説

任意のセルの値が変更されたタイミングで、任意の処理を実行するには、Worksheetオブジェクトの**Changeイベント**を利用します。具体的には、「Sheet1」などの**イベント処理を作成したいシートのモジュール内に、Changeイベントに対応するイベントプロシージャを作成**します。

セルC2:C3の値が変更されたら、「予約データ」シートから、対応する「プラン名」と「日付」をもとにした3日分のデータを抽出・転記する

● Changeイベントでマクロを自動実行

※シートのモジュールに記述
```
Private Sub Worksheet_Change(ByVal Target As Range)
    実行したいコード
End Sub
```

2 引数を使って変更のあったセルを判定する

解説

シートレベルのイベント処理は、**個々のシートに対応したモジュール上**に作成します。サンプルは1枚目のシート(「確認用」シート)上のセルの値の変更時に実行したいので、対応するシートのモジュール上に作成しています。ブックのときと同じように、コードウィンドウ上部の2つのドロップダウンから「Worksheet」「Change」を選択すると、イベントプロシージャのひな形が入力されます。
Changeイベントで特徴的なのは引数 Target です。引数Targetには、「値が変更されたセル」がセットされています。セルA1が変更された場合はセルA1が、セルB2の場合はセルB2がセットされます。このため、引数Targetを通じて、変更のあったセルがどれなのかを判定できます。
判定方法は、Addressプロパティでセル番地を比較する方法と、Applicationオブジェクトの Intersect メソッドを使い、ある程度のセル範囲をまとめて判定する方法もあります。

1 Excel画面で[開発]→[Visual Basic]をクリックし、

2 シートに対応したモジュールをダブルクリックして、

3 「Worksheet」「Change」を選択します。

● 個別にAddressプロパティで判定
```
If Target.Address <> "$C$2" _
    And Target.Address = "$C$3" Then
    Exit Sub
End If
' 以下、変更対象セルがC2,C3だった場合の処理
```

● まとめてIntersectメソッドで判定
```
If Application.Intersect( _
    Target, Range("C2:C3")) Is Nothing Then
    Exit Sub
End If
' 以下、変更対象セルがC2,C3だった場合の処理
```

 Hint Intersectメソッドを判定に利用する

Intersectメソッドは、「引数に指定した複数のセル範囲のうち、重なる部分を返す」メソッドです。「Intersect(Range("A1"), Range("A1:C3"))」は「セルA1」を返します。「Intersect(Range("A1"), Range("B2:C10"))」は、重なる部分がないので「Nothing」を返します。この仕組みを使うと「あるセルが、他のセル範囲の中に含まれているかどうか」を判定できます。「Intersect(判定セル, セル範囲) Is Nothing」の判定式が「True」の場合は、判定セルはセル範囲に含まれません。

Section

90

実践
問い合わせをしてから集計する

練習用ファイル 📁 問い合わせながら集計.xlsm

ここで学ぶのは

▶ MsgBox関数
▶ 作業グループ
▶ メッセージダイアログ

ブック内の幾つかのシートを集計する際、いきなり集計するのではなく、ユーザーに確認してから集計する仕組みを作成してみましょう。集計作業の前にワンクッション置くことで、うっかり間違った状態のままマクロを実行してしまうことを防げます。

1 選択したシートのみを確認してから集計する

● 選択したシートを確認して集計

```
Sub 問い合わせながら集計()
    Dim targetSheets As Sheets, sht As Worksheet
    Dim dataRng As Range, tmpMsg As String
    '選択したシートの状態を変数にセットしメッセージ用の文字列作成
    Set targetSheets = ActiveWindow.SelectedSheets
    For Each sht In targetSheets
        tmpMsg = tmpMsg + sht.Name & vbCrLf
    Next
    '集計確認メッセージを表示し、キャンセルなら処理終了
    If MsgBox(tmpMsg & "を集計しますか？", vbOKCancel) = vbCancel Then
        MsgBox "集計対象のシート群を選択しなおして下さい"
        Exit Sub
    End If
    '集計開始
    Worksheets("集計").Activate
    For Each sht In targetSheets
        'C:G列にシートのデータを転記
        Set dataRng = sht.Range("B2").CurrentRegion
        Set dataRng = dataRng.Resize(dataRng.Rows.Count - 1).Offset(1)
        Cells(Rows.Count, "C").End(xlUp).Offset(1) _
            .Resize(dataRng.Rows.Count, dataRng.Columns.Count) _
            .Value = dataRng.Value
        'B列にシート名(担当者名)を転記
        Cells(Rows.Count, "B").End(xlUp).Offset(1) _
            .Resize(dataRng.Rows.Count).Value = sht.Name
    Next
End Sub
```

2 マクロの動作を確認する

解説

サンプルでは、ブック内の選択されたシートのみを、メッセージダイアログで確認したうえで「集計」シートに集計・転記しています。
[キャンセル]ボタンをクリックした場合は、集計を行わずにマクロを終了します。
[OK]をクリックした場合は、集計処理に移り、選択されたシートのデータを「集計」シート上に集めます。
確認ダイアログでワンクッション置くことで、意図していない状態で集計を行うのを防ぐことができます。

作業グループのシートのみを選択してマクロ実行する

確認メッセージを表示し、ボタンで処理を分岐する

Memo 複数のシートを選択する

複数シートを同時に選択するには、Ctrlキーを押しながらシートタブをクリックします。
選択を解除するには、Ctrlキーを押さずに、選択した以外のシートをクリックします。また、シートタブを右クリックして[シートのグループ解除]を選択しても解除できます。

[OK]をクリックした場合

[キャンセル]をクリックした場合

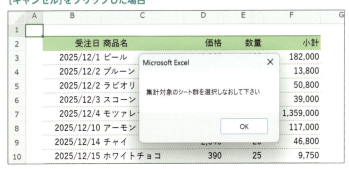

Hint 集計する際は「どこから集計したのか」がわかる列があると便利

複数のシートやブックのデータを1つにまとめる際には、「このデータは、どこから集めてきたのか」がわかる列(フィールド)があると、後から元データを辿る際に便利です。
サンプルでは、「集計」シート上の表形式のセル範囲の1列目(B列)に、シート名にもなっている担当者名を入力しています。

Column 90 Changeイベントの連鎖を防ぐ

WorksheetオブジェクトのChangeイベントは、シート内のセルの値が変更された際に発生するイベントです。では、Changeイベントプロシージャ内で、セルの値を変更したらどうなるでしょうか。次のコードは、Changeイベント内でセルB2の値に「1」だけ加算する処理を実行しています。

● イベントの連鎖が発生するマクロ

```
※Sheet1などのモジュールに記述
Private Sub Worksheet_Change(ByVal Target As Range)
    If Range("B2").Value < 10 Then
        Range("B2").Value = Range("B2").Value + 1
    End If
End Sub
```

この状態で、セルB2に「1」を入力すると、一気に「10」まで加算されます。これは、Changeイベントプロシージャ内でセルの値を変更したために、再びChangeイベントが発生し、Changeイベントプロシージャが実行されてしまうためです。

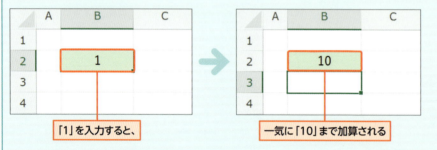

「1」を入力すると、　　一気に「10」まで加算される

このようなイベントの連鎖を防ぐには、ApplicationオブジェクトのEnableEventsプロパティを利用します。EnableEventsプロパティに「False」を指定すると、一時的にイベントを発生しない設定にします。「True」を指定すると元に戻ります。つまり、次のように、値を書き換えるコードの前後でイベント設定のオフ/オンを切り替えることで、上記のようなイベントの連鎖を防ぐことができます。

● イベントの連鎖を防止するマクロ

```
※Sheet1などのモジュールに記述
Private Sub Worksheet_Change(ByVal Target As Range)
    Application.EnableEvents = False
    Range("B2").Value = Range("B2").Value + 1
    Application.EnableEvents = True
End Sub
```

また、処理に時間のかかるマクロでは、EnableEventsプロパティによりイベント発生をオフにすると、その分、マクロの実行スピードが上がる可能性もあります。覚えておくと便利な仕組みです。

第**15**章

ユーザーフォームを利用する

　この章では、「ユーザーフォーム」の仕組みをご紹介します。ユーザーフォームを自作すると、ボタンやチェックボックスなどの「見慣れたフォーム」で必要な情報を選択/入力してもらえるようになります。また、見栄えもよくなりますね。基本的な利用方法から、各種の「コントロール」の使い方までを学習していきましょう。

Section 91	▶	ユーザーフォームを利用する
Section 92	▶	多くのコントロールに共通する設定
Section 93	▶	テキストを表示／入力する
Section 94	▶	ボタンのクリックで処理を実行する
Section 95	▶	オン／オフの設定や選択肢を選んでもらう
Section 96	▶	ボタン操作で値を増減する
Section 97	▶	ドロップダウンリストから値を選択する
Section 98	▶	一覧表示したリストから値を選択する

Section 91 ユーザーフォームを利用する

練習用ファイル　ユーザーフォームの利用.xlsm

Excelには、独自のダイアログである「ユーザーフォーム」を作成することができる機能も用意されています。ユーザーフォームを利用することで、操作の手助けをしたり、必要な情報の設定をわかりやすく正確に行えます。まずは基本的な仕組みを学習していきましょう。

ここで学ぶのは
- ユーザーフォームの作成
- コントロールの配置
- イベント処理の作成

1 ユーザーフォームで独自ダイアログを作成する

ユーザーフォームの仕組みを利用すれば、一覧から入力候補を選択するリストボックスや、処理を実行するボタンなど、**業務内容に合わせた独自のダイアログ**を作成して使用できます。

ユーザーフォームによって、マクロを実行する際に必要な値や設定などを、わかりやすく、もれなく指定してもらえるようになります。

ユーザーフォームの使用例

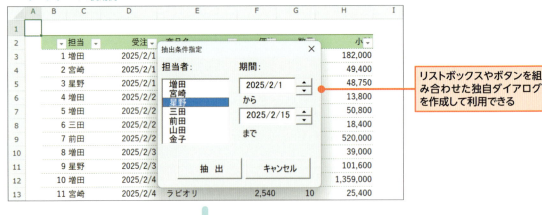

リストボックスやボタンを組み合わせた独自ダイアログを作成して利用できる

ユーザーフォーム上の選択結果をもとにして、抽出や転記などのマクロを実行することも可能

Point リストボックスやボタンなどの各種「コントロール」を使って、独自のダイアログボックスを作成／使用できる。

ユーザーフォームはVBE画面で作成します。土台となるフォームの上に、あらかじめ用意されているボタンなどのコントロールを貼り付け、位置やサイズを調整しながら作成していきます。
さらに、「**ボタンをクリックしたときに実行したい処理**」など、各コントロールを操作した際の処理をマクロのコードで作成できます。

ユーザーフォーム作成中の画面

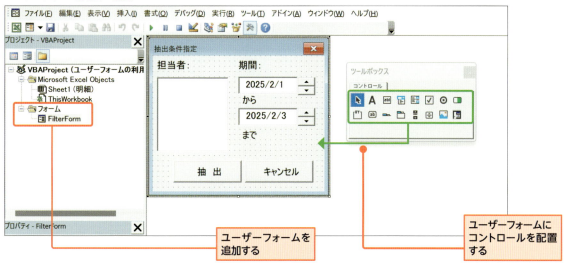

ユーザーフォームを追加する

ユーザーフォームにコントロールを配置する

2 ユーザーフォームにコントロールを配置する

解説

新規ユーザーフォームを作成するには、VBE画面で[挿入]→[ユーザーフォーム]をクリックします。すると、VBE画面左上のプロジェクトエクスプローラーに「UserForm1」などのユーザーフォームが追加され、コードウィンドウに空のユーザーフォームが表示されます。
ボタンなどのコントロールを配置するには、「**ツールボックス**」ダイアログ内から利用したいコントロールを選び、そのまま**ドラッグ&ドロップ**します。
配置したコントロールは、マウスのドラッグで位置や大きさを調整します。
ツールボックスが表示されない場合は、[表示]→[ツールボックス]をクリックします。

1 Excel画面で[開発]→[Visual Basic]をクリックして、

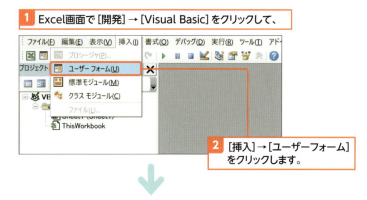

2 [挿入]→[ユーザーフォーム]をクリックします。

3 コントロールをドラッグ&ドロップして、

4 位置や大きさを調整します。

解説

配置したコントロールを選択すると、VBE画面左下のプロパティウィンドウに、選択中のコントロールの各種プロパティの一覧が表示されます。この一覧の値を直接指定して、コントロールの見た目や設定を行うことも可能です。
ここでは、Captionプロパティを指定することで、ボタンに表示するメッセージを変更しています。

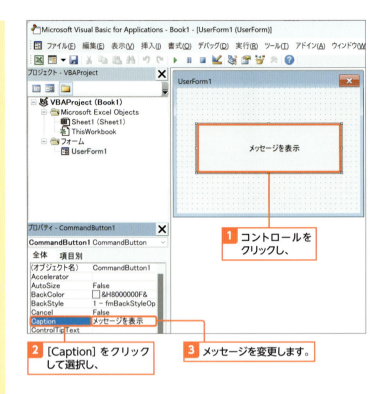

3 コントロールのイベント処理を作成する

解説

配置したコントロールをダブルクリックすると、ユーザーフォーム上の各コントロールのイベント処理などを記述できるコードモードとなります。この画面でイベント処理（イベントプロシージャ）を作成していきます。
このように、「**新規ユーザーフォーム作成**」→「**コントロール配置**」→「**イベント処理作成**」という流れでユーザーフォームを作り上げていきます。

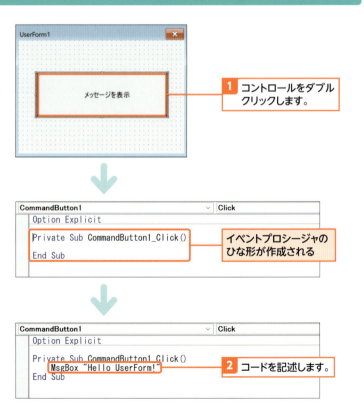

4 Excel画面にユーザーフォームを表示する

解説

ユーザーフォームの表示と非表示は、ユーザーフォームを指定し、それぞれShowメソッドとHideメソッドを利用します。個々のユーザーフォームの指定は、プロジェクトエクスプローラーに表示されるユーザーフォーム名をそのまま記述すればOKです。

任意のユーザーフォームを呼び出したい場合は、標準モジュール上のマクロ内に、「ユーザーフォーム名.Show」の形式で記述します。

表示したユーザーフォームを非表示にしたい場合は、ユーザーフォーム上のボタンクリック時などが多いでしょう。その場合には、ボタンのイベント処理内に「ユーザーフォーム名.Hide」の形式で記述します。そうすれば、ボタンクリック時にユーザーフォームを非表示にできます。

Memo ユーザーフォームの消去

ユーザーフォームを消去するには、「Unload ユーザーフォーム」の形式で、Unloadステートメントを利用する方法もあります。

● ユーザーフォームを表示する

※標準モジュールに記述
```
Sub ユーザーフォームを表示()
    UserForm1.Show
End Sub
```

● ユーザーフォームを非表示にする

※ユーザーフォームのモジュールに記述
```
Private Sub CommandButton1_Click()
    MsgBox "Hello UserForm!"
    UserForm1.Hide
End Sub
```

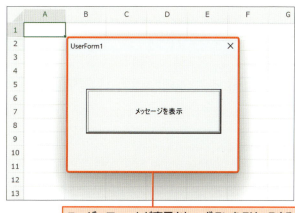

ユーザーフォームが表示され、ボタンをクリックするとメッセージを表示して、ユーザーフォームを非表示にする

● ユーザーフォームの表示

> ユーザーフォーム名.Show↵

● ユーザーフォームの非表示

> ユーザーフォーム名.Hide↵

Hint オブジェクト画面とコード画面の切り替え

ユーザーフォームには、コントロールを配置する「オブジェクト」画面と、コードを記述する「コード」画面がありますが、この切り替えは、[表示]→[オブジェクト]/[表示]→[コード]で行えます。ショートカットキーの Shift + F7 と F7 を覚えておくと便利です。

Section 92 多くのコントロールに共通する設定

練習用ファイル 📁 コントロールに共通の設定.xlsm

ここで学ぶのは
▶ コントロールの名前
▶ プロパティウィンドウ
▶ よく使うコントロール

ユーザーフォーム上にはさまざまなコントロールを配置していきますが、まずは、多くのコントロールに共通の設定（プロパティ）をご紹介します。位置やサイズ、フォントなどの基本的な設定を行う方法を学習していきましょう。

1 コントロールの名前を変更する

ユーザーフォーム上に配置したコントロールには、独自のオブジェクト名を設定できます。コントロールを選択した状態で、プロパティウィンドウの「（オブジェクト名）」欄の値を設定すると、その値がオブジェクト名となります。
マクロのコードからは、オブジェクト名を使って操作対象として指定したり、イベント処理が作成できるようになります。

オブジェクト名の変更

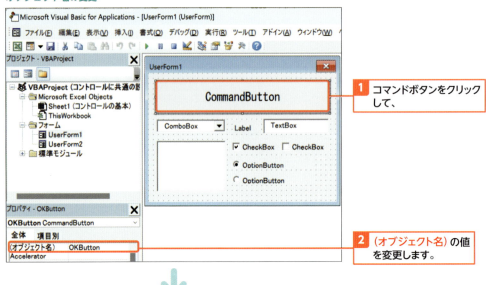

1 コマンドボタンをクリックして、

2 （オブジェクト名）の値を変更します。

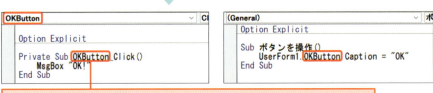

オブジェクト名を使って操作対象に指定したり、イベント処理を作成できるようになる

各コントロールをフォーム上に配置した際の初期名は、「コントロールの種類＋連番」となります。
そのまま利用しても構いませんが、自分の目的に合った名前にしておくと、「どのコントロールを使うんだったっけ」と、とまどうことなくスムーズに目的のコントロールが指定できるようになるため、お勧めです。

● よく使うコントロール（抜粋）

コントロールの種類	初期名	用途
コマンドボタン	CommandButton1	汎用的なボタン
ラベル	Label1	フォーム上に文字を表示
テキストボックス	TextBox1	入力可能なテキストボックス
コンボボックス	ComboBox1	リストをドロップダウン表示して選択
リストボックス	ListBox1	リストを一覧表示して選択
チェックボックス	CheckBox1	オン/オフの指定
オプションボタン	OptionButton1	幾つかの項目から1つを指定
スピンボタン	SpinButton1	矢印状のボタンで値を増減

2 多くのコントロールに共通する設定

コントロールの位置や大きさなどは、「オブジェクト」モードでマウス操作によって変更できますが、Topプロパティや Widthプロパティなどのプロパティの値を直接、プロパティウィンドウに入力することでも変更できます。
はじめはざっとマウスで配置し、こまかな微調整はプロパティウィンドウで行うのがよいでしょう。また、各プロパティの値は、マクロのコードから指定することも可能です。
多くのコントロールに共通なプロパティとしては、以下の表のものが挙げられます。

● 多くのコントロールに共通する設定（プロパティ）

プロパティ	用途
Top	縦位置
Left	横位置
Width	幅
Height	高さ
Font	フォント設定
Visble	表示/非表示
Enabled	使用可能/使用不可（表示はされるがグレーアウトする状態）
TabStop	Tabキーによる移動対象とする/しない
TabIndex	Tabキーで移動する際の移動順番号

Hint まずはユーザーフォーム自体のフォントを設定する

各コントロールを配置する前に、ユーザーフォーム自体のフォント設定を指定しておくのがお勧めです。設定しておくと、配置するコントロールのフォント設定は、ユーザーフォームのフォント設定を引き継ぎます。個々のコントロールを配置してから「やっぱりフォントをもう少し大きく」と修正しようと思うと、1つひとつを修正する必要があるため、非常に手間がかかります。最初に一括設定しておいた方が楽なのです。

Section 93 テキストを表示／入力する

練習用ファイル　テキストの表示と入力.xlsm

ここで学ぶのは
- テキストの表示/入力
- ラベル
- テキストボックス

ユーザーフォーム上にテキストを表示するには「ラベル」コントロールを利用します。また、ユーザーにテキストを入力をしてほしい場合には「テキストボックス」コントロールを使用します。2つのコントロールの具体的な使用方法を学習していきましょう。

1 ラベルでテキストを表示する

解説

ユーザーフォーム上にテキストを表示したい場合には、ラベルを配置します。このとき、表示する文字列はCaptionプロパティに設定します。
注意が必要なのは、表示できるテキストは、ラベルのサイズ、特に長さに依存します。Widthプロパティの値を超えた分は表示されません。
各プロパティは、プロパティウィンドウを使って手作業で設定しても、サンプルのようにコードから指定しても、同じように機能します。
なお、サンプルではユーザーフォーム名（オブジェクトの名前）を「LabelForm」、ラベルの名前を「Label1」としています。

● ユーザーフォームにテキストを表示する

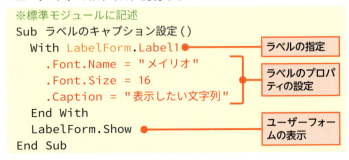

```
※標準モジュールに記述
Sub ラベルのキャプション設定()
    With LabelForm.Label1        ← ラベルの指定
        .Font.Name = "メイリオ"
        .Font.Size = 16          ← ラベルのプロパ
        .Caption = "表示したい文字列"    ティの設定
    End With
    LabelForm.Show               ← ユーザーフォー
End Sub                             ムの表示
```

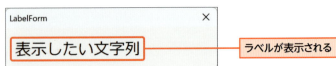

ラベルが表示される

● ラベルでよく使うプロパティ

プロパティ	用途
Caption	ラベルに表示する文字列
Width	ラベルの幅。表示できる文字列の長さに影響する

> **Hint** ユーザーフォーム上のコントロールの指定
>
> ユーザーフォーム上のコントロールを操作対象に指定するには、「ユーザフォーム名.コントロール名」の形式で、ユーザーフォームとコントロールのオブジェクト名を繋いで指定します。
>
> `UserForm1.Label1`
>
> このように書くと、「UserForm1」上の「Label1」が操作対象として指定されます。

2 テキストボックスで値を入力する

解説

ユーザーにテキストを入力して貰いたい場合には、テキストボックスを利用します。
入力してもらったテキストを取得するには、Textプロパティを利用します。
また、MultiLineプロパティを「True」にすると、複数行の入力/表示も可能となります。
この際、EnterKeyBehaviorプロパティも「True」にしておくと、[Enter]キーによる改行ができるようになります。
なお、サンプルではユーザーフォーム名を「TextForm」、テキストボックスの名前を「TextBox1」「TextBox2」としています。

● テキストボックスの値をセルに転記する

※ユーザーフォームのモジュールに記述 ← コマンドボタンのClickイベントを利用
```
Private Sub CommandButton1_Click()
    Range("B2").Value = TextForm.TextBox1.Text
    Range("B4").Value = TextForm.TextBox2.Text
End Sub
```
← テキストボックスの値をセルに入力

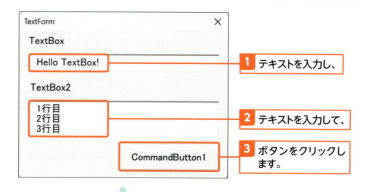

1 テキストを入力し、
2 テキストを入力して、
3 ボタンをクリックします。

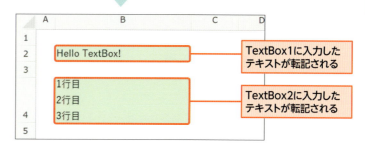

TextBox1に入力したテキストが転記される
TextBox2に入力したテキストが転記される

● テキストボックスでよく使うプロパティ

プロパティ	用途
Text	入力した文字列（表示する文字列）
MultiLine	Trueを指定すると複数行の入力が可能になる
EnterKeyBehavior	Trueを指定すると、[Enter]キーで改行可能になる

Hint ユーザーフォームのモジュールではMeキーワードが利用できる

ユーザーフォームのモジュール内では、Meキーワードを使うと「ユーザーフォーム自身」を操作対象として指定できます。このため、コントロールを指定する際にも「Me.コントロール名」の形式で指定可能です。この方式でコントロールを指定しておけば、後からユーザーフォーム名を変更した際でも、コードを書き直さなくても済みます。

Section 94 ボタンのクリックで処理を実行する

練習用ファイル　ボタンの利用.xlsm

ここで学ぶのは
- コマンドボタン
- Clickイベント
- Callステートメント

ユーザーフォーム上にボタンを表示するには、「コマンドボタン」を利用します。そのうえで、配置したボタンの「Clickイベント」にコードを記述すると、ボタンクリック時にそのコードが実行されます。具体的な記述方法を学習していきましょう。

1 ボタンのクリックで実行される処理を作成する

解説

ボタンのクリックで実行される処理を作成するには、コマンドボタンを配置してClickイベントを利用します。
Clickイベントは、ボタンクリック時に発生するイベントです。対応するイベントプロシージャを用意し、その中にコードを記述しておくと、クリック時にそのコードが実行されます。
サンプルでは、「CommandButton1」のクリック時に、セルへと値を入力し、また、標準モジュールに記述してあるマクロ「セルに入力」を呼び出して実行しています。

Key word　Callステートメント

Callステートメントを使って「Call マクロ名」と記述すると、作成済みのマクロを呼び出して実行できます。
呼び出したマクロの実行が完了すると、呼び出し元のマクロに処理が戻ります。
サンプルでは、以下のマクロ「セルに入力」を呼び出しています。

```
Sub セルに入力()
    Range("B4").Value = "VBA!"
End Sub
```

● ボタンクリックでセルに値を入力する

※ユーザーフォームのモジュールに記述

```
Private Sub CommandButton1_Click()
    Range("B2").Value = "Hello!"
    Call セルに入力
End Sub
```

- コマンドボタンのClickイベントを利用
- マクロの呼び出し
- クリック時に実行したいコード

1 ボタンをクリックします。

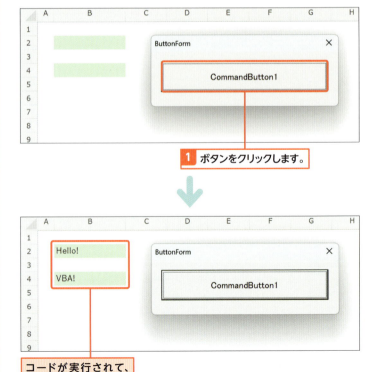

コードが実行されて、セルに値が入力される

● コマンドボタンでよく使うプロパティとイベント

プロパティ	用途
Captionプロパティ	ボタンに表示する文字列
Clickイベント	ボタンクリック時に発生するイベント
Defaultプロパティ	Trueに設定すると「既定のボタン」となる
Cancelプロパティ	Trueに設定すると「キャンセルボタン」となる

2 Clickイベントプロシージャの作成手順

解説

ボタンのClickイベントの利用方法はとてもシンプルです。

まず、「オブジェクト」モードでClickイベントを利用したいボタンをダブルクリックします。すると、「コード」モードに切り替わり、ダブルクリックしたボタンに対応するClickイベントプロシージャが自動入力されます。

あとは、Clickイベントプロシージャ内に実行したい処理を記述すれば完成です。

1 VBE画面で[表示]→[オブジェクト]をクリックして、

2 ボタンをダブルクリックします。

コマンドボタンのClickイベントに対応したプロシージャが、自動的に作成される

3 実行したいコードを入力します。

Hint 既定のボタンとキャンセルボタン

コマンドボタンには、既定のボタンとキャンセルボタンを設定できます。既定のボタンとは、Enterキーを押すとClickイベントが発生したと見なすボタンです。キャンセルボタンとは、Escキーを押したときにClickイベントが発生したと見なすボタンです。キーボードによる操作をしやすくする仕組みですね。

任意のボタンを既定のボタンにするには、Defaultプロパティの値を「True」に設定します。同じく、キャンセルボタンにするには、Cancelプロパティの値を「True」に設定します。この設定は通常、プロパティウィンドウで行いますが、コードから指定しても構いません。

Section 95 オン／オフの設定や選択肢を選んでもらう

練習用ファイル　📁 オンオフや選択肢を選んでもらう.xlsm

オン／オフなどの2択の設定を選んでもらう際には「チェックボックス」を利用します。また、「3つのうちのどれか」などの選択肢を選んでもらう場合には「オプションボタン」が便利です。

ここで学ぶのは
- チェックボックス
- オプションボタン
- Controlsプロパティ

1 チェックボックスの選択状態を確認する

解説

設定のオン／オフなどの設定を選んでもらう際には、**チェックボックス**を利用します。チェックボックスのチェック状態はValueプロパティで管理されていて、**「True」が選択状態、「False」が未選択状態**に対応します。
サンプルでは、2つのチェックボックス（CheckBox1、CheckBox2）の選択状態を、セルへと書き出しています。

● チェックボックスの選択状態を書き出す

※ユーザーフォームのモジュールに記述
```
Private Sub CommandButton1_Click()
    Range("C2").Value = Me.CheckBox1.Value
    Range("C3").Value = Me.CheckBox2.Value
End Sub
```

コマンドボタンのClickイベントを利用

チェックボックスの選択状態をセルに書き出す

Memo　コントロールのキャプション

チェックボックスをはじめとした各種コントロールのキャプション（表示されている文字列）は**Captionプロパティ**で設定できますが、その他にも、「オブジェクト」モードで、キャプション部分をダブルクリック操作にならない程度にゆっくり2回クリックすると、直接設定可能です。

チェックされていれば「TRUE」、されていなければ「FALSE」が入力される

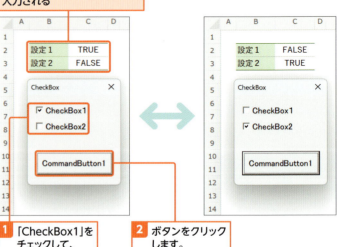

1 「CheckBox1」をチェックして、
2 ボタンをクリックします。

● チェックボックスでよく使うプロパティ

プロパティ	用途
Value	チェックの状態。TrueもしくはFalseで取得/設定
Caption	表示する文字列

2 オプションボタンで候補の中から１つを選択する

解説

幾つかの選択肢から1つを選んでもらいたい場合は、**オプションボタン**を利用します。オプションボタンの選択状態は、チェックボックス同様、**Value**プロパティで取得します。
また、オプションボタンは、複数を配置すると、そのうちの1つのValueプロパティがTrueになると、他はFalseになります。結果、**複数の選択肢のうち1つだけ**を指定可能となります。
なお、複数種類の選択肢グループを同一フォーム上に作成したい場合には、**フレーム**を配置します。フレームの中にオプションボタンを配置すると、フレーム内のオプションボタン群は、独立したグループとして機能します。
サンプルでは、フレームを使って、オプションボタン1～3、4～6の2グループを作成し、それぞれのグループで選択しているコントロールを判定しています。

Keyword Controlsプロパティ

ユーザーフォームのオブジェクトに用意されているControlsプロパティは、引数に指定した文字列に対応するコントロールを操作対象として指定できます。
`Me.Controls("OptionButton1")`は「OpptionButton1」を操作対象として指定します（Meキーワードは293ページを参照してください）。この仕組みとFor Nextステートメントを利用すると、連番を持つコントロールをループ処理でまとめて扱えます。

● オプションボタンの選択肢を判断する

※ユーザーフォームのモジュールに記述

```
Private Sub CommandButton1_Click()
  Dim i As Long
  For i = 1 To 3
    If Me.Controls("OptionButton" & i). _
      Value = True Then
      Exit For
    End If
  Next
  Range("F2").Value = i
  For i = 4 To 6
    If Me.Controls("OptionButton" & i). _
      Value = True Then
      Exit For
    End If
  Next
  Range("F3").Value = i
End Sub
```

- コマンドボタンのClickイベントを利用
- OptionButton1～3の状態をチェック
- OptionButton4～6の状態をチェック

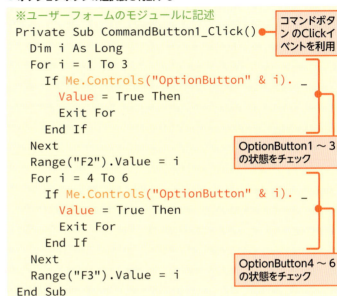

1 オプションボタンを選択して、
2 ボタンをクリックします。

● オプションボタンでよく使うプロパティ

プロパティ	用途
Value	選択状態。TrueもしくはFalseで取得/設定
Caption	表示する文字列

Section 96 ボタン操作で値を増減する

練習用ファイル　スピンボタンの利用.xlsm

数量や日付などを入力する際、基準値を元に値を増やしたり、減らしたりといった操作を行うことが多くあります。そのように値を指定したい際には、「スピンボタン」が便利です。値の設定方法と確認・取得方法を学習していきましょう。

ここで学ぶのは
- スピンボタン
- Changeイベント
- 日付を増減させる

1 スピンボタンで値を増減する

解説

値の増減をボタンで操作したい場合は、スピンボタンを利用します。まずは、最小値をMinプロパティ、最大値をMaxプロパティで定め、ボタンを1回クリックするごとの変化量をSmallChangeプロパティで設定しましょう。
続いて、初期値をValueプロパティで定めて表示すれば、ボタン操作で値が変化します。ただ、値は内部的に変化しているだけで表示はされません。そこで、値の変化時に発生するChangeイベントを利用して、テキストボックスなどにValueプロパティで取得できる値を表示しましょう。
サンプルでは、最小値「0」、最大値「10」、変化量「1」のスピンボタンの初期値を「5」に設定して表示し、ボタン操作に応じて値を「TextBox1」へと表示しています。なお、ユーザーフォーム名は「SpinForm」、スピンボタン名は「SpinButton1」としています。

● スピンボタンを利用する

```
※標準モジュールに記述
Sub スピンボタンを利用()
    With SpinForm.SpinButton1
        .Min = 0
        .Max = 10
        .SmallChange = 1
        .Value = 5
        SpinForm.TextBox1.Text = .Value
    End With
    SpinForm.Show
End Sub
```

スピンボタンの設定

スピンボタンの値をテキストボックスに表示

```
※ユーザーフォームのモジュールに記述
Private Sub SpinButton1_Change()
    Me.TextBox1.Text = Me.SpinButton1.Value
End Sub
```

スピンボタンの値が変化したらテキストボックスに表示

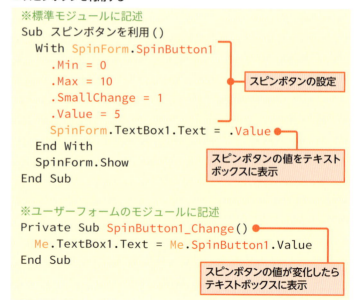

上下のボタンをクリックすると、テキストボックスの値が増減する

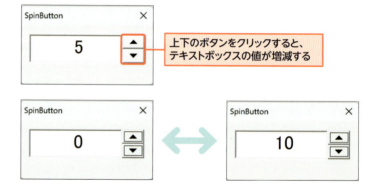

● スピンボタンでよく使うプロパティとイベント

プロパティ	用途
Minプロパティ	最小値
Maxプロパティ	最大値
SmallChangeプロパティ	1回ボタンをクリックするごとの変化量
Valueプロパティ	値
Changeイベント	値が変化したときに発生するイベント

2 スピンボタンで日付の増減を行う

解説

スピンボタンで日付を扱いたい場合には、プロパティウィンドウではなく、コードから最小値、最大値、値を、日付シリアル値の形式で設定し、変化量を「1」もしくは「-1」に設定します。

日付シリアル値は「1」を「1日」として計算を行うため、ボタンを操作するたびに「1日」単位で日付が増減することになります。

値を表示する際には、Format関数（203ページ参照）を利用し、見やすい形式に変換してから表示しましょう。なお、ユーザーフォーム名は「DateSpinForm」、スピンボタン名は「SpinButton1」としています。

● スピンボタンで日付を増減させる

```
※標準モジュールに記述
Sub スピンボタンで日付を増減()
  With DateSpinForm.SpinButton1
    .Min = #1/1/2025#
    .Max = #1/31/2025#
    .SmallChange = -1
    .Value = #1/15/2025#
    DateSpinForm.TextBox1.Text = _
      Format(.Value, "yyyy/m/d")
  End With
  DateSpinForm.Show
End Sub

※ユーザーフォームのモジュールに記述
Private Sub SpinButton1_Change()
  Me.TextBox1.Text = _
    Format(Me.SpinButton1.Value, "yyyy/m/d")
End Sub
```

最小値、最大値、値を日付（シリアル値）で設定

表示の際はFormat関数で変換する

表示の際はFormat関数で変換する

Memo 値の増減の方向

スピンボタンの変化量を指定する際、SmallChangeプロパティに「1」などの正の値を指定すると、スピンボタンの上側を押すと値が増加し、下側を押すと減少する動きとなります。

上下の動きを逆にしたい場合は、SmallChangeプロパティに負の値を指定しましょう。すると、スピンボタンの上側を押すと値が減少し、下側を押すと増加する動きとなります。

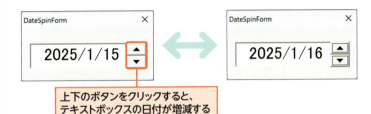

上下のボタンをクリックすると、テキストボックスの日付が増減する

Section 97 ドロップダウンリストから値を選択する

練習用ファイル 📁 コンボボックスの利用.xlsm

ここで学ぶのは
▶ コンボボックス
▶ ドロップダウンリスト
▶ リスト項目の設定

一連のリストを用意し、その中から1つを選んでもらう場合には、「コンボボックス」を利用します。コンボボックスは、ボタンをクリックすることでリストの値をドロップダウン表示し、リストの中から値を選択できるコントロールです。その設定方法を学習していきましょう。

1 コンボボックスでリストから選択する

解説

値のリストを用意し、そこから1つを選んでもらいたい場合は、**コンボボックス（ドロップダウンリストボックス）** を利用します。値のリストは、**List**プロパティに配列の形で設定します。コンボボックス右端の［▼］ボタンをクリックすると、リストが表示されて値を選択できます。選択した値は**Value**プロパティで取得します。また、「リスト内での何番目の値を選択しているのか」を取得/設定するには、**ListIndex**プロパティを利用します。

サンプルでは、Array関数を使って値のリストを設定し、ボタン操作に応じて選択した値とインデックス番号をセルへ書き出しています。なお、ユーザーフォーム名は「ComboForm」、コンボボックス名は「ComboBox1」としています。

● コンボボックスを利用する

```
※標準モジュールに記述
Sub コンボボックスの利用()
    With ComboForm.ComboBox1         ' リストの設定
        .List = _
            Array("りんご", "蜜柑", "レモン", "苺")
        .ListIndex = 0                ' 初期選択値の設定
    End With
    ComboForm.Show
End Sub

※ユーザーフォームのモジュールに記述
Private Sub CommandButton1_Click()
    Range("C2").Value = Me.ComboBox1.Value       ' 選択した値を取得
    Range("C3").Value = Me.ComboBox1.ListIndex   ' 選択した値のリスト順を取得
End Sub
```

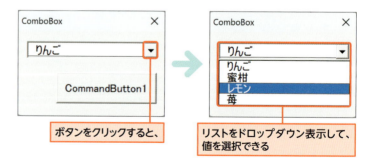

ボタンをクリックすると、リストをドロップダウン表示して、値を選択できる

選択した値やリスト内での順番をセルに表示する

ボタンをクリックすると、選択した値をセルに入力する

● コンボボックスでよく使うプロパティ

プロパティ	用途
List	リスト表示する項目。配列で指定する。Array関数を使うと手軽に設定可能
Value	選択・表示されている値
ListIndex	選択・表示されている値が、リストの何番目かを表す値リストの先頭が「0」となり、以下連番。
RowSource	セルの値をリスト表示したい際、セル番地を指定

2 シート上に用意したリストをコンボボックスで使用する

解説

セルに入力されている値をコンボボックスのリストとして表示したい場合には、RowSourceプロパティへセルへのアドレス文字列を指定します。
コードから指定する場合には、目的セル範囲を指定し、引数「External」にTrueを指定したAddressプロパティの値を指定するのがお手軽です。他のシート上にあるセル範囲でもリスト元として設定可能です。

● セルの値をリスト表示する

```
※標準モジュールに記述
Sub セルのリストを利用()
    With ComboForm.ComboBox1
        .RowSource = _
            Worksheets(1).Range("E3:E6"). _
            Address(External:=True)
        .ListIndex = 0
    End With
    ComboForm.Show
End Sub
```

RowSourceプロパティにセルのアドレス文字列を設定する

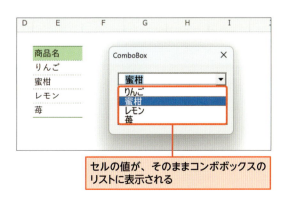

セルの値が、そのままコンボボックスのリストに表示される

Section 98 一覧表示したリストから値を選択する

練習用ファイル 📁 リストボックスの利用.xlsm

ここで学ぶのは
- リストボックス
- リストから選択する
- 一覧形式のリストの表示

一覧リストを表示し、その中から1つを選択してもらうには、「リストボックス」を利用します。複数行にわたるリスト項目をユーザーフォーム上に表示して、その中から該当する値を選択してもらうための仕組みを学習していきましょう。

1 リストボックスで一覧リストを表示して選択する

解説

値のリストを一覧表示し、そこから1つを選んでもらいたい場合は、リストボックスを利用します。値のリストは、Listプロパティへと配列の形で設定します。
選択した値はValueプロパティで取得します。また、「リスト内での何番目の値を選択しているのか」を取得/設定するには、ListIndexプロパティを利用します。
サンプルでは、Array関数を使って値のリストを設定し、ボタン操作に応じて選択した値をセルへと書き出しています。なお、ユーザーフォーム名は「ListBoxForm」、リストボックス名は「ListBox1」としています。

● リストボックスを利用する

```
※標準モジュールに記述
Sub リストボックスの利用()
    ListBoxForm.ListBox1.List = _
        Array("りんご", "蜜柑", "レモン", "苺")     ← リストの設定
    ListBoxForm.Show
End Sub

※ユーザーフォームのモジュールに記述
Private Sub CommandButton1_Click()
    If Me.ListBox1.ListIndex < 0 Then     ← 未選択の場合は処理を抜ける
        Exit Sub
    End If
    Range("C2").Value = Me.ListBox1.Value     ← 選択した値を取得
End Sub
```

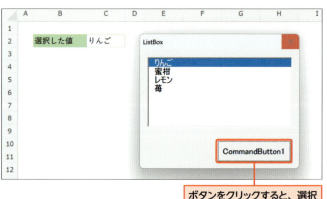

ボタンをクリックすると、選択した値をセルに入力する

● リストボックスでよく使うプロパティ

プロパティ	用途
List	リスト表示する項目。配列で指定する
Value	選択・表示されている値
ListIndex	選択・表示されている値がリストの何番目かを表す。値リストの先頭が「0」となり、以下は連番となる
ColumnCount	列数
ColumnWidths	個々の列の幅。"20;120;50"のように各列の幅を「;」で区切った形の文字列で指定
RowSource	セルの値をリスト表示したい際、セル番地を指定

2 シート上に用意したリストをリストボックスで使用する

解説

複数列のリストを表示したい場合には、ColumnCountプロパティで列数を指定し、ColumnWidthプロパティで各列の幅を指定します。列幅の指定は「"1列目の幅;2列目の幅"」のように、各列の列幅を「;(セミコロン)」で区切った文字列で指定します。

表示するリストはListプロパティに配列の形で設定しますが、セル範囲のValueプロパティの値を直接指定するのがお手軽です。

選択したリストの値は、「List(ListIndexプロパティの値, 列番号)」で取得できます。このときの列番号は、1列目が「0」となり、以下は連番となります。

サンプルでは、セル範囲E3:G7の値をリストボックスに表示し、そこから選択した内容をダイアログに表示しています。

● リストボックスを利用する

```
※標準モジュール上に記述
Sub セルの値を利用()
    With ListBoxForm.ListBox1
        .ColumnCount = 3              '3列表示に設定
        .ColumnWidths = "20;120;50"   '列幅を設定
        .List = Range("E3:G7").Value  'リストを設定
    End With
    ListBoxForm.Show
End Sub

※ユーザーフォームのモジュールに記述
Private Sub CommandButton1_Click()
    With Me.ListBox1
        MsgBox .List(.ListIndex, 0) & vbCrLf & _
            .List(.ListIndex, 1) & vbCrLf & _
            .List(.ListIndex, 2)
    End With
End Sub
```

選択項目の各列の値を取得して表示

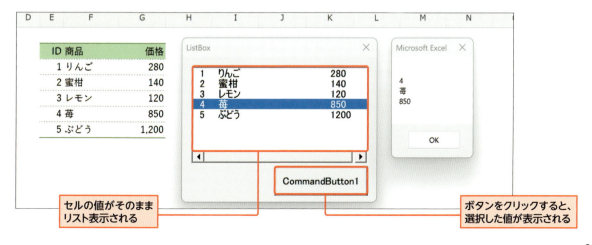

セルの値がそのままリスト表示される

ボタンをクリックすると、選択した値が表示される

Column　マクロのランチャーとしてユーザーフォームを利用する

ユーザーフォームはさまざまな用途に使えますが、マクロの「ランチャー（発射台）」として使うというのもよいでしょう。

方法は簡単で、ボタンを配置したユーザーフォームを用意し、Clickイベントプロシージャ内でCallステートメントを使って標準モジュール上のマクロを呼び出すだけです。

● マクロのランチャー

```
Private Sub CommandButton1_Click()
    Call macroA
End Sub

Private Sub CommandButton2_Click()
    Call macroB
End Sub

Private Sub CommandButton3_Click()
    Call macroC
End Sub
```

クリック時に標準モジュール上のマクロ「macroA」を実行する

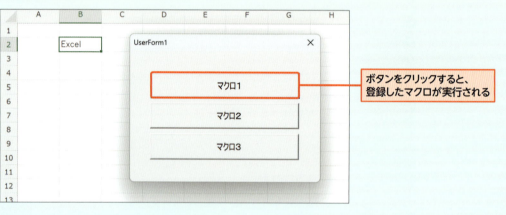

ボタンをクリックすると、登録したマクロが実行される

さらに、ユーザーフォームを表示する際には、モードレス表示にしておけば、ユーザーフォームを表示したままExcelを操作可能です。

UserForm1.Show vbModeless

特定の作業をする際によく使うマクロが幾つかある場合、この方法で1つのユーザーフォーム上からマクロを実行できるようにしておくと、とても便利です。

第 **16** 章

帳票のデータを
操作する

　本章では、「帳票状のデータを表形式へと転記する」仕組みを実際に作成してみます。必要なデータを取捨選択し、Excelの強力な機能を活用できる表形式へと落とし込む処理のパターンを掴み、自分の利用しているシートへと応用してください。

Section 99 ▶ 帳票のデータを集計する処理を作成する

Section 100 ▶ 帳票から転記したいデータを整理する

Section 101 ▶ 1枚の帳票から転記する処理を作成する

Section 102 ▶ ブック全体の帳票から転記する

Section 99 帳票のデータを集計する処理を作成する

練習用ファイル 📁 帳票の集計.xlsm

複数のシート上に作成されている帳票形式のデータを、集計用のシート上へとまとめる処理を作成してみましょう。1つの帳票を転記する処理から作成し、できあがった仕組みを、ループ処理を使って全シートへと広げていく手順を意識しながら進めていきましょう。

ここで学ぶのは
- 帳票のデータ操作
- データの転記のコツ
- 表形式のデータにまとめる

1 シートの構成を確認する

この章では、**帳票形式でデータが入力された複数のシートを、1つにまとめて集計する仕組み**を作成していきます。想定しているブックの状態は、図のようになります。各シートには、帳票形式でデータが入力されており、商品名と数量を入力すると、ブック内に作成されている「商品テーブル」から単価を表引きし、小計を計算します。

また、「商品テーブル」に登録していない商品の取引があった場合は、手入力で商品名や価格を入力するケースもあれば、取引先によっては割引価格で商品を提供することも、端数を値引きすることもあります。

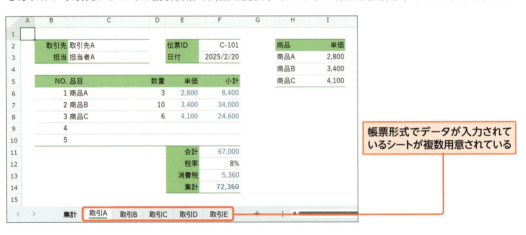

帳票形式でデータが入力されているシートが複数用意されている

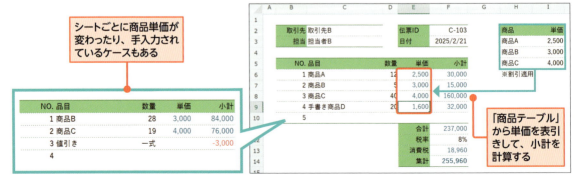

シートごとに商品単価が変わったり、手入力されているケースもある

「商品テーブル」から単価を表引きして、小計を計算する

306

2 表形式のデータとして集計する

今回の目標は、下図のように、**各帳票のデータを表形式に集計**することです。Excelの強みは、まとまったデータをもとにしたピボットテーブルやグラフ化による分析にありますが、これらの機能は、データが表形式に整えられていることが前提です。そこで、各シートに散らばったデータを表形式にまとめる際のポイントを押さえていきましょう。

まずは、「**明細部分の数だけ個別行にデータを転記する**」という考え方が基本となります。表形式のデータは、「1行が1データ（1レコード）」という考えなので、記録しておきたい内容の一番細かい分類単位の数が、そのまま転記するレコードの数になります。

続いて、転記する際の「値」についてです。Excelのシート上ではVLOOKUPワークシート関数をはじめとする各種の数式で、表引きや計算を行っている箇所が多くあるでしょう。しかし、転記する際、基本的に、**取引の確定した処理であれば「数式」ではなく「値」を転記**します。

これは、「後から表引きの元となるセルの値を編集したため、記録しておいた取引内容の方まで値が更新され、実際の取引の数字とズレてしまう」という事態を防ぐためです。さらに、伝票入力の際には、営業担当者の裁量で、数式を使わずに値引額などを直接入力している場合もあります。そのため、値をそのまま転記した方が、実際の取引とズレないのです。

取引習慣やブックの運用によって、記録内容は変わってくるかと思いますが、基本的には、この考え方で進めていくのがよいでしょう。

Section 100 帳票から転記したいデータを整理する

練習用ファイル　帳票の集計.xlsm

ここで学ぶのは
- 構造体
- Typeステートメント
- 転記する項目の整理

転記処理を行う際には、まず、帳票から転記したい内容を整理整頓しておくと、その後の処理が作りやすくなります。整理を行う際には「構造体」の仕組みを使うと、自分の言葉で一連の内容を扱えるようになります。

1 転記したい内容を整理する

解説

帳票形式のデータの転記を行う際、まずは、**転記先で必要な「1行分のデータ（1レコード分のデータ）が何なのかを整理**します。整理する際には、<u>構造体</u>（こうぞうたい）の仕組みが便利です。構造体は、一連の変数をまとめて扱える仕組みです。マクロの先頭に<u>Type</u>ステートメントに続けて構造体名を記述し、「<u>End Type</u>」までの間に、変数の宣言時のように、メンバー名（変数名のように扱える）とデータ型を列記していきます。

メンバー名は、変数名と同様のルールで設定可能です（192ページ参照）。転記先の列見出しを想定し、必要なデータを自分のわかりやすい名前で整理・宣言しておくことで、「どのデータをピックアップして転記すればいいのか」を整理整頓できます。

メンバー「Row」「Column」を持つ構造体「CellAddress」の宣言
```
Type CellAddress
 Row As Long
 Column As Long
End Type
```

● 構造体の仕組みで転記したい内容を整理する
```
Type Record
    DenId As String      '伝票ID
    EdaId As Long        '明細の枝番
    Client As String     '取引先名
    Tantou As String     '担当者名
    Date As Date         '伝票発行日
    Product As String    '商品名
    Quantity As Long     '数量
    Price As Long        '価格
    Subtotal As Long     '小計
End Type
```

転記先の見出しに必要な項目を、構造体として作成していく

● Typeステートメントによる構造体の宣言

```
Type␣構造体名↵
    メンバー名␣As␣データ型↵
    …↵
End␣Type↵
```

2 構造体の利用方法

解説

Typeステートメントで宣言した構造体は、**変数を宣言する際にデータ型として指定可能**となります。

構造体型で宣言した変数は、「**変数名.構造体のメンバー名 = 値**」の形式で、各メンバーの値の代入、取得が可能です。ちょうど、オブジェクト型変数でプロパティを扱う際のように利用できます。

この仕組みを使い、個々の帳票のデータを整理整頓して取得し、転記する処理を作成していきます。

● 構造体を利用する

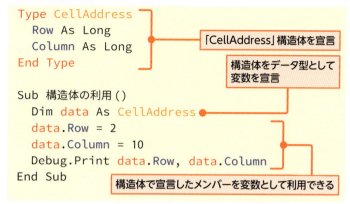

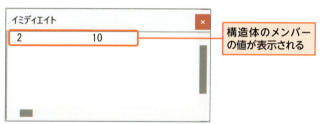

 Hint 構造体を利用する際の注意とテクニック

転記内容の整理に便利な構造体ですが、注意点があります。それは、「**Typeステートメントは、各モジュールの先頭に記述する**」点です。何かマクロを作成し、その後ろの位置に構造体を宣言することはできません。

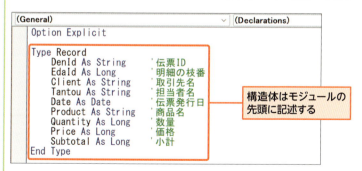

また、構造体をデータ型とした変数は、変数名を入力して「.(ドット)」をタイプした時点で、メンバー名が表示されます。非常に便利な機能ですので、活用していきましょう。

Section 101 1枚の帳票から転記する処理を作成する

練習用ファイル 📁 帳票の集計.xlsm

ここで学ぶのは
▶ 転記処理
▶ ループ処理
▶ 「次の位置」の取得

転記する項目が整理できたら、転記処理の作成に移ります。ポイントは、転記先の「次の位置」の取得と、明細の行数分だけの「転記のループ処理」です。2つの考え方を上手く組み合わせて転記処理を作成していきましょう。

1 明細の行数分だけ転記処理をループする

解説

1枚分の伝票のデータを転記していきましょう。サンプルでは、**「取引A」シート上のデータ**を**「集計」シートへと転記**していきます。転記する内容は、308ページで作成した構造体「Record」の内容です。これを、伝票の明細の行数分、ループ処理を使って転記していきます。

今回、明細の行数は、「明細部分の『品目』欄に値が入力してある数」を、COUNTAワークシート関数を利用して求めています。

また、転記先の「次の位置」の位置に関しては、「集計」シートのセルB2を起点にアクティブセル領域を求め、その行数を利用して求めています。

ループの回数と「次の位置」の取得方法が決まったら、あとは各ループ内で明細の値を構造体へとセットし、その値を転記する処理を作成すれば完成です。

Keyword: Val関数

サンプル中にあるValは、引数に指定した値から数値として読み取れる値を返す関数です。例えば、「Val("123番")」は数値の「123」を返し、「Val(10)」はそのまま数値の「10」を返し、「Val("")」は「0」を返します。

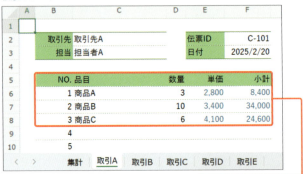

まずは1枚のシートを対象に、「明細の行数分だけデータを転記する処理」を作成する

見出し行と列ごとの書式を用意しておく

明細の行数分のデータが転記される

2 転記を行うマクロを作成する

● 1枚の帳票から転記するマクロ

```
※構造体「Record」の宣言は300ページを参照
Sub copyData()
    Dim rec As Record
    Dim sht As Worksheet, rng As Range
    Dim id As Long, recCount As Long, edaData As Variant
    ' 帳票シートをセットし、固定部分データを取得
    Set sht = Worksheets("取引A")
    rec.DenId = sht.Range("F2").Value
    rec.Client = sht.Range("C2").Value
    rec.Tantou = sht.Range("C3").Value
    rec.Date = sht.Range("F3").Value
    ' 明細部分のデータ数を取得
    recCount = WorksheetFunction.CountA(sht.Range("C6:C10"))
    ' 明細部分のセル範囲の値をまとめて変数に取得
    edaData = sht.Range("B6:F6").Resize(recCount).Value
    ' 明細の行数分だけループ処理
    For id = 1 To recCount
        rec.EdaId = edaData(id, 1)
        rec.Product = edaData(id, 2)
        rec.Quantity = Val(edaData(id, 3))
        rec.Price = Val(edaData(id, 4))
        rec.Subtotal = edaData(id, 5)
        ' 転記
        Set rng = Worksheets("集計").Range("B2").CurrentRegion
        rng.Rows(1).Offset(rng.Rows.Count).Value = Array( _
            WorksheetFunction.Max(rng.Columns(1)) + 1, _
            rec.DenId, rec.EdaId, rec.Client, rec.Tantou, rec.Date, _
            rec.Product, rec.Quantity, rec.Price, rec.Subtotal _
        )
    Next
End Sub
```

注釈:
- 構造体「Record」型の変数を宣言
- 帳票シート (取引A) をセット
- 構造体のメンバーに共通部分のデータをセット
- 明細部分のセルの行数と値をまとめて取得
- 構造体のメンバーに1行分のデータをセット
- 「次の位置」を取得し、構造体のメンバーの値を転記

 Hint 「次の位置」の取得や転記方法

「次の位置」の取得方法や転記の方法は、さまざまな処理が考えられます。今回のサンプルの他にも、Endプロパティを利用した「次の位置」の取得や (124ページ参照)、ValueプロパティではなくCopyメソッド (98ページ参照) を使った値の転記方法などが考えられます。

Section 102 ブック全体の帳票から転記する

練習用ファイル 📁 帳票の集計.xlsm

1枚の帳票から転記する処理が作成できたら、次は転記の対象をブック全体の帳票へと広げていきましょう。ポイントとなるのは、Worksheetsコレクションに対するループ処理と、「サブルーチン」の仕組みです。

ここで学ぶのは
- Worksheetsコレクション
- Callステートメント
- サブルーチン

1 シートに対してループしながら処理を呼び出す

解説

1枚の帳票シートの内容を転記していた処理を、ブック内の全シートを対象に広げてみましょう。まず、**Worksheetsコレクション**と**For Each Nextステートメント**を使い、**ブック内の全シートに対するループ処理**を作成します。
今回のブックでは「集計」シートは集計対象に含めたくないため、ループ処理内で、「**If Not メンバー変数 Is Worksheets("集計") Then**」として、「『集計』シートでない場合は処理を分岐」するようにしておきます。
「集計」シートでない場合は、**Callステートメント**を使い、**前トピックで作成しておいた1枚の帳票シートの転記用マクロ「copyData」を呼び出しています**。その際、マクロに「操作するシート」を指定するための引数（カスタム引数）を用意し、集計対象のシートを指定できる仕組みを作成しておきます。
このように、自作のマクロに引数の仕組みを用意すると、他のマクロから呼び出して実行する**サブルーチン**として利用できるようになります。

帳票のワークブック

「集計」以外のシートに対してループ処理を行う

転記の実行

各シートの明細を転記する

2 ループしながら転記を行うマクロを作成する

● ブック内の帳票を全て転記するマクロ

※構造体「Record」の宣言は300ページを参照

```
Sub 複数帳票を転記()
    Dim sht As Worksheet
    For Each sht In Worksheets
        If Not sht Is Worksheets("集計") Then
            Call copyData(sht)
        End If
    Next
End Sub

Sub copyData(sht As Worksheet)
    Dim rec As Record, rng As Range
    Dim id As Long, recCount As Long, edaData As Variant
    '引数で受け取った帳票シートから固定部分データを取得
    rec.DenId = sht.Range("F2").Value
    rec.Client = sht.Range("C2").Value
    rec.Tantou = sht.Range("C3").Value
    rec.Date = sht.Range("F3").Value
    …以下、前トピックのマクロと同じ処理
End Sub
```

- Dim sht As Worksheet → ブック内の全シートに対してループ処理を実行
- Call copyData(sht) → 「集計」シートでなければ、対象シートを引数として個々のシートの帳票を転記
- Sub copyData(sht As Worksheet) → 操作対象のシートを受け取れるように、引数「sht」を追加
- rec.DenId〜rec.Date → 引数「sht」を通じて、各帳票シートの値を転記していく

 Hint 修正前のマクロから取り除いた処理

マクロ「copyData」は、ブック内の全てのシートに対して処理を行えるように、前トピックの状態から以下の3点の修正を加えてあります。

修正前

修正後

❶ 引数「sht」を追加する。
❷ 変数「sht」の宣言部分を削除する。
❸ 変数shtへ「取引A」シートをセットしている部分を削除する。

前トピックでは、変数shtを通じて「取引A」シートを操作していましたが、その部分を「引数で受け取ったシートを操作」するように変更しています。

3 マクロに引数を用意する仕組み

解説

マクロに引数を用意する仕組みを詳しく見てみましょう。

マクロに引数を用意するには、マクロ名に続くカッコの中に「引数名 As データ型」の形式で**必要なだけ引数を列記**します。データ型は省略可能です（その場合はVariant型が指定されます）。

引数が用意されたマクロを呼び出す際には、Callステートメントを使い、「Call マクロ名(引数1)」の形式で呼び出します。引数が複数ある場合は「,(カンマ)」で区切って列記します。

サンプルでは、セルを扱うRange型の引数「rng」と、文字列を扱うString型の引数「str」を持つマクロ「callee」を作成しています。

マクロcalleeの中では、「rng」と「str」を変数のように扱い、引数とし渡されたセル範囲に、引数として渡された値をそのまま入力しています。

● ブック内の帳票を全て転記するマクロ

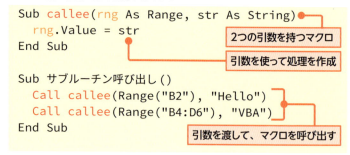

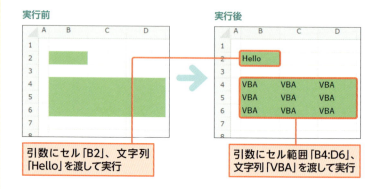

● マクロに引数を用意する

```
Sub マクロ名(引数名 [As データ型])
    引数名を使った処理
End sub
```

● サブルーチンに引数を渡して呼び出し

```
Call マクロ名(引数名)
```

 Hint Callステートメントを使わない記述方法

サブルーチンを呼び出す際は、Callステートメントを使わずに、マクロ名と引数のみを列記するだけでも実行可能です。上記サンプルは、Callステートメントを利用しない場合、次のように書き換えられます。

callee Range("B2"), "Hello"
callee Range("B4:D6"), "VBA"

この場合、メソッドを利用する際と同じく、戻り値がない場合には引数全体をカッコで囲む必要はありません（141ページ参照）。

4 マクロを修正／ブラッシュアップする

解 説

さて、これでブック全体の帳票データを表形式にまとめる処理が一通り完成しました。問題なければこのまま運用していきましょう。
また、今回は、処理を作成する際、シートの構成を整理するために構造体を利用し、処理の内容を順序だてて考えるためにサブルーチンの仕組みを利用しました。しかし、これらの仕組みが「大げさで無駄（冗長である）」「かえってわかりにくい」「実行速度的に問題がある」と感じた場合は、その仕組みを利用しない方式に修正してもよいでしょう。
例えば、これまでのサンプルを構造体やサブルーチンの仕組みを利用しない場合、右のような1つのマクロにまとめることも可能です。ややループ処理や条件分岐の入れ子が深くなり、コードの流れが把握し難くなりますが、短くまとまっています。このあたりは、「わかりやすさ」「修正のしやすさ」「実行速度」などのバランスを考えながら、「後で自分が見返した際に改良しやすい書き方」となるように、いろいろと試してみてください。

● 構造体を使用しないように修正

```
Sub 複数帳票を転記_修正()
  Dim sht As Worksheet
  Dim rng As Range
  Dim id As Long, recCount As Long
  Dim edaData As Variant
  For Each sht In Worksheets
    If Not sht Is Worksheets("集計") Then
      '明細部分の行数を取得しセル範囲の値を取得
      recCount = WorksheetFunction. _
        CountA(sht.Range("C6:C10"))
      edaData = sht.Range("B6:F6"). _
        Resize(recCount).Value
      '明細の数だけループ
      For id = 1 To recCount
        Set rng = Worksheets("集計"). _
          Range("B2").CurrentRegion
        rng.Rows(1).Offset(rng.Rows.Count). _
          Value = Array( _
          WorksheetFunction. _
            Max(rng.Columns(1)) + 1, _
          sht.Range("F2").Value, _
          edaData(id, 1), _
          sht.Range("C2").Value, _
          sht.Range("C3").Value, _
          sht.Range("F3").Value, _
          edaData(id, 2), _
          Val(edaData(id, 3)), _
          Val(edaData(id, 4)), _
          edaData(id, 5) _
        )
      Next
    End If
  Next
End Sub
```

はじめは構造体やサブルーチンの仕組みを使って整理しながら処理を作成し、その後、1つのマクロへと修正していってもよいでしょう。

 Point わかりやすさ・修正しやすさ・実行速度などのバランスを考えながら修正・改良をしていこう。

Column どんな分析をしたいのかという視点から転記内容を決める

本章では、帳票形式のデータを表形式にまとめる際に、「取引先名」や「担当者名」まで転記内容に含めました。

	A	B	C	D	E	F	G	H	I	J	K	L	M
1													
2		ID	伝票ID	枝番	取引先	担当	日付	品目	数量	単価	小計		
3		1	C-101	1	取引先A	担当者A	2025/2/20	商品A	3	2,800	8,400		
4		2	C-101	2	取引先A	担当者A	2025/2/20	商品B	10	3,400	34,000		
5		3	C-101	3	取引先A	担当者A	2025/2/20	商品C	6	4,100	24,600		
6		4	C-102	1	取引先A	担当者A	2025/2/22	商品A	18	2,800	50,400		
7		5	C-102	2	取引先A	担当者A	2025/2/22	商品B	22	3,400	74,800		
8		6	C-103	1	取引先B	担当者B	2025/2/21	商品A	12	2,500	30,000		
9		7	C-103	2	取引先B	担当者B	2025/2/21	商品B	5	3,000	15,000		
10		8	C-103	3	取引先B	担当者B	2025/2/21	商品C	40	4,000	160,000		
11		9	C-103	4	取引先B	担当者B	2025/2/21	手書き商品D	20	1,600	32,000		
12		10	C-104	1	取引先B	担当者B	2025/2/23	商品B	28	3,000	84,000		
13		11	C-104	2	取引先B	担当者B	2025/2/23	商品C	19	4,000	76,000		
14		12	C-104	3	取引先B	担当者B	2025/2/23	値引き	0	0	-3,000		
15		13	C-105	1	取引先C	担当者A	2025/2/25	商品A	8	2,800	22,400		
16		14	C-105	2	取引先C	担当者A	2025/2/25	商品B	12	3,400	40,800		
17		15	C-105	3	取引先C	担当者A	2025/2/25	商品C	16	4,100	65,600		
18		16	C-105	4	取引先C	担当者A	2025/2/25	手書き商品E	1	30,000	30,000		
19		17	C-105	5	取引先C	担当者A	2025/2/25	手書き商品F	5	1,500	7,500		
20													

「取引先別」「担当者別」などの分析を行いたい場合には、その項目を列データとして入れておく

単に帳票の明細を記録するだけの用途としては、これらのデータは冗長で、不要かもしれません。場合によっては「取引先ID」「担当者ID」などのID番号が存在しており、そのIDを記録しておけばこと足りるケースもあるでしょう。

しかし、集計したデータを使ってピボットテーブルを作成し、分析を行いたいというケースでは、「取引先名」や「担当者名」のデータがあった方が、「取引先別の分析」や「担当者別の分析」が行いやすいでしょう。逆に言うと、ないと分析できません。

VLOOKUPワークシート関数に代表される、いわゆる「表引き」の仕組みを覚えると、「できるだけ冗長なデータは持ちたくない」「無駄なデータは容量を圧迫する」「2重にデータを保持することになって怖い」という気持ちが働きます。ですが、用途を考え、「あった方が便利」というケースであれば、どんどん書き出していきましょう。

第**17**章

複数の帳票の
データをまとめる

　本章では、「複数シートのデータを集計する」仕組みや「複数ブックのデータを集計する」仕組みを実際に作成してみます。複数箇所にまたがるデータをまとめて扱う際のパターンを、ブック単位、さらにはフォルダー単位といった段階に分けてご紹介します。

Section 103 ▶	集計結果を保存する新規ブックを作成する
Section 104 ▶	選択した対象ブック内のデータを集計する
Section 105 ▶	フォルダー内のブックを一気に集計する
Section 106 ▶	「ユニークなリスト」を作成する

Section 103 集計結果を保存する新規ブックを作成する

練習用ファイル 📁 対象ブックを選択して新規ブックを保存.xlsm、帳票.xlsx

ここで学ぶのは
▶ ブックを開く
▶ 新規ブックの作成
▶ 対象ブックの保存

ブック内の特定のシートへとデータをまとめるのではなく、「指定したブックの各シートの内容を新規ブックへとまとめる仕組み」を作成していきましょう。集計用のブックを作成し、保存と集計を行う手順を、順を追って学習していきましょう。

1 集計用の新規ブックを作成する

解説

ユーザーに選択してもらったブック内の各シートの内容を、新規ブックへと転記する仕組みを作成してみましょう。

今回は、16章で扱ったサンプル同様、「各シートに帳票形式のデータが入力されているブック」を集計してみます。

まず、GetOpenFilenameメソッド（274ページ参照）で対象ブックを選択してもらい、パス情報をもとにOpenメソッド（158ページ参照）で対象ブックを開きます。

さらに、Addメソッド（150ページ参照）で新規ブックを作成し、対象ブックのPathプロパティから取得した保存フォルダーのパスを利用し、同じ場所にSaveAsメソッド（152ページ参照）で「集計用.xlsx」という名前で保存します。このブックに集計結果を転記していきます。

なお、本章で扱うブックはすべてクラウドサーバー上ではなく、ローカルシステム上に保存して作業することを想定しています。

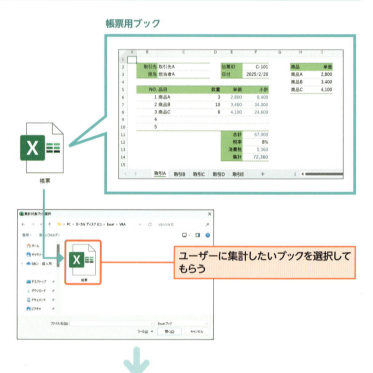

2 新規ブックを作成するマクロ

● 新規ブックを作成する

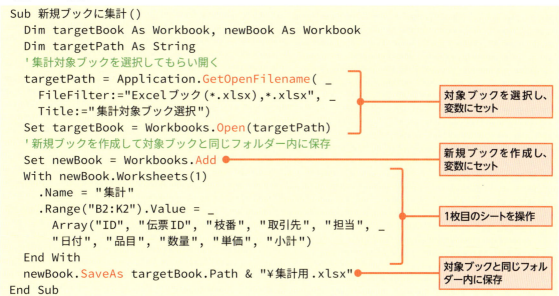

Hint 集計用のひな形ブックを用意するという方法もある

新規ブックに集計を行う際には、シート名や列幅、書式の設定などは一から行う必要があります。それらの設定もマクロで行ってもよいのですが、面倒な場合は、あらかじめ集計用のひな形ブックを用意して、列幅や書式などをきっちりと設定しておきます。転記する際には、そのブックを開いて別名保存する仕組みとするのがお勧めです。

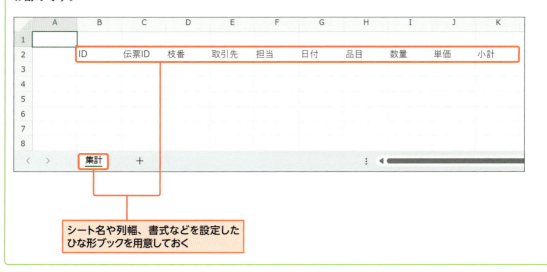

Section 104 選択した対象ブック内のデータを集計する

練習用ファイル 📁 新規ブックに集計.xlsm、帳票.xlsx

前トピックに続き、「ユーザーに選択してもらった対象ブックの集計を行う仕組み」を作成します。集計の仕組みは16章で作成した処理をそのままサブルーチンとして呼び出すようにしましょう。最後に、集計のために開いた対象ブックを閉じる処理を付け加えれば完成です。

ここで学ぶのは
▶ データの集計と転記
▶ サブルーチンの呼び出し
▶ 書式の設定

1 対象ブックの集計と転記を実行する

解説

前トピックで作成したマクロに、**ユーザーに選択してもらった対象ブックを集計して、集計用ブックに転記する処理を追加**しましょう。
開いた対象ブックの全シートに対してFor Each NextステートメントでLoop処理を行い、その中で、Callステートメントで16章で作成した集計用のサブルーチンcopyData（311ページ参照）を呼び出し、帳票形式のシートと、転記先の新規ブックの基準セルの値を引数として渡せば集計自体は完成です。集計が終わったところで、Closeメソッドで開いた対象ブックを閉じ、Saveメソッドで集計用ブックも上書き保存しておきましょう。
サンプルブックには、標準モジュール内に「copyData」を追加してあります。

● 対象ブックのデータの集計と転記を行う

```
Sub 新規ブックに集計()

    ※これ以前のコードは前トピックのまま

    Dim sht As Worksheet, rng As Range
    '転記の基準となるセルをセット
    Set rng = newBook.Worksheets(1).Range("B2")
    '対象ブックの各シートについてループ
    For Each sht In targetBook.Worksheets
        '集計用サブルーチンを呼び出す
        Call copyData(sht, rng)
    Next
    '対象ブックを閉じ、集計ブックを上書き保存
    targetBook.Close
    newBook.Save
    MsgBox "集計が終了しました"
End Sub
```

対象ブックのデータが、新規ブックに転記される

2 集計用のサブルーチンを修正する

解説

集計を行うにあたり、16章で作成した集計用のサブルーチンcopyDataに、「転記先の基準となるセル」を渡す引数を追加します。修正箇所は以下の3つです。

1つ目は引数「rng」の追加、2つ目は既存の変数「rng」の宣言部分の削除、3つ目は今までアクティブブック内の「集計」シートのセルB2を基準として転記先のセル範囲を取得していた箇所を、引数rngを基準に取得する処理へと修正します。残りの部分は、そのままでOKです。

既存の処理を上手く使いまわすことで、効率的にマクロを作成することができます。

集計用のサブルーチンについては、16章（311ページ）、あるいはサンプルブックのマクロをご確認ください。

● サブルーチン「copyData」（修正前）
```
Sub copyData(sht As Worksheet)
  Dim rec As Record, rng As Range
  ※中間省略
    '転記
    Set rng = Worksheets("集計"). _
      Range("B2").CurrentRegion
End Sub
```

● サブルーチン「copyData」（修正後）

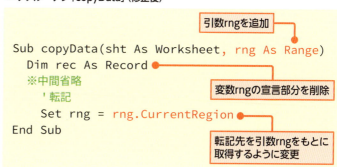

```
Sub copyData(sht As Worksheet, rng As Range)
  Dim rec As Record
  ※中間省略
    '転記
    Set rng = rng.CurrentRegion
End Sub
```

Hint　転記後のシートに書式を設定する

転記後の内容の書式もマクロで整えたい場合には、4章で学習・作成した内容を、転記後のシートに対して応用していきましょう（102ページ参照）。

書式を設定するサブルーチンを用意し、Callステートメントで呼び出すようにします。サンプルブック内のコードでは、以下のように書式設定用のサブルーチン「formatTable」を、開始位置を引数として渡して呼び出しています。

`Call formatTable(newBook.Worksheets(1).Range("B2").CurrentRegion)`

具体的な書式の設定方法やコードは、4章の内容、もしくはサンプルブック内のマクロをご確認ください。

Section 105 フォルダー内のブックを一気に集計する

練習用ファイル 📁 フォルダー内のブックを集計.xlsm、帳票1～帳票5.xlsx

「フォルダー内に保存されているブック全ての内容を、まとめて新規ブックへと転記する仕組み」を作成してみましょう。「特定のフォルダーにまとめておいて一気に処理する」という仕組みは、非常に強力な味方になってくれます。どのような手順で進めればいいのかを学習していきましょう。

ここで学ぶのは
▶ フォルダーパスの取得
▶ 新規ブックの作成
▶ フォルダー内のブック取得

1 転記先の新規ブックを作成する

解説

特定フォルダー内に保存されたブックの内容を、新規ブックにまとめて保存する仕組みを作成してみましょう。

今回想定しているのは、特定のフォルダー内に複数のブックがあり、各ブックには帳票状態でデータが記録されたシートが複数枚作成されている状態です。

まずは、FileDialogオブジェクト(276ページ参照)を利用し、フォルダー選択ダイアログを表示し、対象フォルダーのパス文字列を取得しておきます。

続いて、Addメソッド(150ページ参照)で新規ブックを準備します。

ここまで作成できたら、続いてフォルダー内のブックを取得するループ処理を作成していきます。

● 集計用ブックを作成する

```
Sub フォルダー内のブックを集計()
    'フォルダーを選択
    Dim folderPath As String
    With Application.FileDialog _
        (msoFileDialogFolderPicker)
        If .Show = 0 Then Exit Sub
        folderPath = .SelectedItems(1)
    End With
    '集計用ブックを作成
    Dim newBook As Workbook
    Set newBook = Workbooks.Add
    With newBook
        .Worksheets(1).Name = "集計"
        .Worksheets(1).Range("B2:K2").Value = _
            Array("ID", "伝票ID", "枝番", "取引先", _
            "担当", "日付", "品目", "数量", _
            "単価", "小計")
    End With
※後略
```

集計を行うフォルダーを選択してもらう

集計対象のフォルダー

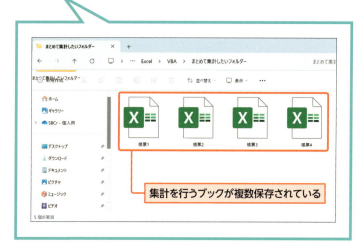

個々のブック内の状態

> **Hint** 新規ブックを保存する場所とタイミング

前トピックでは、特定ブックの全シートを新規ブックに転記する際、まずは新規ブックを作成し、すぐに保存していました（320ページ参照）。

しかし、「フォルダー内の全ブックを処理する」場合には、この保存の場所やタイミングに気をつかう必要があります。もし、集計対象とするフォルダーの中に集計用の新規ブックを保存した場合、保存した新規ブックも集計の対象に含まれてしまうからです。

その場合には、ブック名から判断し、集計対象から除外する処理を除く処理が必要となってきます。

今回は、「新規作成した時点では保存せずにデータを転記し、フォルダー内のブック全てに対する処理が終わった時点で保存する」という方針でマクロを作成します。

2 フォルダー内の全てのブックに対してループ処理を行う

● フォルダー内の全てのブックを集計・転記する

```
Sub フォルダー内のブックを集計()
    'フォルダーを選択
    Dim folderPath As String
    With Application.FileDialog(msoFileDialogFolderPicker)
        If .Show = 0 Then Exit Sub
        folderPath = .SelectedItems(1)
    End With
    '集計用ブックを作成
    Dim newBook As Workbook
    Set newBook = Workbooks.Add
    With newBook
        .Worksheets(1).Name = "集計"
        .Worksheets(1).Range("B2:K2").Value = _
            Array("ID", "伝票ID", "枝番", "取引先", "担当", _
                "日付", "品目", "数量", "単価", "小計")
    End With
    'フォルダー内の各ブックに対してループ
    Dim bkPath As String, bk As Workbook, sht As Worksheet
    bkPath = Dir(folderPath & "¥*.xlsx")
    Do While bkPath <> ""
        Set bk = Workbooks.Open(folderPath & "¥" & bkPath)
        For Each sht In bk.Worksheets
            '集計サブルーチンを呼び出す
            Call copyData(sht, newBook.Worksheets(1).Range("B2"))
        Next
        bk.Close
        bkPath = Dir()
    Loop
    '書式を整えるサブルーチンを呼び出す
    Call formatTable(newBook.Worksheets(1).Range("B2").CurrentRegion)
    '上書き保存
    newBook.SaveAs folderPath & "¥集計用.xlsx"
    MsgBox "集計が終了しました"
End Sub
```

> ダイアログで対象フォルダーを選択してもらう

> 集計用のブックを作成し、転記用のシートと見出しを準備する

> 対象フォルダー内の全てのブックに対してループ処理を行う

> 開いたブック内の各シートに対してループ処理を行う

> 対象フォルダー内に転記の終わった集計用のブックを保存する

● マクロ内で呼び出しているサブルーチン

サブルーチン名	行っている処理
copyData	帳票用のシートのデータを表形式に転記
formatTable	表形式のセル範囲の書式を整える

解説

フォルダーのパスが取得できたら、**Dir関数**と**Do Loopステートメント**の組み合わせを利用して、**フォルダー内の全Excelブックに対してループ処理**を行います。

さらに、全ブックに対するループ処理の中に、**個々のブックの全シートに対するループ処理**を作成します。この2重のループ処理によって、「フォルダー内の全ブックの全シートに対するループ処理」が作成できます。

あとは、321ページで作成したブック内の集計を行うサブルーチン copyData を呼び出せば、「フォルダー内の全ブックの全シート」が集計されます。

最後に、集計が完了したブックを、**SaveAsメソッド**で集計対象フォルダー内に「集計用.xlsx」という名前で保存すれば完成です。

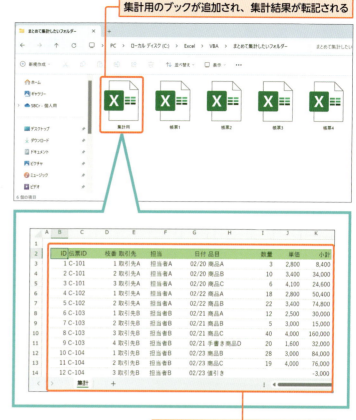

集計用のブックが追加され、集計結果が転記される

対象ブックのシートの内容が転記される

Hint 既存のサブルーチンを流用する

ここで作成したマクロでは、copyData と formatTable の2つのサブルーチンを呼び出しています。どちらも既に本章のサンプルとして作成したものと同じです。このように、他の処理で作成したサブルーチンは、新規のマクロ作成に流用することもできます。

Hint 画面のちらつきを抑える

ブックを開いたり閉じたりするマクロを実行すると、何度も画面の表示が切り替えられて、ちらつきが発生します。このとき、画面のちらつきを抑えるには、**ScreenUpdatingプロパティ**を利用して画面更新を一時的にストップさせましょう（184ページ参照）。

```
Application.ScreenUpdating = False '画面更新ストップ
※画面に動きを生じる処理を記述
Application.ScreenUpdating = True '画面更新再開
```

Section 106 「ユニークなリスト」を作成する

練習用ファイル 📁 ユニークなリストの作成.xlsm

ここで学ぶのは
- ユニークなリスト
- Collectionオブジェクト
- UNIQUEワークシート関数

「集計したデータの『社員』列から、重複を取り除いた社員リストを作成したい」など、いわゆる「ユニークなリスト」がほしい場面は多々あります。マクロでこのユニークなリストを得る方法を学習していきましょう。

1 集計結果からユニークなリストを作成する

解説

任意のセル範囲から、重複を取り除いた値（ユニークな値）を求める仕組みを作成してみましょう。幾つか方法はありますが、まずはCollectionオブジェクトを利用する方法を考えます。
Collectionオブジェクトは、値のリスト（コレクション）を管理するためのオブジェクトです。他のオブジェクトとは異なり、Collection型の変数を宣言した後、New演算子を使って新規のオブジェクトを作成し、変数にセットします。

`Dim 変数 As Collection`
`Set 変数 = New Collection`

コレクションに値を登録するには、Addメソッドを利用します。Addメソッドでは、「値」と「キー値」をセットで登録しますが、重複するキー値で登録しようとすると、エラーが発生します。サンプルでは、この仕組みを使ってユニークな値のリストを作成しています。

● ユニークなリストを作成する

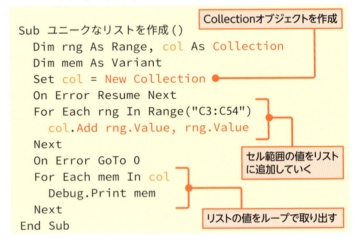

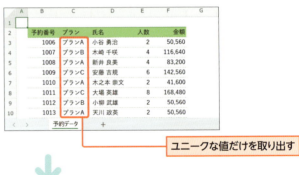

● Collectionオブジェクトの利用

```
Dim 変数 As Collection
Set 変数 = New Collection
変数.Add item[, Key]
```

● Collection.Addメソッドの引数

引数	説明
Item	コレクションに登録したい値
Key	登録した値を呼び出す際に利用するキー値（省略可）

2 Collectionオブジェクトの仕組みを理解する

解説

Collectionオブジェクトの仕組みをもう少し詳しく見てみましょう。

CollectionオブジェクトのAddメソッドでは、値とキー値をペアで登録します。そして、値は、キー値を使って取り出せる仕組みになっています。つまり、キー値と値が1対1に対応する関係で扱う仕組みになっています。

そのため、既存の重複するキー値で値を登録しようとすると、エラーが発生します。この仕組みを利用し、On Error Resume Nextステートメントで、「エラーが発生した場合、実行を止めずに次の行のコードを実行する」設定にしておき、任意のセル範囲の値をコレクションの「値」と「キー値」の双方に指定して登録していくと、結果として、コレクションに登録される値は、ユニークな値のリストとなります。

コレクションに登録された値は、Variant型の変数とFor Each Nextステートメントを使ったループ処理で取り出せるので、この値を使って処理を行いましょう。

● Collectionオブジェクトを利用する

```
Sub Collectionオブジェクトの利用()
    Dim col As Collection
    Set col = New Collection
    col.Add 10, "キー値A"
    col.Add 20, "キー値B"
    Debug.Print col("キー値A"), col("キー値B")
End Sub
```

キー値に対応する値が表示される

● エラーの出る例

```
col.Add 10, "キー値A"
col.Add 20, "キー値A"
```

● エラーを利用する

```
On Error Resume Next
col.Add 10, "キー値A"
col.Add 20, "キー値A"
Debug.Print col("キー値A")
```

ユニークなリストの値が表示される

3 UNIQUEワークシート関数を利用する

解説

UNIQUEワークシート関数が利用できるようになっている環境下では、マクロからUNIQUEワークシート関数を利用することで、ユニークなリストを作成可能です。

UNIQUEワークシート関数は、**引数に指定したセル範囲から、ユニークな値のリストを作成し、表示**します。

UNIQUEワークシートを利用するには、「WorksheetFunction.Unique（対象セル範囲）」の形式で対象のリストが入力されたセル範囲をRangeオブジェクトとして指定します。

戻り値となるユニークなリストは、先頭の値が「(1,1)」から始まる配列の形で返されます。リストの総数はUBound関数で算出し、個々の値は基本的に、「リスト(インデックス番号,1)」という形式で取り出せます。

注意 UNIQUEワークシート関数の使用条件

UNIQUEワークシート関数は、Excel 2021以降、もしくは、Microsoft 365サブスクリプションのExcel環境のみで利用できます。Excelのアップデートに伴って利用できる環境が増える可能性もありますが、利用できない環境もあることをご了承ください。

また、UNIQUEワークシート関数に関してのより詳しい解説は、公式のドキュメントをご覧ください。

https://support.office.com/ja-jp/article/UNIQUE-関数-c5ab87fd-30a3-4ce9-9d1a-40204fb85e1e

UNIQUEワークシート関数

「予約テーブル」の「プラン」列からユニークなリストを取り出す

● UNIQUEワークシート関数を利用する

※UNIQUEワークシート関数が利用できる環境が必要

```
Sub UNIQUEワークシート関数の利用()
    Dim uniqueList As Variant
    '戻り値は配列
    uniqueList = WorksheetFunction. _
        Unique(Range("C3:C54"))
    'リストの数
    Debug.Print "リスト数：" & UBound(uniqueList)
    'リストの個々の値
    Debug.Print uniqueList(1, 1)
    Debug.Print uniqueList(2, 1)
    Debug.Print uniqueList(3, 1)
End Sub
```

ユニークなリストの総数と値が表示される

● UNIQUEワークシート関数でユニークなリストを取得

書式	WorksheetFunction.Unique(セル範囲)
説明	引数にリストの元となるセル範囲を指定します。

4 ユニークな値のリストを作成して転記する

解説

テーブル範囲の任意の列からユニークな値のリストを作成し、そのリストをもとに別シートへと転記を行う仕組みを作成してみましょう。
サンプルでは、Collectionオブジェクトの仕組みを利用して、「予約データ」シート上にある「予約テーブル」の「プラン」列を対象にユニークなリストを作成しています。
さらに、作成したリストをループ処理し、「プラン」列のユニークな値ごとに新規シートを作成し、フィルター機能を使って抽出したデータを転記しています。

Memo セルの書式設定

本文上のサンプルでは、転記後のシートのセル幅などを調整する箇所は省いてあります。興味のある方は、サンプルブックをご覧ください。

● ユニークなリストを作成して転記する

```vba
Sub ユニークなリストを作成して転記()
  Dim rng As Range
  Dim col As Collection
  Dim mem As Variant
  Dim dataTable As ListObject
  Dim sht As Worksheet
  '対象テーブルをセット
  Set dataTable = _
    Worksheets("予約データ"). _
    ListObjects("予約テーブル")
  '新規コレクションを生成し、
  '「プラン」列のユニークなリストを作成
  On Error Resume Next
  Set col = New Collection
  On Error Resume Next
  For Each rng In dataTable. _
    ListColumns("プラン").DataBodyRange
      col.Add rng.Value, rng.Value
  Next
  On Error GoTo 0
  'ユニークな値のリストをもとに抽出・転記
  For Each mem In col
    Set sht = Worksheets.Add( _
      After:=Worksheets(Worksheets.Count))
    sht.Name = mem
    With dataTable.Range
      .AutoFilter 2, mem
      .SpecialCells(xlCellTypeVisible).Copy
    End With
    sht.Range("B2").PasteSpecial
  Next
  dataTable.Range.AutoFilter
End Sub
```

ユニークな値のリスト利用して抽出と転記が行われる

マクロ・VBAチートシート

● セル / セル範囲の指定

コード	意味	ページ
単一セルの指定		
Range（セル番地）	セル番地でセルを指定	90
Cells（行番号, 列番号）	行・列番号でセルを指定	90
ActiveCell	アクティブなセル	170
セル範囲の指定		
Range（開始セル:終端セル）	セル番地でセル範囲を指定	90
Selection	選択されているセル範囲	170
Rows（行番号）	指定した行全体	114
Columns（列番号）	指定した列全体	115
特定のセル / セル範囲をもとにした指定		
基準セル.CurrentRegion	アクティブセル領域（データ入力範囲）	112
セル範囲.Offset（行数, 列数）	指定した行/列の分だけ離れた位置のセル	120
セル範囲.Resize（行数, 列数）	指定した行/列の分だけ拡張したセル範囲	122
セル範囲.Rows（行番号）	セル範囲内の指定した行全体	114
セル範囲.Columns（列番号）	セル範囲内の指定した列全体	115
基準セル.End（方向）	基準セルをもとにした終端セル 　上方向：xlUp 　下方向：xlDown 　右方向：xlToRight 　左方向：xlToLeft	124

● セルの値の転記とコピー

コード	意味	ページ
値と数式		
入力先セル.Value ＝ 元のセル.Value	元のセルの値を転記（書式はそのまま）	98
入力先セル範囲.Value ＝ 元のセル範囲.Value	同じ大きさのセル範囲の値を転記（書式はそのまま）	98
セルのコピー		
元のセル.Copy 転記先セル	元のセルをコピー（書式も含めて転記）	98
元のセル.Copy 転記先セル.PasteSpecial Paste:=貼り付け方法	元のセルの一部の情報をコピー 貼り付け方法 　値として　　：xlPasteValues 　数式として：xlPasteFormulas 　書式のみ　：xlPasteFormats 　列幅　　　：xlPasteColumnWidths	98

● セルの値の取得 / 入力 / 消去設定

コード	意味	ページ
値と数式		
セル.Value セル.Value = 値	値の取得/値の入力	92
セル.Formula セル.Formula = 数式	数式の取得/数式の入力	93
書式の設定		
セル.Font.Name = フォント名	フォントの変更	106
セル.Font.Size = サイズ	フォントの大きさの変更	106
セル.Interior.Color = RGB（赤、緑、青） など	セルの背景色の変更	101
セルのクリア		
セル.ClearContents	値のみクリア（書式はそのまま）	104
セル.Clear	書式も含めクリア	105
セル.Delete	セルを削除	104

● シートの操作

コード	意味	ページ
シートの指定		
Worksheets（シート名/番号）	シート名/インデックス番号で指定	134
ActiveSheet	アクティブなシート	170
シートの操作		
Worksheets（シート名/番号）.Name = 新しい名前	シート名の変更	136
Worksheets.Add	新規シートの追加	140
Worksheets（シート名/番号）.Delete	シートの削除	142

● ブックの操作

コード	意味	ページ
ブックの指定		
Workbooks（ブック名/番号）	ブック名/インデックス番号で指定	148
ActiveWorkbook	アクティブなブック	170
ThisWorkbook	マクロの記述してあるブック	149
ブックの操作		
Workbooks.Add	新規ブックの追加	150
ブック.SvaeAs 保存先のパス	名前を付けて保存	152
ブック.Save	上書き保存	153
Workbooks.Open ブックへのパス	ブックを開く	158
ブック.Close	ブックを閉じる	154

● セルやシートの選択

コード	意味	ページ
セルやシートの選択		
セル.Select	アクティブシート上のセルを選択する	112
シート.Select シート.Activate	指定したシートを選択/アクティブにする	134
Application.Goto セル	指定セルへ移動して選択	174
異なるシートやブックのセルを指定		
シート.セル 例：`Worksheets(1).Range("A1")`	シートまでを含めてセルを指定	166
ブック.シート.セル 例：`Workbooks(1).Worksheets(1).Range("A1")`	ブックとシートまでを含めてセルを指定	167

● マクロの基本の形

コード	意味	ページ
Sub マクロ名() 　実行したいコード End Sub	Sub～End Subの間にコードを記述	35

● コードのコメントとインデント

コード	意味	ページ
'コメントテキスト	行全体をコメント化	47
コード　'コメントテキスト	行の途中からコメント化	90
Tab	1段階インデントする	35
Shift ＋ Tab	1段階インデントを解除	―

※「'」はシングルクォーテーション（ Shift ＋ 7 ）

● 同じオブジェクトに対する操作

コード	意味	ページ
With オブジェクト 　.指定オブジェクトのプロパティ/メソッド 　.指定オブジェクトのプロパティ/メソッド End With	With～End Withの間では、「.」に続けて記述したコードは、指定したオブジェクトに対する操作と見なされる	168

● 条件分岐

コード	意味	ページ
Ifで分岐		

If 条件式 Then
　条件式がTrueだった場合のコード
End If
	If 〜 End Ifの間に、条件式がTrueだった場合に実行するコードを記述	220

If Then Elseで2つに分岐		

If 条件式 Then
　条件式がTrueだった場合のコード
Else
　条件式がFalseだった場合のコード
End If
	If 〜 Elseの間に、条件式がTrueだった場合に実行するコードを記述
	Else 〜 End Ifの間に条件式がFalseだった場合に実行するコードを記述
		221

If Then ElseIfで複数分岐		

If 条件式1 Then
　条件式1がTrueだった場合のコード
ElseIf 条件式2 Then
　条件式2条件式2がTrueだった場合のコード
Else
　全ての条件式がFalseだった場合のコード
End If
	If 〜 ElseIfの間に、条件式1がTrueだった場合に実行するコードを記述
	ElseIf 〜 Elseの間に、条件式2がTrueだった場合に実行するコードを記述
	Else 〜 End Ifの間に、全ての条件式がFalseだった場合に実行するコードを記述
		222

● 繰り返し処理

コード	意味	ページ
For Nextで指定回数を繰り返す		
For カウンタ変数 = 開始値 To 終了値 　繰り返すコード Next	開始値から終了値までの回数を繰り返す	232
For カウンタ変数 = 開始値 To 終了値 Step -1 　繰り返すコード Next	開始値から終了値までの回数を繰り返すが、繰り返しの度にカウンタ変数の値は「-1」される	232
For Each Nextで決まったリスト項目を繰り返す		
For Each メンバー変数 In 対象グループ 　繰り返すコード Next	指定した対象グループのメンバー全てに対して指定の処理を繰り返す	234
Do Loopで条件を満たす間は繰り返す		
Do While 条件式 　繰り返すコード Loop	決まった条件式を満たしている間は指定の処理を繰り返す	238
Do 　繰り返すコード Loop While 条件式	決まった条件式を満たしている間は指定の処理を繰り返す（最低でも1回は処理を行う）	238
Do Until 条件式 　繰り返すコード Loop	決まった条件式を満たすまでは指定の処理を繰り返す	238

● 条件分岐に使う比較演算子

コード	意味	ページ
値の比較に使う演算子		
A = B	AとBは等しい	218
A <> B	AとBは等しくない	218
A < B	AはBより小さい	218
A > B	AはBより大きい	218
A <= B	AはB以下	218
A >= B	AはB以上	218
And条件式やOr条件式		
条件式A And 条件式B	2つの条件式が共にTrueの場合はTrue	219
条件式A Or 条件式B	2つの条件式のいずれかがTrueの場合はTrue	219
Not 条件式	条件式の論理否定	―

● イミディエイトウィンドウ関連

コード	意味	ページ
Debug.Print 式	式の結果をイミディエイトに出力	214
? 式	イミディエイト内で式の結果を簡易出力	214

● VBE画面のショートカット

ショートカットキー	機能	ページ
Ctrl + Space	コードヒント	191
Shift + Space	プロパティ/メソッド候補	―
Alt + Space	定数候補	―
Ctrl + G	イミディエイトウィンドウの表示	33
Alt + F11	VBE画面の表示/Excel画面との切り替え	32
F5	マクロを実行	61
F8	マクロを1行ずつステップ実行	257
コードを選択して F1	コードのヘルプ検索/表示	―
Ctrl + Z	アンドゥ	251
Ctrl + ↓ ／ Ctrl + ↑	コードウインドウ内で、次のマクロ/前のマクロへと移動	―
Ctrl + → ／ Ctrl + ←	コードウインドウ内で、次の単語/前の単語へと移動	―
Shift + ↓ ／ Shift + ↑	コードウインドウ内で、次の行まで/前の行まで移動	56

● 変数

コード	意味	ページ
変数の宣言		
Dim 変数名	変数の宣言	187
Dim 変数名 As データ型	データ型を指定して宣言	187
Dim 変数名1 As データ型, 変数名2 As データ型	データ型を指定してまとめて宣言	188
Option Explicit	変数の宣言を強制	189
データ型		
Integer	整数型	188
Long	長整数型	188
Single	短精度浮動小数点型	188
Double	倍制度浮動小数点型	188
String	文字列型	188
Date	日付型	188
Boolean	真偽値、ブール型	188
Variant	型指定なし	188
Object	汎用オブジェクト型	188
Rangeなど	固有オブジェクト型	188
値の代入		
変数 = 値	変数に値を代入	187
Set 変数 = オブジェクト	変数にオブジェクトを代入	190

● 警告メッセージと画面更新

コード	意味	ページ
Application.DisplayAlerts = True/False	警告メッセージのオン/オフ	143
Application.ScreenUpdating = True/False	画面更新のオン/オフ	184

● ユーザーとの対話

コード	意味	ページ
メッセージボックス		
MsgBox 表示したい内容	メッセージの表示	266
変数 = MsgBox (表示したい内容, ボタンの種類)	押したボタンの結果を変数に受け取る	268
インプットボックス		
変数 = InputBox (表示したい内容)	入力内容を変数に受け取る	270
Set 変数 = Application.InputBox (表示したい内容, Type:=8)	選択したセル範囲を変数に受け取る	272

便利なショートカットキー

Excelの操作やマクロの制作時に知っておくと便利なショートカットキーを用途別にまとめました。
なお、Ctrl＋Nとは、Ctrlキーを押しながらNキーを押すことです。

●ブックの操作

ショートカットキー	操作内容
Ctrl＋N	新しいブックの作成
Ctrl＋O	ブックを開く
Ctrl＋W	ブックを閉じる
Ctrl＋S	ブックの上書き保存
F12	「名前を付けて保存」ダイアログを開く
Alt＋F4	ブックを閉じる

●マクロの作成・実行

ショートカットキー	操作対象
Alt＋F11	VBE画面とExcel画面の切り替え
Ctrl＋G（VBE画面）	イミディエイトウィンドウの表示
Ctrl＋登録したキー	登録したマクロの実行
F5（VBE画面）	マクロの実行
F8（VBE画面）	ステップ実行
Shift＋F7（VBE画面）	オブジェクトモードに切り替え
F7（VBE画面）	コードモードに切り替え

●セルの選択

ショートカットキー	操作内容
Shift＋Space	アクティブなセルを含む行全体を選択
Ctrl＋Space	アクティブなセルを含む列全体を選択
Ctrl＋Shift＋↓	データが入力された範囲の最終セルまでを選択
Ctrl＋Shift＋↑	データが入力された範囲の先頭セルまでを選択
Ctrl＋Shift＋→	データが入力された範囲の右端セルまでを選択
Ctrl＋Shift＋←	データが入力された範囲の左端セルまでを選択
Ctrl＋Shift＋＋	「セルの挿入」ダイアログを表示
Ctrl＋9	アクティブなセルを含む行を非表示に
Ctrl＋0	アクティブなセルを含む列を非表示に
F5	「ジャンプ」ダイアログを開く

●シートの操作

ショートカットキー	操作内容
Shift + F11	シートの追加
Ctrl + Page Up	前（左）のシートを表示
Ctrl + Page Down	次（右）のシートを表示
Ctrl + A	ワークシート全体を選択
Ctrl + G	「ジャンプ」ダイアログを表示

●データの入力

ショートカットキー	操作内容
F2	セルを入力状態にする
Alt + Enter	セル内で改行
Ctrl + C	セルの値をクリップボードにコピー
Ctrl + V	クリップボードの値をペースト（貼り付け）
Ctrl + X	セルの内容を切り取り（切り取り後に貼り付け先セルを選択して Enter を押す）
Ctrl + D	上のセルの内容を転記
Ctrl + R	左のセルの内容を転記
Ctrl + Y	直前に行った操作を繰り返す
Ctrl + Z	直前に行った操作を取り消す
Ctrl + H	「検索と置換」ダイアログを表示
Ctrl + ;	本日の日付を入力
Ctrl + :	現在時刻を入力
Ctrl + B	文字を太字にする（太字を解除する）
Ctrl + I	文字を斜体にする（斜体を解除する）
Ctrl + U	文字に下線を付ける（下線を消す）

●その他の機能

ショートカットキー	操作内容
Ctrl + 1	「セルの書式設定」ダイアログを表示
Ctrl + L	「テーブルの作成」ダイアログを表示
Ctrl + P	「印刷」メニューの表示
F1	ヘルプの表示
F4	直前の操作を繰り返す
F7	スペルチェック機能の実行
Alt + Tab	アプリケーションの切り換え

用語集

マクロを作成する際によく使うオブジェクトやプロパティ・メソッド、関数などをまとめました。本文中で紹介しているものに加え、紹介していないものもありますが、自動化したい操作のヒントとしてご活用ください。

オブジェクト

Rangeオブジェクト

セルを扱うオブジェクト。RangeプロパティやCellsプロパティで、どのセルを扱うかを指定する。
→ 90ページなど

Worksheetオブジェクト

ワークシートを扱うオブジェクト。Worksheetsプロパティの引数にインデックス番号もしくはシート名を使って指定する。
→ 134ページなど

Worksheetsコレクション

ブック内のワークシート全体を扱うコレクション・オブジェクト。個別のワークシートを指定する起点としたり、新規シートの追加をする際に利用する。
→ 134ページ、140ページなど

Workbookオブジェクト

ブック全体を扱うオブジェクト。Worksbooksプロパティの引数にインデックス番号もしくはブック名（ファイル名）を使って指定する。
→ 148ページなど

Workbooksコレクション

現在開いているブック全体を扱うコレクション・オブジェクト。個別のブックを指定する起点としたり、新規ブックの追加をする際に利用する。
→ 148ページ、150ページなど

Applicationオブジェクト

Excel全般の設定や基本的な操作がまとめられたオブジェクト。警告表示設定や画面更新の設定など、「Excel全体としての設定」を変更したい場合には、たいていこのオブジェクトの各種プロパティ・メソッドを利用する。
→ 143ページなど

Interiorオブジェクト

セルの装飾に関する設定がまとめられたオブジェクト。セルを指定し、さらにInteriorプロパティでアクセスする。特に、背景色を設定する際に利用する。
→ 101ページなど

Fontオブジェクト

フォントの設定がまとめられたオブジェクト。セルを指定し、さらにFontプロパティでアクセスする。フォントの種類やサイズ、色などを設定する際に利用する。
→ 106ページなど

Borderオブジェクト

個々の罫線の設定がまとめられたオブジェクト。セルを指定し、さらにBordersコレクションに位置を指定する定数を指定してアクセスする。
→ 100ページ

Bordersコレクション

セル範囲の各位置の罫線情報（Boderオブジェクト）全体を扱うオブジェクト。主に個々の罫線情報へアクセスする入り口として利用する。
→ 100ページ

ListObjectオブジェクト

テーブル機能を利用しているセル範囲を扱うオブジェクト。表形式のセル範囲を「テーブル」として扱い、新規レコードの追加や既存データの取得の入り口として利用する。
→ 131ページなど

ListObjectsコレクション・オブジェクト

シート内のテーブル範囲全体をまとめて扱うオブジェクト。シートを指定し、さらにListObjectsプロパティでアクセスする。個々のテーブル（ListObject）へアクセスする入り口としたり、新規のテーブルを作成する際に利用する。
→ 131ページなど

WorksheetFunctionオブジェクト

VBAからワークシート関数を利用する際の入り口となるオブジェクト。
→ 208ページなど

プロパティ

Rangeプロパティ、Cellsプロパティ

Applicationオブジェクトなどのプロパティ（Applicationオブジェクトは省略可能）。操作したいセルやセル範囲を指定する際に利用する。
→ 90ページなど
Range(セル番地[, 終端セル番地])
Cells([行番号][, 列番号])

Valueプロパティ

Rangeオブジェクトのプロパティ。セルの値を取得/設定する。
→ 92ページなど
セル.Value = 新しい値

Formulaプロパティ

Rangeオブジェクトのプロパティ。セルの数式を取得/設定する。
→ 93ページなど

セル.Formula = 数式

FormulaR1C1プロパティ

Rangeオブジェクトのプロパティ。セルの数式をR1C1形式で取得/設定する。相対的な式を入力する際に利用する。
→ 93ページなど

セル.FormulaR1C1 = 数式

Textプロパティ

Rangeオブジェクトのプロパティ。セルに表示されているままの値（書式を適用後の値）を取得する。数値を4桁区切りの状態の文字列として取得したり、日付シリアル値を表示されているままの文字列として取得する際に利用する。
→ 293ページ

NumberFormatLocalプロパティ

Rangeオブジェクトのプロパティ。セルの書式設定を取得/設定する。
→ 102ページ

セル範囲.NumberFormatLocal = 書式文字列

Addressプロパティ

Rangeオブジェクトのプロパティ。セル番地を取得する。
→ 242ページなど

セル範囲.Address

EntireRowプロパティ、EntireColumnプロパティ

Rangeオブジェクトのプロパティ。それぞれ、基準となるセルを含む行全体、または列全体を取得する。行単位、列単位で書式や数式の設定を行いたい場合に利用。
→ 110ページなど

Selection.EntireRow
Selection.EntireColumn

Rowsプロパティ、Columnsプロパティ

Rangeオブジェクトなどのプロパティ。シート上の特定行もしくは特定列を扱う際に利用する。また、表形式のセル範囲を扱うRangeオブジェクトに対して利用すると、表形式の中の相対的な行全体、列全体のみを扱える。
→ 114ページなど

表のセル範囲.Rows([行番号])
表のセル範囲.Columns([列番号])

ColumnWidthプロパティ

Rangeオブジェクトのプロパティ。セルの列幅を取得/設定する。
→ 107ページなど

セル範囲.ColumnWidth = 列幅

ActiveCellプロパティ

Applicationオブジェクトのプロパティ（Applicationオブジェクトは省略可能）。アクティブセルを取得する。
→ 170ページなど

Selectionプロパティ

Applicationオブジェクトのプロパティ（Applicationオブジェクトは省略可能）。実行時に選択しているセル範囲などを取得する。
→ 170ページなど

ActiveSheetプロパティ

Applicationオブジェクトのプロパティ（Applicationオブジェクトは省略可能）。アクティブシートを取得する。
→ 170ページ

ActiveWorkbookプロパティ

Applicationオブジェクトのプロパティ（Applicationオブジェクトは省略可能）。アクティブブックを取得する。
→ 170ページなど

ThisWorkbookプロパティ

Applicationオブジェクトのプロパティ（Applicationオブジェクトは省略可能）。実行しているマクロが記述されているブックを取得する。
→ 167ページなど

Countプロパティ

Worksheetsコレクションなどのプロパティ。各種のコレクションに用意されているプロパティで、コレクションの総数を取得する。「シート枚数」「ブック数」「セル範囲に含まれるセルの数」など、何かの「総数」を取得したい場合に利用する。
→ 135ページなど

Worksheets.Count

CurrentRegionプロパティ

Rangeオブジェクトのプロパティ。「アクティブセル領域」を取得する。日々増減する表形式のセル範囲を扱う際に非常に便利。
→ 112ページなど

基準セル.CurrentRegion

Offsetプロパティ

Rangeオブジェクトのプロパティ。指定セルの「隣のセル」や「下のセル」を取得する。基準セルをもとに次のデータの入力位置を修正する際に利用する。
→ 120ページなど

基準セル範囲.Offset([RowOffset][, ColumnOffset])

Endプロパティ

Rangeオブジェクトのプロパティ。指定セルから任意の方向の「終端セル」を取得する。新規データの入力位置を取得したり、データの末尾を取得する際に利用。
→ 124ページ

基準セル.End(Direction)

メソッド

Copyメソッド

Rangeオブジェクトなどのメソッド。セル範囲の内容をコピーする際に利用する。コピー内容はいったんクリップボードにコピーされ、その後、PasteSpecialメソッドを実行すると、別のセルへと転記可能。
→ 98ページなど

セル.Copy ［転記先のセル］

なお、WorksheetオブジェクトのCopyメソッドは、ワークシートをコピーする。
→ 139ページ

シート.Copy ［基準シート（前）］［, 基準シート（後）］

PasteSpecialメソッド

Rangeオブジェクトのメソッド。クリップボードの内容を指定セルへと貼り付ける。引数を指定することで「値のみ」「書式のみ」などの貼り付けも可能。
→ 98ページなど

転記先の左上のセル.PasteSpecial ［貼り付け方法］

ClearContentsメソッド

Rangeオブジェクトのメソッド。セルの値のみをクリアする（ Delete キーと同じ操作）。
→ 104ページなど

セル範囲.ClearContents

ClearFormatsメソッド

Rangeオブジェクトのメソッド、セルの書式のみをクリアする。
→ 105ページなど

セル範囲.ClearFormats

Clearメソッド

Rangeオブジェクトのメソッド。セルの内容を全てクリアする。
→ 105ページなど

セル範囲.Clear

AutoFitメソッド

Rangeオブジェクトのメソッド。入力内容に合わせてセルの幅や高さを自動調整する。
→ 107ページなど

セル範囲.AutoFit

Addメソッド

WorksheetsコレクションやWorkbooksコレクションのメソッド。各種のコレクションに共通する「新しいメンバーを追加する」メソッド。Worksheetsコレクションの場合は新規シートを追加し、Workbooksコレクションの場合は新規ブックを追加する。
→ 140ページ、150ページなど

Worksheets.Add
　　　［基準シート（前）］［, 基準シート（後)］［, シート数］

Deleteメソッド

Rangeオブジェクトなどのオブジェクト。多くのオブジェクトに共通する「オブジェクトを削除する」メソッド。セルを削除、シートを削除など、何かを削除する場合にはたいてい Deleteメソッドが用意されている。
→ 142ページなど

シート.Delete

Moveメソッド

Worksheetオブジェクトのメソッド。ワークシートの位置を移動する。
→ 138ページなど

シート.Move ［基準シート（前）］［, 基準シート（後）］

Selectメソッド

Rangeオブジェクトなどのメソッド。選択するものを変更する際に利用する。特定のセルを選択したり、特定のシートを選択したりと、何かを選択する際にはSelectメソッドを利用する。
→ 91ページ、112ページなど

操作対象.Select

Gotoメソッド

Applicationオブジェクトのメソッド。シートやブックをまたいで、特定セルを画面上に表示・選択する際に利用する。
→ 174ページなど

Application.Goto
　　　　　　　［ジャンプ先のセル］［, スクロール設定］

AutoFilterメソッド

Rangeオブジェクトなどのメソッド。フィルター機能を利用する。
→ 176ページなど

セル範囲.AutoFilter
　　　　　　［列番号］［, 抽出条件式］［, 条件式の種類］
　　　　　　［, 追加の条件式］［, 矢印の表示/非表示］

Sortメソッド

Rangeオブジェクトのメソッド。並べ替え機能を利用する。

Findメソッド

Rangeオブジェクトのメソッド。検索機能を利用する。 FindNextメソッドと組み合わせると、「次を検索」機能も利用可能。
→ 242ページ

Find(検索する値［, 各種設定］)

SpecialCellsメソッド

Rangeオブジェクトのメソッド。「空白セルのみ」「数式セルのみ」など、特定の条件を満たすセル範囲を取得する。
→ 172ページ

基準セル範囲.SpecialCells
　　　　　　　　　　　セルの種類［, オプション項目］

SaveAsメソッド、Saveメソッド

Workbookオブジェクトのメソッド。名前を付けて保存する。上書き保存する際にはSaveメソッドを利用する。
→ 152ページ
保存したいブック.SaveAs［ファイル名］
保存したいブック.Save

Openメソッド

WorrkBooksコレクションのメソッド。パスを指定してブックを開く。
→ 158ページ
Workbooks.Open ファイル名

Closeメソッド

Workbookオブジェクトのメソッド。ブックを閉じる。
→ 154ページ
閉じたいブック.Close［変更時の確認設定］

ステートメント・関数

Withステートメント

同じオブジェクトに対する操作をまとめる際に利用できるステートメント。
→ 168ページ
With 対象オブジェクト
　.対象オブジェクトのプロパティ/メソッドを使った操作
End With

Dimステートメント

変数を宣言するステートメント。
→ 187ページなど
Dim 変数名 As データ型
変数名 = 扱いたい値

Setステートメント

オブジェクト変数に、オブジェクトを代入するステートメント。
→ 190ページなど
Set 変数名 = 操作するオブジェクト

Exit Subステートメント

マクロの実行を抜けるステートメント。Ifステートメントなどの条件分岐と組み合わせると、「特定の場合だけマクロを中断する」処理が作成可能。
→ 226ページなど
Exit Sub

MsgBox関数

ユーザーに問い合わせを行うダイアログを表示する関数。戻り値を利用すれば、ユーザーが選択したボタンの種類を判定可能。
→ 266ページなど
MsgBox 表示内容［，ボタンの種類］［，タイトル］

Debug.Printメソッド

イミディエイトウィンドウに値を出力するメソッド。デバッグ時にかなり便利。
→ 259ページ
Debug.Print 式1［，式2 ... ］

For Nextステートメント

回数に着目した繰り返し処理を作成するステートメント。
→ 232ページ
Dim カウンタ変数
For カウンタ変数 = 開始値 To 終了値
　繰り返し実行したいコード
Next

For Each Nextステートメント

特定のリスト内のメンバー全てに対する繰り返し処理を作成するステートメント。「全てのセル」「全てのシート」「全てのブック」など、「全ての○○」に対する処理を作成する際に利用する。
→ 234ページ
Dim メンバー変数
For Each メンバー変数 in 対象グループ
　個々のメンバーに対するコード
Next

Do Loopステートメント

特定の条件を満たすかどうかに着目した繰り返し処理を作成するステートメント。
→ 238ページ
Do［While 条件式］
　繰り返し実行したいコード
Loop［While 条件式］

Ifステートメント

条件分岐処理を作成するステートメント。Else句やElseIf句と組み合わせると、複雑な条件分岐も作成可能。
→ 220ページ
If 条件式 Then
　条件式がTrueの場合に実行したいコード
End If

Select Caseステートメント

特定のプロパティや変数の値に着目した条件分岐処理を作成するステートメント。
→ 224ページ
Select Case 着目したい値
　Case 値1
　　値1のケースに実行したいコード
　Case 値2
　　値2のケースに実行したいコード
　Case Else
　　全てのケースに当てはまらない場合のコード
End Select

Callステートメント

作成済みのマクロを呼び出して実行する。
→ 294ページなど
Call　マクロ名

プログラミングに関する用語

マクロ

Excelの「マクロ機能」の名前。また、文脈によっては個々のマクロ（プロシージャ）を単に「マクロ」と呼ぶこともある。

プロシージャ

個々のマクロ。1つのマクロのマクロ名から実行内容までが記述された、ひと固まりの部分を指す。

コード

プログラムのテキスト。

ステートメント

プログラムのテキスト。コードと比べると「1行単位の処理」「決まったパターンを持つ一連の処理」というニュアンスがある。

コメント

マクロ内に書き込めるメモ書きのようなもので、マクロの動作に影響を与えない。

インデント

プログラムを書く際に、見やすいように字下げすること。

オブジェクト

Excelの機能を整理し、操作したい対象を指定する仕組み。

プロパティ

操作対象の「値」「見た目」「設定内容」などの特徴のうち、どれを利用するかを指定する仕組み。

メソッド

操作対象に用意されている各種機能を指定する仕組み。

関数

マクロ内でさまざま処理を行うための命令。

ワークシート関数

シート上で計算などを行う際に使用する関数。マクロから利用することもできる。

VBA

マクロを作成するルールであるプログラミング言語。Visual Basic for Applicationsの略称

VBE

マクロ作成専用の画面。Visual Basic Editorの略称。

プロジェクトエクスプローラー

マクロの記述先を「ブック」「シート」「標準モジュール」などから選択する。

プロパティウィンドウ

選択中のオブジェクトの名前をはじめとした各種設定を確認/編集できる。

コードウィンドウ

マクロを編集する際に利用するメインの画面。プロジェクトエクスプローラーで選択した記述先にあるマクロの内容が表示され、そのまま編集できる。

イミディエイトウィンドウ

マクロの実行時のログなどの情報を表示する。イミディエイトウィンドウ内でコードを書いて結果を確認することもできる。

モジュール

マクロのプログラムを記述する専用の場所。

エラー

マクロの作成時に発生する不具合。

構文エラー

コード記述中に表示されるエラー、主にスペルミス、カッコなどの閉じ忘れ、文法ミスなど。

コンパイルエラー

マクロを実行しようとしたタイミングで表示されるエラー、主に未宣言の変数の使用など。

実行時エラー

マクロの実行途中で表示されるエラー、対象オブジェクトの指定ミスや、プロパティ・メソッドの利用方法のミスなど。

論理エラー

エラー表示されないエラー、プログラム的にはエラーなく実行できるものの、意図と違う動作となってしまう現象。厳密にはエラーというよりは、何かを勘違いしたまま「間違った」コードを記述してしまっている状態。

デバッグ

作成したマクロに見つかった不備やエラーを修正する作業。

ステップ実行

1行ずつコードを実行することで、エラー箇所の絞り込みなどを行う。

ブレークポイント

実行を一時停止するポイント。その時点で変数の値の確認などに利用する。

ユーザーフォーム

VBE画面で作成できる、ユーザーが作成できるフォーム（入力・選択用ダイアログ）。

コントロール

ユーザーフォームやシート上に配置する、ボタンやリストボックスなどの総称。

ラベル

テキストを表示するためのコントロール。

コマンドボタン

ボタンを表示するためのコントロール。

チェックボックス

設定のオン/オフなどの設定を選択してもらうためのコントロール。

スピンボタン

値や日付の増減の設定を行うコントロール。

コンボボックス

ドロップダウンリストから値を選択してもらうコントロール。

リストボックス

選択項目をリスト表示するコントロール。

イベント処理

「ボタンのクリック」や「ブックを開く」など、任意の操作に応じて処理を実行する仕組み。

イベントプロシージャ

OpenイベントやClickイベントなど、イベントの発生時に実行されるマクロ（プロシージャ）。

サブルーチン

Callステートメントなどで呼び出されるマクロ（プロシージャ）。

変数

プログラム内で利用できる、値やオブジェクトに好きな名前を付けて扱えるようにする仕組み。

代入

変数に値やオブジェクトを設定すること。「だいにゅう」と読む。

戻り値

関数やメソッドなどの結果として取得できる値のこと。「もどりち」と読む。

演算子

「+」「−」「*」「/」などの計算や、「<」「>」などの比較、「=」による代入などを行う際に指定する記号。「えんざんし」と読む。

シリアル値

日付を数値にしたもの。1989年12月31日を「1」として、1日ごとに1ずつ増加していく。コード内では「#」で囲んで入力する。

文字列

文字を繋げたもの。「もじれつ」と読む。コード内では「"」で囲んで入力する（コメント部分を除く）。

Excelやパソコンに関する用語

CSV

Excelのデータを保存する際に使用するファイル形式の1つ。列（フィールド）ごとにカンマで区切った形でデータを保存する。

Excelのオプション

Excelに関するさまざまな設定を行うダイアログ。［ファイル］→［オプション］で開く。

Microsoft 365

Officeのサブスクリプションライセンス版。毎年、一定額の使用料を支払うことで、常に最新バージョンを利用できる。

Microsoftアカウント

ExcelなどのOffice製品にサインインするアカウントの1つ。マイクロソフトのWebページから無料で取得できる。Microsoft 365などのサービスを利用する際に必要となる。

Office

マイクロソフトが提供する、ExcelやWord、PowerPointなどのソフトをまとめたパッケージ。

OneDrive

マイクロソフトが提供するクラウドサービス。インターネット上にデータを保存して、外出先からデータを確認したり、他の人と共有することができる。Excelでは、サインインすることで利用可能。ワンドライブ。

Windows Update

インターネットを通じてWindowsやOffice製品の修正・更新プログラムを適用するシステム。

アクティブセル

現在選択されているセルのこと。同様に現在選択されているシートやブックを「アクティブシート」「アクティブブック」と呼ぶ。

アップグレード

パソコンにインストールされているアプリを新しいバージョンに入れ替えること。

アプリケーション

ExcelやWordなどのパソコンにインストールされているソフトウェアのこと。「アプリ」と省略されることも多い。

アンインストール
パソコンにインストールされているアプリケーションを削除すること。

インストール
パソコンにアプリケーションを入れること。

インポート
他の人が作成したデータなどを読み込んで利用できるようにすること。

ウィンドウ枠の固定
行や列の表示位置を固定して、スクロールしても常に見出しなどが見えるようする機能。

エクスポート
Excelなどで作成したデータを、他のパソコンやアプリケーションで利用できるように出力すること。

開発タブ
リボンのタブの1つ。マクロを作成・実行するための機能がまとまっている。

可視セル
シート上に表示されているセル。フィルターなどで非表示にしたセルの除いて、可視セルのみをコピーするといった操作もできる。

拡張子
ファイルの種類を表す記号。Excelの通常のブックは「.xlsx」、マクロブックは「.xlsm」となる。「かくちょうし」と読む。

クイックアクセスツールバー
Excelのウィンドウの上部にある、ボタンが表示されている部分。ここにマクロを実行するボタンを配置することもできる。

クラウド
インターネットを通じてさまざまなサービスを提供する方式。クラウドサービス。

クリップボード
コピーや切り取りを行ったデータが一時的に保存される領域。クリップボードに保存されるデータは、コピーや切り取りを行う度に、最新のものに置き換えられる。

検索
シート上などに入力した値を探すための機能。

更新プログラム
マイクロソフトから配布される、WindowsやExcelの不具合の解消や、新バージョンへのアップグレードを行うためのプログラム。

サインイン
ユーザー名とパスワードを入力して、パソコンやサービスを利用可能にすること。サインインすることによってOneDriveなどのサービスが利用可能になる。

シート
表などを作成する画面。複数のシートを切り替えながら作業できる。通常のワークシートの他に、グラフ用のグラフシートもある。

ショートカットキー
キーの組み合わせで、登録された操作を実行する。

数式
セル上に入力された計算式。セル上には計算結果が表示される。入力された数式は、セルを選択して数式バーで確認できる。

スペルチェック
入力ミスなどがないかチェックする機能。ミスは修正候補から修正内容を選択できる。

絶対参照
数式などで計算に使うセルなどを指定する際の方法の1つ。絶対参照では、数式を他のセルにコピーしたときも参照先のセル番地が変更されることはない。

セル
数値や文字列、数式などを入力する枠。「A1」などのセル番地で指定や参照を行うことができる。

セル範囲
複数のセルを1つの範囲として扱うことができる。左上が「セルA1」、右下が「セルC3」の範囲は、「A1:C3」と指定することができる。

セルの結合
複数のセルをまとめて1つにすること。セルが結合されているとマクロの結果が正しく実行されないケースがあるので要注意。

セルの書式
データの表示形式や背景色、文字の色、文字詰めの方向など、セルの表示に関する設定。

相対参照
数式などで計算に使うセルを指定する際の方法の1つ。相対参照では、数式を他のセルにコピーしたときには、参照先のセルのコピー先のセルに合わせて変更される。

ダイアログ
設定やメッセージの表示のための画面。ダイアログボックス。

タイトルバー
ウィンドウの一番上に表示されるバー。Excelではブック名が表示されている。

タブ
「ファイル」「ホーム」「挿入」など、主にメニューや設定項目をグループ化したもの。タブをクリックすることで、対応した画面や項目に表示を切り替えることができる。

置換
セルの数値や文字列を、指定したデータに置き換える処理。

テーブル機能
表形式のセル範囲に名前を付けて管理あるいは操作するExcelの仕組み。マクロからはオブジェクトとして操作できる。

テーマ
配色やフォント、効果などを組み合わせて登録したもの。事前に登録されたテーマを選択するだけで、シート上のデザインを一括で設定できる。

名前
セルやセル範囲に名前を付けることができる。名前は、名前ボックスで確認できる。

名前ボックス
シートの左上部分に表示される。セルやセル範囲に名前を付けた場合は、ここに名前が表示される。表示された名前を選択すると、対応するセルやセル範囲が選択された状態になる。

並べ替え
大きい順や新しい順など、データの順番を入れ替えること。ソート機能。

入力規則
セルに入力可能な値の種類（数字や文字列）を制限したり、入力モード（全角・半角・英数字など）を制限する機能。

貼り付け
コピーや切り取りしたデータを、他のセルに転記する機能。値だけを転記したり、書式だけを転記するなど、さまざまな条件で行うことができる。

ピボットテーブル
表形式のデータをもとに、集計や分析などを行う機能。

表示形式
数値や文字列、日付、通貨など、セル上のデータの表示方法の設定。

フィルター
表形式のデータのうち、指定したものだけを絞り込んで表示する機能。

フォント
文字の種類。「ゴシック」「明朝」などの種類に加えて、大きさ、太さなどを設定できる。

ブック
Excelのファイル。1つのブックに複数のシートを追加することができる。通常のブックの他に、マクロ用のブックなどもある。

やり直し
行った操作を取り消して、元の状態に戻すこと。アンドゥ。

読み取り専用
読み取り専用に設定されたブックは、開くことはできても、上書き保存をすることができない。

リボン
Excel画面上部に表示される帯状の部分。リボンは機能ごとにタブで区切られ、機能を実行するためのボタンが配置されている。表示するリボンは「Excelのオプション」から設定できる。

列の幅
セルの列方向の長さ。同様に、行方向の長さは「行の高さ」で設定できる。

ロック
入力されたデータなどを変更できないようにセルを保護する機能。

ワイルドカード
あいまいな条件で検索する際など、どの文字列でも対応するように指定された文字。多くの場合は「＊」が使われる。

索 引

記号

−	37
'	47
#	37, 92, 96
&	37, 137, 151, 157
*	37
,	76
.	49
/	37
:=	76
?	214, 264
[]	211
_（半角スペース・アンダーバー）	65
"	37, 68, 92
""	157, 271
+	37
<	218
=	51, 71, 187, 218
>	218

A

Activate	148
ActiveCell	91, 123
ActiveSheet	126, 135
ActiveWorkbook	149
Add	129, 140, 150, 160, 169, 318, 322, 326
Address	126, 242, 281
AGGREGATE	209
And	219
Application.Evaluate	211
Array	129, 178, 237
As	187
AutoFilter	176
AutoFilterMode	177
AutoFit	107

B

Borders	100
Buttons	266

C

Call	294, 304, 312, 320
Caption	288, 292, 296
Case	224

C (continued)

Cells	69, 90, 118
Change	280, 284, 298
Clear	105
ClearContents	104
ClearFormats	105
Click	294
Close	154, 320
Collection	326
Color	101
ColumnCount	303
Columns	102, 115, 117
ColumnWidth	107, 303
Const	194
Controls	297
Copilot	80
Copy	98, 120, 139, 179
Count	115, 117, 119, 125, 135, 137
COUNTA	226
COUNTBLANK	226
CurrentRegion	112, 114, 117

D

DataBodyRange	127, 180
Date	137, 144, 203
DateAdd	145, 205
DateSerial	204, 205
DateValue	203
Debug.Print	214
Default	271
Delete	104, 129, 142
Dim	187
Dir	277, 325
DisplayAlerts	143
Do Loop	231, 238, 325
DoEvents	248

E

Else	221
ElseIf	222
EnableEvents	284
End	123, 124
End If	220
End Select	224
End Sub	35, 47
EnterKeyBehavior	293
EntireColumn	110
Environ	164

346

Exit Do	240
Exit For	240
Exit Sub	226, 227, 241

F

False	72, 219
FileDialog	276, 322
FileFilter	275
Find	175, 242
FindNext	244
Font	73, 106
For Each Next	183, 231, 234, 312, 320
For Next	145, 231, 232
Format	137, 144, 153, 203
Formula	93
Formula2	94
FormulaArray	95
FormulaLocal	93
FormulaR1C1	93
FullName	153, 156

G

GetOpenFilename	274, 318
Goto	174
GoTo	241

H

HasSpill	97
HeaderRange	180
HeaderRowRange	127
Hide	289
HorizontalAlignment	103

I

If	217, 220
In	234
InputBox	270, 272
InStr	201
InStrRev	201
Int	207
Interior	101
Intersect	281
IsDate	206
IsNumeric	206

L

Left	201

Len	200
LineStyle	100
List	300, 302
ListColumns	128
ListIndex	300, 302
ListObject	126
ListObjects	126
ListRows	128
LookAt	247
Loop	238
LTrim	202

M

Max	298
Me	293
Mid	201
Min	298
Mod	37
Move	138
MsgBox	97, 149, 266
MultiLine	293

N

Name	106, 136, 139, 156,
NBSP	246
New	326
Next	171, 232, 234
Nothing	242, 245
Now	203
NumberFormatLocal	102

O

Offset	120, 123, 125
On Error Resume Next	327
Open	158, 278, 318
Option Explicit	189
Or	219

P

Password	162, 270
PasteSpecial	98, 179
Path	149, 156, 159, 164
Pattern	101
PHONETIC	212
Previous	171
PrintOut	146
PrintPreview	146

Prompt	266
Protect	270

Q

Quit	163

R

Range	48, 69, 73, 90, 127, 166
Replace	202, 212, 246
Replacement	247
Resize	121, 122, 211
Right	201
Round	207, 209
ROUND	209
RowHeight	107
Rows	114, 116
RowSource	301
RTrim	202

S

Save	153, 320
SaveAs	151, 152, 318, 325
SaveChanges	155
SaveCopyAs	153
ScreenUpdating	184, 325
Select	91, 113, 134
Select Case	217, 224
SelectedItems	276
SelectedSheets	143
Selection	91, 110, 170
Set	190
Sheets	135, 136
Show	276, 289
Size	73, 106
SmallChange	298
SpecialCells	172, 226
SpillParent	97
Split	153, 157
StrConv	202, 212
Sub	35, 47
SUM	208

T

Target	281
Text	293
ThemeColor	101
Then	220

ThisWorkbook	149, 167
ThisWorkbook モジュール	278
Time	203
TimeSerial	204
TimeValue	203
TintAndShade	101
Title	271
To	225, 232
Top	291
Trim	202
True	72, 219
Type	273, 308
TypeName	206

U

UBound	210, 328
UNIQUE	210, 328
Unload	289
UnProtect	270
Until	239

V

Val	310
Value	92, 296, 298, 300, 302
vb	195
VBA	64
VBA 関数	29, 200
VBE	32
VerticalAlignment	103
VLOOKUP	208

W

Weight	101
What	247
While	238
Width	291, 292
With	108, 118, 168
Workbook	148
Workbooks	148, 167
Worksheet	134
WorksheetFunction	95, 208
Worksheets	134, 166, 312

X

xl	195
xlNone	101
xlsm	38

あ行

アイコン	267
アクティブ	148, 170
アクティブシート	135
アクティブセル	91
アクティブセル領域	112
値の入力	92
アンドゥ機能	251
移動	138
イベント処理	278
イベントプロシージャ	278, 288
イミディエイトウィンドウ	214, 259, 264
入れ子	108, 169, 228, 241
印刷	146
インデックス番号	68, 119
インプットボックス	270
ウォッチウィンドウ	259
上書き保存	153
エクスポート	33, 57
エラー	62, 250
大文字	202
オブジェクト	28, 48, 68
オブジェクトブラウザー	161
オブジェクト変数	190
オブジェクト名	290
オプション項目	75
オプションボタン	297
オフセット	120
オン / オフ	72, 296

か行

改行	65
開始値	232
階層構造	73
開発タブ	30
解放	57
カウンタ変数	232
拡張	122
確認ダイアログ	143, 154
確認メッセージ	266
加算	37
可視セル	181
カレントフォルダー	152
簡易構文	211, 214, 164
関数	29, 200
キー値	327
記述ルール	37

既定のボタン	295
キャプション	288, 296
キャンセルボタン	295
行全体を選択	114
行の高さ	107
切り捨て計算	207
記録機能	42
銀行丸め	207
クイックアクセスツールバー	60
空白文字列	157, 271
組み込み定数	79, 195
クラウド	156, 164
クリア	104
繰り返し	27, 29, 230
クリック	294
警告メッセージ	39
罫線	100
月初日	205
月末日	205
検索	175, 242
検査文字列	201
減算	37
構造化参照	132
構造体	308
構文エラー	252
コード	35, 65
コードウィンドウ	32
コードモード	288
コピー	98, 138
コピーモード	99
コマンドボタン	294
コメント	47, 90, 197
小文字	202
コレクション	68
コントロール	58, 287
コンパイルエラー	252
コンボボックス	300

さ行

最終セル	119
最大値 / 最小値	298
再代入	189
作業グループ	143
削除	56, 129, 142
サブルーチン	312, 321
シート	134
シート数	137

シート名	136
シートモジュール	280
時間	203
四捨五入	207
下	120
実行	36
実行時エラー	252, 254
自動化	26
自動調整	107
自動的に判別	27
自動入力	191
ジャンプ	173, 174, 241
終端	123
終了	163, 240
終了値	232
順番	68
条件式	217, 218
条件分岐	29, 109, 216
乗算	37
剰余	37
ショートカットキー	45, 61
初期値	298
除算	37
書式	102, 203
書式の転記	99
シリアル値	203, 204
新規シート	140
真偽値	219
新規ブック	150, 318
数式	93, 173
数式の入力	92
数値	37, 206
ステートメント	65
ステップ実行	66, 256
スピル形式	94, 96, 210
スピンボタン	298
セーブ	152
セキュリティ	39
セル	69, 90
セルのコピー	94
セルの転記	98
セル幅	107
セル範囲	112
宣言の強制	189
選択	91, 110, 113, 134
増減	298
操作対象	68, 170

相対参照	44
相対的	118

た行

ダイアログ	274, 276
代入	71, 187
チェックボックス	296
置換	202, 246
抽出	176
帳票	306
ちらつき	184, 325
追加	129, 140, 150
次の位置	311
次のシート	171
次のセル	171
次の入力位置	124
次を検索	244
定数	194
データ型	187, 206
テーブル機能	113, 126, 180
テーブルデザイン	127
テーブル範囲	127, 180
テーマカラー	101
テキスト	292
テキストボックス	293
デバッグ	253, 257
転記	98, 130
問い合わせ	282
特定のセル	118
閉じる	154
隣	120
ドロップダウンリスト	300

な行

名前	136, 141
名前付き引数方式	76
名前を付けて保存	152
何日前	205
日本語	198
入力位置	124
任意のフィールド	128
任意のレコード	128
ノンブレークスペース	246

は行

背景色	100
バグ	253

パス	149, 151, 156, 159, 277
パスワード	162, 270
比較演算子	218
引数	50, 75, 76, 90
日付	37, 92, 137, 153, 203, 205, 206, 299
ひな形	66, 84, 319
非表示	289
表形式	112
表示	289
表示位置	103
標準引数方式	77
標準モジュール	33, 34, 57
開く	158
ヒント	191
ファイル名	153
フィールド	128
フィルター	176
フォーム	287
フォルダーを選択	276
フォント	106
複数行	116
複数列	116
複製	153
ブック	148
ブックを選択	274
ブレークポイント	258
フレーム	297
プロシージャ	65
プロジェクトエクスプローラー	32
プロパティ	28, 49, 51, 70
プロパティウィンドウ	32
プロンプト	81
べき乗	37
変化量	298
編集	52
変数	29, 186
変数名	192
保存	38, 152
ボタン	58, 267, 268, 294

ま行

前のセル	171
マクロウィルス	39
マクロの自動記録	29
マクロの内容	35
マクロの名前	35

マクロの枠組み	47
マクロ名	47, 55
マクロ有効ブック	38
マクロを実行	36
見出し	129
無限ループ	239
命名規則	192
メソッド	28, 49, 50, 74
メッセージダイアログ	266
メンバー変数	234
文字	37
モジュール	33
文字列	37, 92, 200
文字列の連結	37
戻り値	141

や行

ユーザー定義	102
ユーザーフォーム	286
ユニークなリスト	326
呼び出し	38
余分な空白	202
予約語	187

ら行

ラベル	241, 292
ランチャー	304
リスト	237, 246, 300, 302, 326
リストボックス	302
リファレンス	29, 260
リボン	30
ループ処理	109, 230
レコード	128
列挙	88
列全体を選択	114
列の指定	102
列幅	99, 106, 141
連結	37
連鎖	284
ローカルウィンドウ	258
ローカル関数	93
論理エラー	252, 255

わ行

ワークシート関数	208
枠組み	47

注意事項

- 本書に掲載されている情報は、2024年12月現在のものです。本書の発行後にExcelの機能や操作方法、画面が更新された場合は、本書の手順通りに操作できなくなる可能性があります。
- 本書に掲載されている画面や手順は一例であり、全ての環境で同様に操作することを保証するものではありません。読者がお使いのパソコン環境、ネットワーク環境、周辺機器などによって、紙面とは異なる画面、異なる手順となる場合があります。
- 読者固有の環境についてのお問い合わせ、本書の発行後に変更されたアプリケーション、インターネットのサービスなどについてのお問い合わせにはお答えできない場合があります。
- 本書に掲載されている内容以外についてのお問い合わせは受け付けておりません。
- 本書の内容に関するお問い合わせに際して、編集部への電話によるお問い合わせはご遠慮ください。

本書サポートページ https://isbn2.sbcr.jp/30430/

著者紹介

古川 順平（ふるかわ じゅんぺい）

富士山麓で活動するテクニカルライター兼インストラクター。Excel VBAに関する著書に『ExcelVBA［完全］入門』『いちばん初めに読む教科書 よくわかる Excelマクロ＆VBA』『楽して仕事を効率化する Excelマクロ入門教室』（SBクリエイティブ）、共著に『Excel VBA コードレシピ集』（技術評論社）、執筆協力に『スラスラ読めるExcel VBA ふりがなプログラミング』（インプレス）などがある。趣味は散歩とサウナ巡り。

カバーデザイン	西垂水 敦（krran）
本文DTP	クニメディア株式会社
イラスト	のじままゆみ

Excel マクロ＆VBA やさしい教科書
［Office 2024／2021　Microsoft 365対応］

2025年 2月4日　初版第1刷発行

著　者	古川 順平
発行者	出井 貴完
発行所	SBクリエイティブ株式会社 〒105-0001 東京都港区虎ノ門2-2-1 https://www.sbcr.jp/
印　刷	株式会社シナノ

落丁本、乱丁本は小社営業部にてお取り替えいたします。
定価はカバーに記載されています。
Printed in Japan　ISBN978-4-8156-3043-0